21世纪应用型本科系列教材

高等数学（第2版）

（应用理工类）

（下册）

寿纪麟 于大光 张世梅

西安交通大学出版社
XI'AN JIAOTONG UNIVERSITY PRESS

图书在版编目(CIP)数据

高等数学:应用理工类.下册/寿纪麟,于大光,张世梅编著.—2版.—西安:西安交通大学出版社,2013.1(2023.6重印)
ISBN 978-7-5605-4971-2

Ⅰ.①高… Ⅱ.①寿…②于…③张… Ⅲ.①高等数学-高等学校-教材 Ⅳ.①O13

中国版本图书馆CIP数据核字(2013)第005671号

书　　名　高等数学(应用理工类)　下册　(第2版)
编　　著　寿纪麟　于大光　张世梅
责任编辑　刘雅洁

出版发行　西安交通大学出版社
　　　　　(西安市兴庆南路1号　邮政编码710048)
网　　址　http://www.xjtupress.com
电　　话　(029)82668357　82667874(市场营销中心)
　　　　　(029)82668315(总编办)
传　　真　(029)82668280
印　　刷　陕西宝石兰印务有限责任公司

开　　本　727mm×960mm　1/16　印张　14.5　字数　268千字
版次印次　2013年1月第2版　2023年6月第9次印刷
书　　号　ISBN 978-7-5605-4971-2
定　　价　28.80元

如发现印装质量问题,请与本社市场营销中心联系。
订购热线:(029)82665248　(029)82667874
投稿热线:(029)82664954
读者信箱:jdlgy@yahoo.cn

目 录

第 7 章　向量代数与空间解析几何

本章先介绍向量的概念及其运算，然后重点介绍空间解析几何，主要是平面和空间直线及其方程；一些常用的空间曲面和曲线及其方程. 正如平面解析几何的知识对学习一元函数微积分是不可缺少的一样，空间解析几何对以后学习多元函数的微分学和积分学将起到重要的作用.

7.1　向量及其运算

在研究物理及其他应用科学时，除了像体积、重量、路程等只需用数的大小来表示的量以外，还会经常会遇到一些像位移、速度、加速度、力等物理量，它们既有大小又有方向. 这些既有大小又有方向的量称为"向量".

7.1.1　向量的概念

向量是既有大小，又有方向的量. 在数学上用有向线段来表示向量，其长度表示向量的大小，其方向表示向量的方向. 通常用黑体的英文字母或上面带箭头的字母来表示向量. 例如 $\boldsymbol{a}$、$\boldsymbol{F}$、$\overrightarrow{OM}$ 等. 在实际问题中，有些向量与其起点有关，有些向量与其起点无关. 在数学上只研究与起点无关的向量，称这种向量为**自由向量**(简称向量)，即只考虑向量的大小和方向. 在一些实际问题中，当要表示与起点有关的向量时，只需作特别处理即可.

向量的大小称为向量的**模**，记为 $|\boldsymbol{a}|$、$|\overrightarrow{OM}|$. 模为 1 的向量叫**单位向量**；模为零的向量叫**零向量**. 规定零向量的方向是任意的.

如果两个向量 $\boldsymbol{a}$、$\boldsymbol{b}$ 的大小相等，方向相同，则称这两个向量**相等**(即经过平移后能完全重合的向量)，记为 $\boldsymbol{a}=\boldsymbol{b}$. 如果两个非零向量 $\boldsymbol{a}$、$\boldsymbol{b}$ 的方向相同或相反，则称这两个向量**平行**，记为 $\boldsymbol{a}\parallel\boldsymbol{b}$. 规定零向量与任何向量都平行.

与向量 $\boldsymbol{a}$ 的大小相等但方向相反的向量称为 $\boldsymbol{a}$ 的**负向量**，记为 $-\boldsymbol{a}$.

7.1.2 向量的线性运算

1. 向量的加法

设有两个向量 $\boldsymbol{a}$、$\boldsymbol{b}$,任取一点 A,作 $\overrightarrow{AB}=\boldsymbol{a}$,再以 B 为起点,作 $\overrightarrow{BC}=\boldsymbol{b}$,连接 AC,那么向量 $\overrightarrow{AC}=\boldsymbol{c}$ 称为向量 $\boldsymbol{a}$ 与 $\boldsymbol{b}$ 的和,记作 $\boldsymbol{a}+\boldsymbol{b}=\boldsymbol{c}$(见图 7-1).

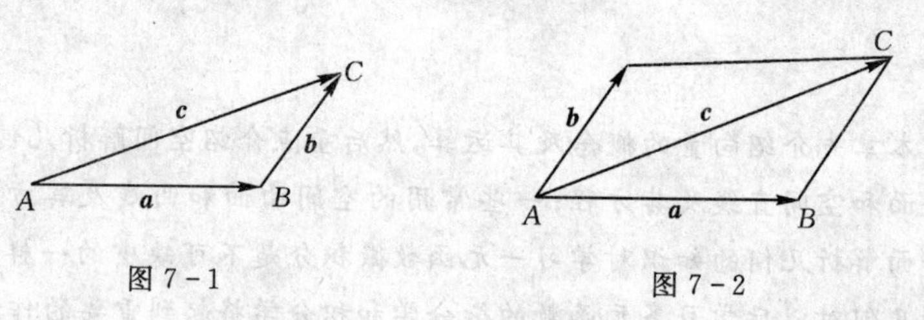

图 7-1　　图 7-2

注　上述求两个向量之和的方法叫做向量相加的三角形法则,它与力学中求合力的平行四边形法则相一致(见图 7-2).

向量的加法符合下列运算规律:

(1) **交换律**　$\boldsymbol{a}+\boldsymbol{b}=\boldsymbol{b}+\boldsymbol{a}$;

(2) **结合律**　$(\boldsymbol{a}+\boldsymbol{b})+\boldsymbol{c}=\boldsymbol{a}+(\boldsymbol{b}+\boldsymbol{c})$.

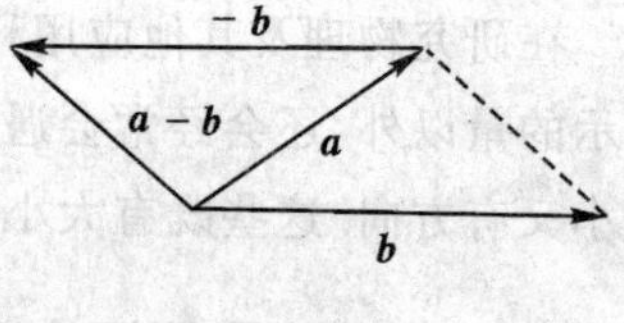

图 7-3

2. 向量的减法

定义两个向量 $\boldsymbol{a}$ 与 $\boldsymbol{b}$ 的差为 $\boldsymbol{a}+(-\boldsymbol{b})$,其中 $-\boldsymbol{b}$ 为 $\boldsymbol{b}$ 的负向量,记作 $\boldsymbol{a}-\boldsymbol{b}$(见图 7-3).

3. 数与向量的乘法

实数 λ 与向量 $\boldsymbol{a}$ 的**数乘**是一个向量,记为 $\lambda\boldsymbol{a}$,规定 $\lambda\boldsymbol{a}$ 的模为 $|\lambda\boldsymbol{a}|=|\lambda||\boldsymbol{a}|$,它的方向:当 $\lambda>0$ 时与 $\boldsymbol{a}$ 相同;当 $\lambda<0$ 时与 $\boldsymbol{a}$ 相反(见图 7-4).当 $\lambda=0$ 时,$|\lambda\boldsymbol{a}|=0$,即 $\lambda\boldsymbol{a}$ 为零向量.

向量与数的乘法符合下列运算规律:

$$\lambda(\mu\boldsymbol{a})=\mu(\lambda\boldsymbol{a})=(\lambda\mu)\boldsymbol{a}$$

$$(\lambda+\mu)\boldsymbol{a}=\lambda\boldsymbol{a}+\mu\boldsymbol{a}$$

$$\lambda(\boldsymbol{a}+\boldsymbol{b})=\lambda\boldsymbol{a}+\lambda\boldsymbol{b}$$

向量的加法、减法及数乘运算统称为**向量的线性运算**.

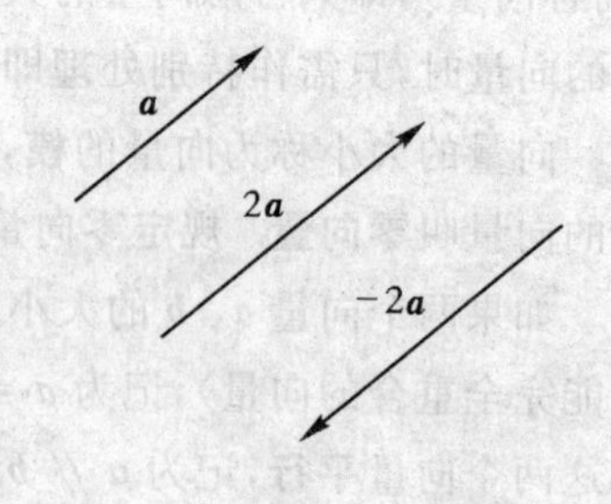

图 7-4

例 7.1　已知平行四边形 $ABCD$ 的对角线 $\overrightarrow{AC}=\boldsymbol{a}$,$\overrightarrow{DB}=\boldsymbol{b}$,试用 $\boldsymbol{a}$、$\boldsymbol{b}$ 表示平行四边形四边所对应的向量(见图 7-5).

解　由三角形法则，得

$$\overrightarrow{DC}=\overrightarrow{AB}=\overrightarrow{AM}+\overrightarrow{MB}=\frac{1}{2}(\boldsymbol{a}+\boldsymbol{b})$$

$$\overrightarrow{BC}=\overrightarrow{AD}=\overrightarrow{AM}+\overrightarrow{MD}=\frac{1}{2}(\boldsymbol{a}-\boldsymbol{b})$$

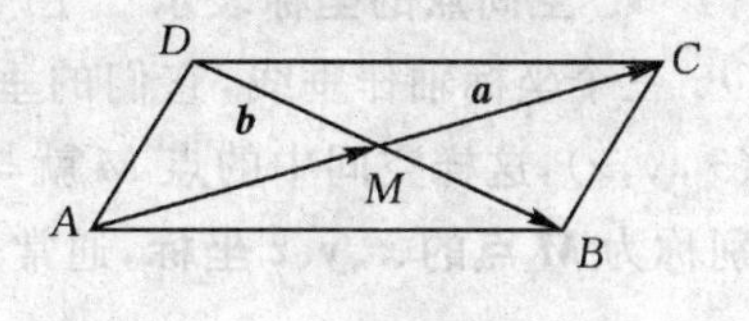

图 7-5

7.1.3　空间直角坐标系

众所周知，图形与数的沟通是通过坐标系来实现的. 在平面解析几何中，通过平面直角坐标系建立了平面几何图形的方程. 下面用类似的方法通过引进空间直角坐标系来研究空间几何图形及其方程. 先来建立空间直角坐标系.

在空间取定一点 O，作三条互相垂直的数轴，它们都以 O 为原点且具有相同的长度单位. 这三条轴分别叫做 x 轴、y 轴、z 轴，统称为**坐标轴**. 通常把 x 轴和 y 轴设置在水平面上，而 z 轴垂直于水平面，并规定它们的正向符合右手规则，即以右手握住 z 轴，当右手的四个手指从 x 轴的正向以 $\frac{\pi}{2}$ 角度转向 y 轴的正向时，则大拇指的指向就是 z 轴的正向(见图 7-6). 这样的三条坐标轴就构成一个**空间直角坐标系**，记为 $Oxyz$ 坐标系，O 称为**坐标原点**.

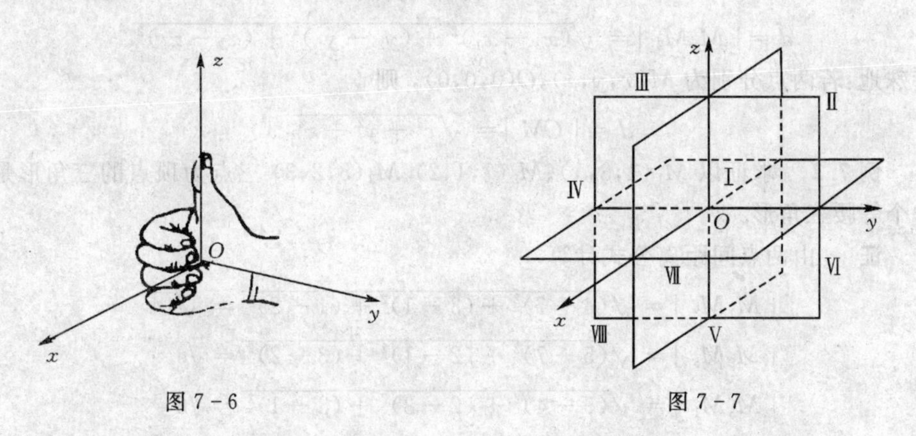

图 7-6　　图 7-7

在空间直角坐标系中，x 轴和 y 轴所确定的平面称为 xOy 坐标面，y 轴和 z 轴所确定的平面称为 yOz 坐标面，z 轴和 x 轴所确定的平面称为 zOx 坐标面，统称为**坐标平面**. 三个坐标面把空间分成八个部分，每一部分叫做一个**卦限**. 由 x 轴、y 轴、z 轴正向组成的三个坐标面所围成的区域称为第一卦限，在 xOy 坐标面上方，按逆时针方向确定第二、第三、第四卦限. 在 xOy 坐标面下方，第一卦限下面是第五卦限，按逆时针方向确定第六、第七、第八卦限，分别用字母 Ⅰ、Ⅱ、Ⅲ、Ⅳ、Ⅴ、Ⅵ、Ⅶ、Ⅷ 表示(见图 7-7).

1. 空间点的坐标表示 在空间直角坐标系中,从空间的点M分别向Ox、Oy、Oz三个坐标轴作垂线,它们的垂足在对应的坐标轴上的坐标组成一个有序数组(x,y,z),这样空间中的点M就与这个有序数组(x,y,z)一一对应,并将x、y、z分别称为**M点的x、y、z坐标**,通常表示为$M(x,y,z)$(见图 7-8).

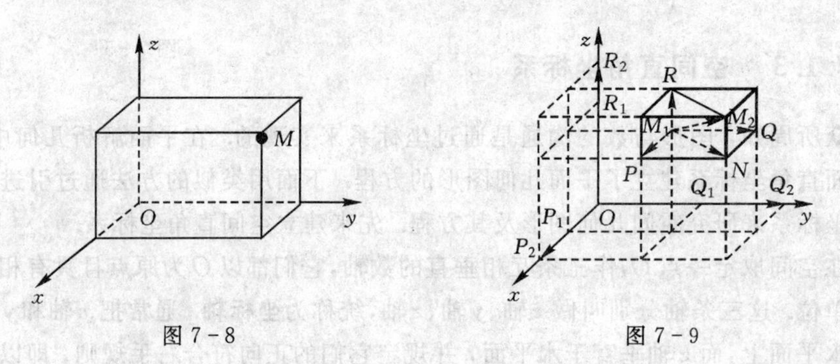

图 7-8　　　　图 7-9

2. 两点间的距离 若$M_1(x_1,y_1,z_1)$、$M_2(x_2,y_2,z_2)$为空间任意两点,则由直角三角形勾股定理知M_1M_2的距离(见图 7-9)为

$$d^2=|M_1M_2|^2=|M_1N|^2+|M_1R|^2=|M_1P|^2+|M_1Q|^2+|M_1R|^2$$

而 $|M_1P|=|x_2-x_1|$, $|PN|=|y_2-y_1|$, $|NM_2|=|z_2-z_1|$, 所以

$$d=|M_1M_2|=\sqrt{(x_2-x_1)^2+(y_2-y_1)^2+(z_2-z_1)^2}$$

特殊地:若两点分别为$M(x,y,z)$,$O(0,0,0)$, 则

$$d=|OM|=\sqrt{x^2+y^2+z^2}$$

例 7.2 求证以$M_1(4,3,1)$、$M_2(7,1,2)$、$M_3(5,2,3)$三点为顶点的三角形是一个等腰三角形.

证 由两点间距离公式计算

$$|M_1M_2|=\sqrt{(4-7)^2+(3-1)^2+(1-2)^2}=\sqrt{14}$$

$$|M_2M_3|=\sqrt{(5-7)^2+(2-1)^2+(3-2)^2}=\sqrt{6}$$

$$|M_3M_1|=\sqrt{(5-4)^2+(2-3)^2+(3-1)^2}=\sqrt{6}$$

由于$|M_2M_3|=|M_3M_1|$,故结论成立.

7.1.4 向量的坐标

1. 向量的分向量与向量的坐标表示

通过坐标系,使平面上或空间的点与有序数组之间建立了一一对应关系,同样地,还需要建立向量与有序数组之间的对应关系.

设$\boldsymbol{a}=\overrightarrow{M_1M_2}$是以$M_1(x_1,y_1,z_1)$为起点、$M_2(x_2,y_2,z_2)$为终点的向量,$\boldsymbol{i}$、$\boldsymbol{j}$、$\boldsymbol{k}$

分别表示 x、y、z 轴正向的单位向量，称它们为这一坐标系的**基本单位向量**，由图7-9，应用向量的加法规则知

$$\overrightarrow{M_1M_2}=(x_2-x_1)\boldsymbol{i}+(y_2-y_1)\boldsymbol{j}+(z_2-z_1)\boldsymbol{k}$$

或

$$\boldsymbol{a}=a_x\boldsymbol{i}+a_y\boldsymbol{j}+a_z\boldsymbol{k}$$

其中，$a_x\boldsymbol{i}$、$a_y\boldsymbol{j}$、$a_z\boldsymbol{k}$ 分别称为向量 $\boldsymbol{a}$ 在三条坐标轴方向的**分向量**. 上式称为向量 $\boldsymbol{a}$ 按基本单位**向量的分解式**. 而 a_x、a_y、a_z 分别称为向量 $\boldsymbol{a}$ 的 x、y、z **坐标**，记为 $\boldsymbol{a}=\{a_x,a_y,a_z\}$，并把它称为向量 $\boldsymbol{a}$ 的**坐标表示式**. 于是以 $M_1(x_1,y_1,z_1)$ 为起点 $M_2(x_2,y_2,z_2)$ 为终点的向量可以表示为

$$\overrightarrow{M_1M_2}=\{x_2-x_1,y_2-y_1,z_2-z_1\}$$

特别地，以原点 O 为起点，$M(x,y,z)$ 为终点的向量表示为 $\overrightarrow{OM}=\{x,y,z\}$.

2. 向量运算的坐标表示

设 $\boldsymbol{a}=\{a_x,a_y,a_z\}$，$\boldsymbol{b}=\{b_x,b_y,b_z\}$，即

$$\boldsymbol{a}=a_x\boldsymbol{i}+a_y\boldsymbol{j}+a_z\boldsymbol{k},\quad \boldsymbol{b}=b_x\boldsymbol{i}+b_y\boldsymbol{j}+b_z\boldsymbol{k}$$

则向量模的坐标表示式为

$$|\boldsymbol{a}|=\sqrt{a_x^2+a_y^2+a_z^2}$$

向量线性运算的坐标表示式为

$$\boldsymbol{a}+\boldsymbol{b}=\{a_x+b_x,a_y+b_y,a_z+b_z\},\quad \lambda\boldsymbol{a}=\{\lambda a_x,\lambda a_y,\lambda a_z\}$$

当 $\boldsymbol{a}\neq 0$ 时，向量 $\boldsymbol{b}\,/\!/\,\boldsymbol{a}$ 相当于 $\boldsymbol{b}=\lambda\boldsymbol{a}$，即 $\{b_x,b_y,b_z\}=\lambda\{a_x,a_y,a_z\}$，即向量的对应坐标成比例

$$\frac{b_x}{a_x}=\frac{b_y}{a_y}=\frac{b_z}{a_z}\quad (a_xa_ya_z\neq 0)$$

3. 向量的模与方向余弦

设 $\boldsymbol{a}=\{a_x,a_y,a_z\}$，作 $\overrightarrow{OM}=\boldsymbol{a}$（见图7-10），由两点间的距离公式得向量 $\boldsymbol{a}$ 的模为

$$|\boldsymbol{a}|=|\overrightarrow{OM}|=\sqrt{a_x^2+a_y^2+a_z^2}$$

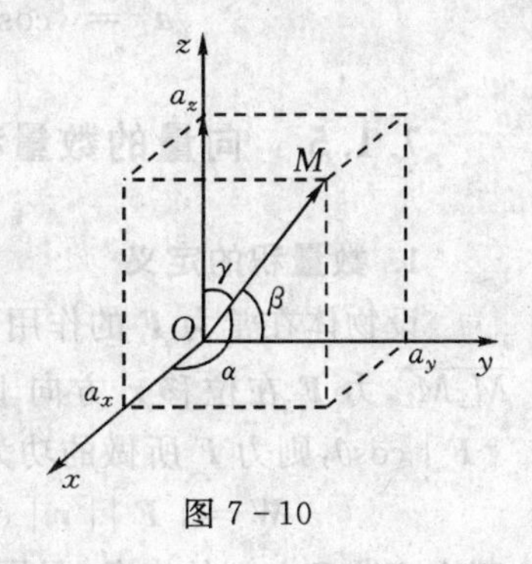

图7-10

用向量 $\boldsymbol{a}$ 与三个坐标轴正向的夹角 α,β,γ（均大于等于0，小于等于 π）来表示它的方向，称 α、β、γ 为非零向量 $\boldsymbol{a}$ 的**方向角**，其余弦表示形式 $\cos\alpha$、$\cos\beta$、$\cos\gamma$ 称为向量 $\boldsymbol{a}$ 的**方向余弦**. 把与三个方向余弦成比例的三个数称为向量 $\boldsymbol{a}$ 的**方向数**.

当 $|\boldsymbol{a}|=\sqrt{a_x^2+a_y^2+a_z^2}\neq 0$ 时，向量方向余弦的坐标表示式为

$$\cos\alpha=\frac{a_x}{|\boldsymbol{a}|}=\frac{a_x}{\sqrt{a_x^2+a_y^2+a_z^2}}$$

$$\cos\beta = \frac{a_y}{|\boldsymbol{a}|} = \frac{a_y}{\sqrt{a_x^2 + a_y^2 + a_z^2}}$$

$$\cos\gamma = \frac{a_z}{|\boldsymbol{a}|} = \frac{a_z}{\sqrt{a_x^2 + a_y^2 + a_z^2}}$$

显然对任意非零向量,其方向余弦有关系

$$\cos^2\alpha + \cos^2\beta + \cos^2\gamma = 1$$

与非零向量 $\boldsymbol{a}$ 同方向的单位向量为

$$\boldsymbol{a}^0 = \frac{\boldsymbol{a}}{|\boldsymbol{a}|} = \frac{1}{|\boldsymbol{a}|}\{a_y, a_y, a_z\} = \{\cos\alpha, \cos\beta, \cos\gamma\}$$

例 7.3 已知两点 $M_1(2,2,\sqrt{2})$、$M_2(1,3,0)$,计算向量$\overrightarrow{M_1M_2}$ 的模、方向余弦、方向角以及与$\overrightarrow{M_1M_2}$ 同向的单位向量.

解 $\overrightarrow{M_1M_2} = \{1-2, 3-2, 0-\sqrt{2}\} = \{-1, 1, -\sqrt{2}\}$,则向量$\overrightarrow{M_1M_2}$ 的模、方向余弦、方向角分别为

$$|\overrightarrow{M_1M_2}| = \sqrt{(-1)^2 + 1^2 + (-\sqrt{2})^2} = 2$$

$$\cos\alpha = -\frac{1}{2}, \quad \cos\beta = \frac{1}{2}, \quad \cos\gamma = -\frac{\sqrt{2}}{2}$$

$$\alpha = \frac{2\pi}{3}, \quad \beta = \frac{\pi}{3}, \quad \gamma = \frac{3\pi}{4}$$

设 $\boldsymbol{a}^0$ 为与$\overrightarrow{M_1M_2}$ 同向的单位向量,因此

$$\boldsymbol{a}^0 = \{\cos\alpha, \cos\beta, \cos\gamma\} = \left\{-\frac{1}{2}, \frac{1}{2}, -\frac{\sqrt{2}}{2}\right\}$$

7.1.5 向量的数量积

1. 数量积的定义

设物体在常力 $\boldsymbol{F}$ 的作用下沿直线从点 M_1 移动到点 M_2,用 $\boldsymbol{r}$ 表示位移向量$\overrightarrow{M_1M_2}$,力 $\boldsymbol{F}$ 在位移 $\boldsymbol{r}$ 方向上分力的大小为 $|\boldsymbol{F}|\cos\theta$,则力 $\boldsymbol{F}$ 所做的功为

$$W = |\boldsymbol{F}||\boldsymbol{r}|\cos\theta$$

其中 θ 为 $\boldsymbol{F}$ 与 $\boldsymbol{r}$ 的夹角(见图 7-11).

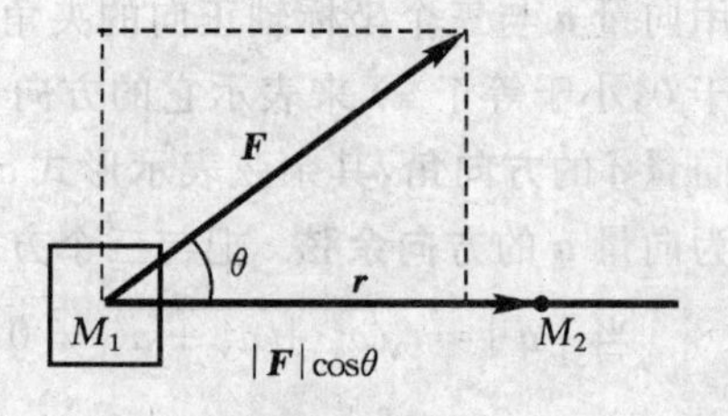

图 7-11

在其他力学和物理的应用中,也有类似的数学运算,抛开这些问题的物理背景,可以抽象出两个向量的数量积定义.

定义 7.1 设 $\boldsymbol{a}$、$\boldsymbol{b}$ 为两个向量,它们之间的夹角为 θ,称数量 $|\boldsymbol{a}||\boldsymbol{b}|\cos\theta$ 为向量 $\boldsymbol{a}$、$\boldsymbol{b}$

的**数量积**(或**点积**),并记作 $\boldsymbol{a}\cdot\boldsymbol{b}$,即

$$\boldsymbol{a}\cdot\boldsymbol{b}=|\boldsymbol{a}||\boldsymbol{b}|\cos\theta$$

其中 $|\boldsymbol{a}|\cos\theta$ 称为 $\boldsymbol{a}$ 向量的模在 $\boldsymbol{b}$ 向量方向上的**投影**.上式表明两向量的数量积等于其中一个向量的模与另一个向量的模在该向量方向上的投影的乘积.

据此定义,所求的功 W 实际上是力 $\boldsymbol{F}$ 与位移 $\boldsymbol{r}$ 的数量积,即 $W=\boldsymbol{F}\cdot\boldsymbol{r}$.

2. 数量积的性质

由数量积的定义可以推得常用的性质:

(1) 基本单位向量的数量积:

$$\boldsymbol{i}\cdot\boldsymbol{i}=\boldsymbol{j}\cdot\boldsymbol{j}=\boldsymbol{k}\cdot\boldsymbol{k}=1;\quad \boldsymbol{i}\cdot\boldsymbol{j}=\boldsymbol{j}\cdot\boldsymbol{k}=\boldsymbol{k}\cdot\boldsymbol{i}=0$$

(2) $\boldsymbol{a}\cdot\boldsymbol{a}=|\boldsymbol{a}|^2$

事实上,$\boldsymbol{a}$ 与 $\boldsymbol{a}$ 的夹角 $\theta=0$,故 $\boldsymbol{a}\cdot\boldsymbol{a}=|\boldsymbol{a}||\boldsymbol{a}|\cos0=|\boldsymbol{a}|^2$.

当 $\boldsymbol{a}$ 和 $\boldsymbol{b}$ 的夹角为 $\dfrac{\pi}{2}$ 时,则称向量 $\boldsymbol{a}$ 和 $\boldsymbol{b}$ **正交**,记为 $\boldsymbol{a}\perp\boldsymbol{b}$.

(3) 两个向量 $\boldsymbol{a}$、$\boldsymbol{b}$ 正交即 $\boldsymbol{a}\perp\boldsymbol{b}$ 的充分必要条件为 $\boldsymbol{a}\cdot\boldsymbol{b}=0$.

这是因为如果 $\boldsymbol{a}\cdot\boldsymbol{b}=0$,由于 $|\boldsymbol{a}|\neq0$,$|\boldsymbol{b}|\neq0$,所以 $\cos\theta=0$,从而 $\theta=\dfrac{\pi}{2}$,即 $\boldsymbol{a}\perp\boldsymbol{b}$;反之,如果 $\boldsymbol{a}\perp\boldsymbol{b}$,那么 $\theta=\dfrac{\pi}{2}$,$\cos\theta=0$,于是 $\boldsymbol{a}\cdot\boldsymbol{b}=|\boldsymbol{a}||\boldsymbol{b}|\cos\theta=0$.

可以证明,数量积的运算满足下列规律:

(1) **结合律**　$(\lambda\boldsymbol{a})\cdot\boldsymbol{b}=\lambda(\boldsymbol{a}\cdot\boldsymbol{b})$,$\lambda$ 为实数

(2) **交换律**　$\boldsymbol{a}\cdot\boldsymbol{b}=\boldsymbol{b}\cdot\boldsymbol{a}$

(3) **分配律**　$\boldsymbol{a}\cdot(\boldsymbol{b}+\boldsymbol{c})=\boldsymbol{a}\cdot\boldsymbol{b}+\boldsymbol{a}\cdot\boldsymbol{c}$

3. 数量积的坐标表示式

设两个向量　$\boldsymbol{a}=\{a_x,a_y,a_z\}$,　$\boldsymbol{b}=\{b_x,b_y,b_z\}$,则

$$\begin{aligned}\boldsymbol{a}\cdot\boldsymbol{b}&=(a_x\boldsymbol{i}+a_y\boldsymbol{j}+a_z\boldsymbol{k})\cdot(b_x\boldsymbol{i}+b_y\boldsymbol{j}+b_z\boldsymbol{k})\\&=(a_xb_x)(\boldsymbol{i}\cdot\boldsymbol{i})+(a_yb_x)(\boldsymbol{j}\cdot\boldsymbol{i})+(a_zb_x)(\boldsymbol{k}\cdot\boldsymbol{j})\\&\quad+(a_xb_y)(\boldsymbol{i}\cdot\boldsymbol{j})+(a_yb_y)(\boldsymbol{j}\cdot\boldsymbol{j})+(a_zb_y)(\boldsymbol{k}\cdot\boldsymbol{j})\\&\quad+(a_xb_z)(\boldsymbol{i}\cdot\boldsymbol{k})+(a_yb_z)(\boldsymbol{j}\cdot\boldsymbol{k})+(a_zb_z)(\boldsymbol{k}\cdot\boldsymbol{k})\\&=a_xb_x+a_yb_y+a_zb_z\end{aligned}$$

即数量积的坐标表示式为

$$\boldsymbol{a}\cdot\boldsymbol{b}=a_xb_x+a_yb_y+a_zb_z$$

利用向量数量积的坐标表示式,易得向量模的坐标表示式

$$|\boldsymbol{a}|=\sqrt{\boldsymbol{a}\cdot\boldsymbol{a}}=\sqrt{a_x^2+a_y^2+a_z^2}$$

若 $\boldsymbol{a}\neq\boldsymbol{0}$,$\boldsymbol{b}\neq\boldsymbol{0}$,由 $\boldsymbol{a}\cdot\boldsymbol{b}=|\boldsymbol{a}||\boldsymbol{b}|\cos\theta$,得两向量间夹角余弦的坐标表示式

$$\cos\theta = \frac{\boldsymbol{a} \cdot \boldsymbol{b}}{|\boldsymbol{a}||\boldsymbol{b}|} = \frac{a_x b_x + a_y b_y + a_z b_z}{\sqrt{a_x^2 + a_y^2 + a_z^2} \cdot \sqrt{b_x^2 + b_y^2 + b_z^2}}$$

例 7.4 已知三点 $M_1(1,1,1)$、$M_2(2,2,1)$ 和 $M_3(2,1,2)$，求向量 $\overrightarrow{M_1M_2}$ 与 $\overrightarrow{M_1M_3}$ 之间的夹角 θ.

解 由于

$$\overrightarrow{M_1M_2} = \{2-1, 2-1, 1-1\} = \{1,1,0\}$$

$$\overrightarrow{M_1M_3} = \{2-1, 1-1, 2-1\} = \{1,0,1\}$$

而

$$\overrightarrow{M_1M_2} \cdot \overrightarrow{M_1M_3} = 1\times1 + 1\times0 + 0\times1 = 1$$

$$|\overrightarrow{M_1M_2}| = \sqrt{1^2+1^2+0^2} = \sqrt{2}, \quad |\overrightarrow{M_1M_3}| = \sqrt{1^2+0^2+1^2} = \sqrt{2}$$

故 $\cos\theta = \dfrac{1}{2}$，$\theta = \dfrac{\pi}{3}$.

例 7.5 设不可压缩液体流过平面 π 上面积为 A 的一个区域(见图 7-12)，液体在该区域上各点处的流速均为常向量 $\boldsymbol{v}$，设 $\boldsymbol{n}^0$ 为垂直于 π 的单位向量，计算单位时间内经过该区域流向 $\boldsymbol{n}^0$ 所指向一侧的液体流量(指质量)P (设液体的密度为 $\mu = 1$).

解 单位时间内流过区域的液体形成一个底面积为 A，斜高为 $|\boldsymbol{v}|$ 的斜柱体，且斜高与底面垂线的夹角即为向量 $\boldsymbol{v}$ 与 $\boldsymbol{n}^0$ 之间的夹角 θ. 所以，该斜柱体的高为 $|\boldsymbol{v}| \cdot \cos\theta$，即 $|\boldsymbol{v}|$ 在 $\boldsymbol{n}^0$ 方向上的投影. 斜柱体的体积为

$$A|\boldsymbol{v}|\cos\theta = A|\boldsymbol{v}||\boldsymbol{n}^0|\cos\theta = A\boldsymbol{v}\cdot\boldsymbol{n}^0$$

从而，单位时间内经过区域流向所指一侧的液体重量为

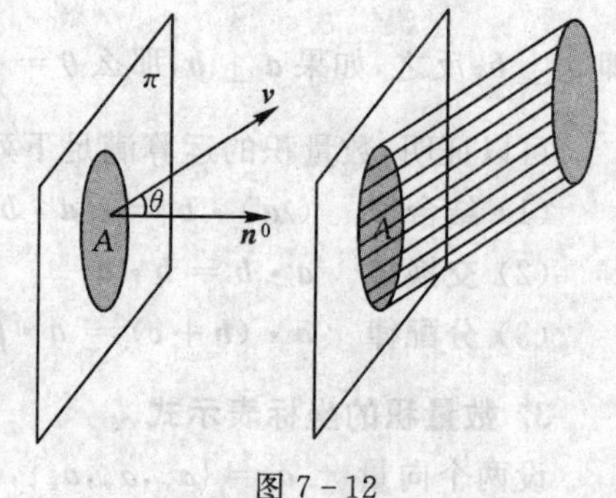

图 7-12

$$P = \mu A\boldsymbol{v}\cdot\boldsymbol{n}^0$$

显然，若 $\boldsymbol{v} /\!/ \boldsymbol{n}^0$，即 $\boldsymbol{v}$ 垂直于平面 π 时，$P = \mu A|\boldsymbol{v}|$.

7.1.6 向量的向量积

1. 向量积的定义

设 O 为一根杠杆的支点，力 $\boldsymbol{F}$ 作用于这杠杆上的点 P 处，$\boldsymbol{F}$ 与 $\overrightarrow{OP}$ 的夹角为 θ(见图 7-13)，由力学知识可知，力 $\boldsymbol{F}$ 对支点 O 的力矩是一个向量 $\boldsymbol{M}$，它的模为

$$|\boldsymbol{M}| = |\overrightarrow{OQ}||\boldsymbol{F}| = |\overrightarrow{OP}||\boldsymbol{F}|\sin\theta$$

而方向垂直于 $\overrightarrow{OP}$ 与 $\boldsymbol{F}$ 所决定的平面，其指向依右手规则来决定，即当右手的四个

手指从$\overrightarrow{OP}$以不超过 π 的角度转向 $\boldsymbol{F}$ 握拳时，大拇指的指向就是力矩 $\boldsymbol{M}$ 的指向.

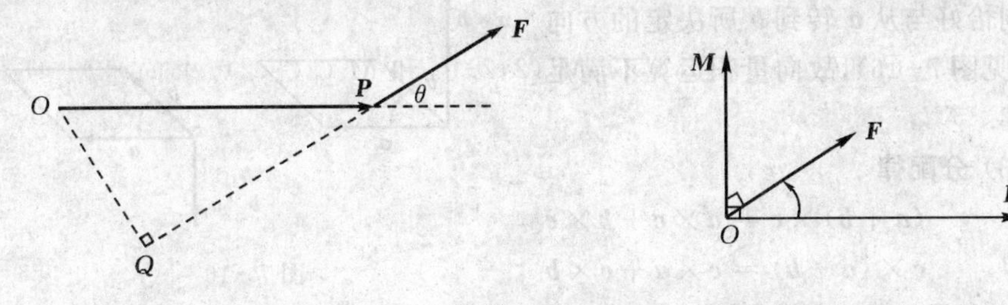

图 7 - 13

由这类物理问题所反映出的数学运算，抽象出两个向量间的向量积的概念.

定义 7.2　设向量 $\boldsymbol{c}$ 由向量 $\boldsymbol{a}$ 与 $\boldsymbol{b}$ 依下列方式决定：

(1) $\boldsymbol{c}$ 的模为 $|\boldsymbol{c}|=|\boldsymbol{a}||\boldsymbol{b}|\sin\theta$，其中 θ 为向量 $\boldsymbol{a}$ 与 $\boldsymbol{b}$ 之间的夹角；

(2) $\boldsymbol{c}$ 的方向垂直于 $\boldsymbol{a}$ 与 $\boldsymbol{b}$ 所决定的平面，$\boldsymbol{c}$ 的指向按右手规则从 $\boldsymbol{a}$ 转向(转角小于 π)$\boldsymbol{b}$ 来决定. 那么称向量 $\boldsymbol{c}$ 为向量 $\boldsymbol{a}$ 与 $\boldsymbol{b}$ 的**向量积**(或**叉积**)，记作 $\boldsymbol{a}\times\boldsymbol{b}$，即 $\boldsymbol{c}=\boldsymbol{a}\times\boldsymbol{b}$. $\boldsymbol{a}\times\boldsymbol{b}$ 也常读作“$\boldsymbol{a}$ 叉乘 $\boldsymbol{b}$”.

因此，上面的力矩 $\boldsymbol{M}$ 等于$\overrightarrow{OP}$与力 $\boldsymbol{F}$ 的向量积，即 $\boldsymbol{M}=\overrightarrow{OP}\times\boldsymbol{F}$.

2. 向量积的性质

由向量积的定义，直接可得下列的性质：

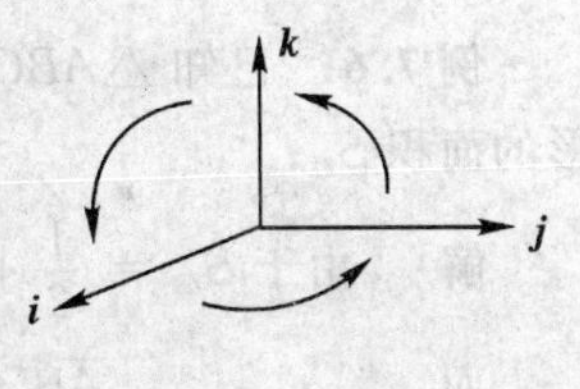

图 7 - 14

(1) $\boldsymbol{a}\times\boldsymbol{a}=\boldsymbol{0}$；

(2) 对于基本单位向量 $\boldsymbol{i}$、$\boldsymbol{j}$、$\boldsymbol{k}$，有下述关系式：

$$\boldsymbol{i}\times\boldsymbol{i}=\boldsymbol{j}\times\boldsymbol{j}=\boldsymbol{k}\times\boldsymbol{k}=\boldsymbol{0}$$

$$\boldsymbol{i}\times\boldsymbol{j}=\boldsymbol{k},\ \boldsymbol{j}\times\boldsymbol{k}=\boldsymbol{i},\ \boldsymbol{k}\times\boldsymbol{i}=\boldsymbol{j}$$

基本单位向量的向量积符合右手轮换法则(见图 7 - 14)；

(3) 两个向量 $\boldsymbol{a}$ 与 $\boldsymbol{b}$ 平行(即 $\boldsymbol{a}\,/\!/\,\boldsymbol{b}$) 的充要条件是 $\boldsymbol{a}\times\boldsymbol{b}=\boldsymbol{0}$；

(4) 设 $\boldsymbol{a}$、$\boldsymbol{b}$ 为两个非零向量，模 $|\boldsymbol{a}\times\boldsymbol{b}|$ 在几何上表示以 $|\boldsymbol{a}|$ 与 $|\boldsymbol{b}|$ 为邻边的平行四边形的面积 A(见图 7 - 15)，即

$$|\boldsymbol{a}\times\boldsymbol{b}|=|\boldsymbol{a}||\boldsymbol{b}|\sin\theta$$
$$=|\boldsymbol{a}|(|\boldsymbol{b}|\sin\theta)=A$$

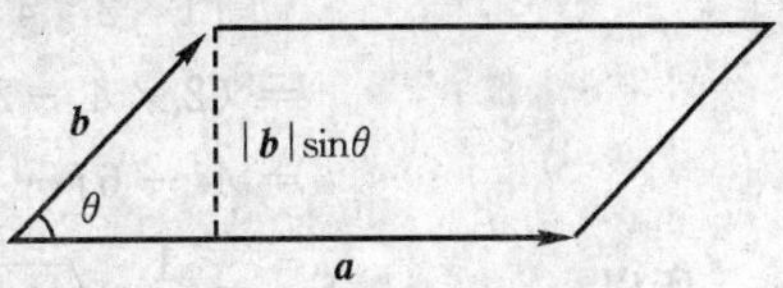

图 7 - 15

向量积的运算符合下列规律：

(1) **数乘结合律**　设 λ、μ 为实数，则

$$(\lambda\boldsymbol{a})\times\boldsymbol{b}=\boldsymbol{a}\times(\lambda\boldsymbol{b})=\lambda(\boldsymbol{a}\times\boldsymbol{b})$$

$$(\lambda\boldsymbol{a})\times(\mu\boldsymbol{b})=(\lambda\mu)(\boldsymbol{a}\times\boldsymbol{b})$$

(2) **反交换律**　$\boldsymbol{b}\times\boldsymbol{a}=-\boldsymbol{a}\times\boldsymbol{b}$

按右手系规则，从 $\boldsymbol{b}$ 转到 $\boldsymbol{a}$ 所决定的方向恰好与从 $\boldsymbol{a}$ 转到 $\boldsymbol{b}$ 所决定的方向相反(见图 7-16)，故向量积运算不满足交换律.

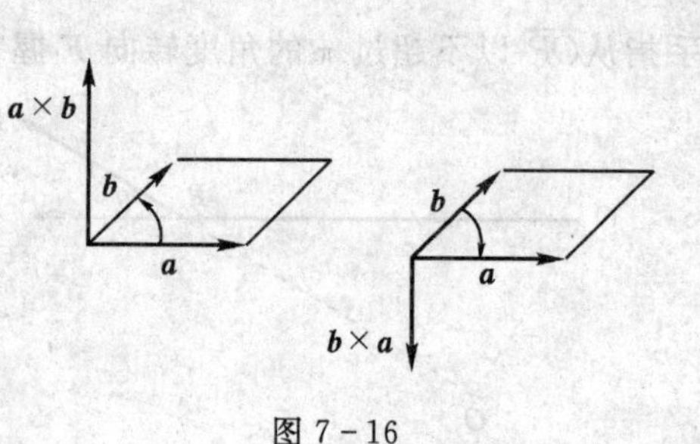

图 7-16

(3) **分配律**

$$(\boldsymbol{a}+\boldsymbol{b})\times\boldsymbol{c}=\boldsymbol{a}\times\boldsymbol{c}+\boldsymbol{b}\times\boldsymbol{c}$$

$$\boldsymbol{c}\times(\boldsymbol{a}+\boldsymbol{b})=\boldsymbol{c}\times\boldsymbol{a}+\boldsymbol{c}\times\boldsymbol{b}$$

3. 向量积的坐标表示式

设 $\boldsymbol{a}=a_x\boldsymbol{i}+a_y\boldsymbol{j}+a_z\boldsymbol{k}$，$\boldsymbol{b}=b_x\boldsymbol{i}+b_y\boldsymbol{j}+b_z\boldsymbol{k}$，则

$$\begin{aligned}\boldsymbol{a}\times\boldsymbol{b}&=(a_x\boldsymbol{i}+a_y\boldsymbol{j}+a_z\boldsymbol{k})\times(b_x\boldsymbol{i}+b_y\boldsymbol{j}+b_z\boldsymbol{k})\\&=[(a_xb_y)\boldsymbol{k}-(a_xb_z)\boldsymbol{j}]+[(-a_yb_x)\boldsymbol{k}+(a_yb_z)\boldsymbol{i}]+[(a_zb_x)\boldsymbol{j}-(z_zb_y)\boldsymbol{i}]\\&=(a_yb_z-a_zb_y)\boldsymbol{i}+(a_zb_x-a_xb_z)\boldsymbol{j}+(a_xb_y-a_yb_x)\boldsymbol{k}\end{aligned}$$

为了便于记忆，我们引入形式化的三阶行列式的记法：

$$\boldsymbol{a}\times\boldsymbol{b}=\begin{vmatrix}\boldsymbol{i}&\boldsymbol{j}&\boldsymbol{k}\\a_x&a_y&a_z\\b_x&b_y&b_z\end{vmatrix}$$

例 7.6　已知 $\triangle ABC$ 的顶点是 $A(1,2,3)$，$B(3,4,5)$ 和 $C(2,4,7)$，求此三角形的面积 $S_\triangle$.

解　由于 $S_\triangle=\dfrac{1}{2}\,|\overrightarrow{AB}|\,|\overrightarrow{AC}|\sin\angle A=\dfrac{1}{2}\,|\overrightarrow{AB}\times\overrightarrow{AC}|$

而

$$\overrightarrow{AB}=\{3-1,4-2,5-3\}=\{2,2,2\}$$

$$\overrightarrow{AC}=\{2-1,4-2,7-3\}=\{1,2,4\}$$

$$\begin{aligned}\overrightarrow{AB}\times\overrightarrow{AC}&=\begin{vmatrix}\boldsymbol{i}&\boldsymbol{j}&\boldsymbol{k}\\2&2&2\\1&2&4\end{vmatrix}=\begin{vmatrix}2&2\\2&4\end{vmatrix}\boldsymbol{i}-\begin{vmatrix}2&2\\1&4\end{vmatrix}\boldsymbol{j}+\begin{vmatrix}2&2\\1&2\end{vmatrix}\boldsymbol{k}\\&=(2\times4-2\times2)\boldsymbol{i}-(2\times4-2\times1)\boldsymbol{j}+(2\times2-2\times1)\boldsymbol{k}\\&=4\boldsymbol{i}-6\boldsymbol{j}-2\boldsymbol{k}\end{aligned}$$

所以

$$S_\triangle=\frac{1}{2}\sqrt{4^2+(-6)^2+(-2)^2}=\sqrt{14}$$

习题 7-1

1. 写出 $P(1,-2,-1)$ 的下列对称点的坐标：

(1) 关于三个坐标平面分别对称；

(2) 关于三个坐标轴分别对称；

(3) 关于坐标原点对称.

2. 试证明以三点 $A(4,1,9)$,$B(10,-1,6)$,$C(2,4,3)$ 为顶点的三角形为等腰直角三角形.

3. 求点 $P(1,2,3)$ 关于 xOy 面的对称点与点 $(2,1,2)$ 之间的距离.

4. 设 $A(4,\sqrt{2},1)$,$B(3,0,2)$,求 $\overrightarrow{AB}$ 的方向余弦及与 $\overrightarrow{AB}$ 反向的单位向量.

5. 设 $\boldsymbol{a}=\{3,0,-1\}$,$\boldsymbol{b}=\{-2,-1,3\}$,求 $\boldsymbol{a}\cdot\boldsymbol{b}$,$\cos(\widehat{\boldsymbol{a},\boldsymbol{b}})$.

6. 设 $\boldsymbol{a}=\{0,1,-2\}$,$\boldsymbol{b}=(2,-1,1)$,计算 $\boldsymbol{a}\times\boldsymbol{b}$,并求与 $\boldsymbol{a}$ 和 $\boldsymbol{b}$ 都垂直的单位向量.

7. 设向量 $\boldsymbol{a}=\{2,-1,2\}$,$\boldsymbol{b}=\{1,1,z\}$,问 z 取何值时 $\boldsymbol{a}$ 与 $\boldsymbol{b}$ 的夹角最小,并求此最小角.

8. 证明:$\boldsymbol{a}\times\boldsymbol{b}\times\boldsymbol{c}=(\boldsymbol{a}\cdot\boldsymbol{c})\boldsymbol{b}-(\boldsymbol{a}\cdot\boldsymbol{b})\boldsymbol{c}$.

7.2 平面、直线及其方程

在本节里,我们将以向量为工具,在空间直角坐标系中讨论平面和直线及其方程.

7.2.1 空间平面及其方程

1. 平面的点法式方程

先回顾一下平面解析几何中建立直线方程的情况. 若已知直线上一个定点 $P_0(x_0,y_0)$ 及直线的斜率 k(倾角为 α),则该直线就完全确定了. 为了建立它的方程,设直线上的动点为 $P(x,y)$,由图 7-17 可以看出,直线的**点斜式方程**为

$$\frac{y-y_0}{x-x_0}=\tan\alpha=k \quad 或 \quad y-y_0=k(x-x_0)$$

用类似的方法可以建立空间平面的方程. 若已知平面上一点 $P_0(x_0,y_0,z_0)$ 及垂直于平面的**法线向量**(简称**法向量**)$\boldsymbol{n}=\{A,B,C\}$,则该空间平面就完全确定了. 设平面上的动点为 $P(x,y,z)$,由图 7-18 知,法向量 $\boldsymbol{n}$ 与向量 $\overrightarrow{P_0P}$ 是正交的,即 $\overrightarrow{P_0P}\perp\boldsymbol{n}$,而 $\overrightarrow{P_0P}=\{x-x_0,y-y_0,z-z_0\}$,由两向量正交的坐标表示式,得空间平面的方程为

$$A(x-x_0)+B(y-y_0)+C(z-z_0)=0 \tag{7.1}$$

其中 A、B、C 为法向量 $\boldsymbol{n}$ 的三个方向数,式(7.1) 称为空间平面的**点法式方程**.

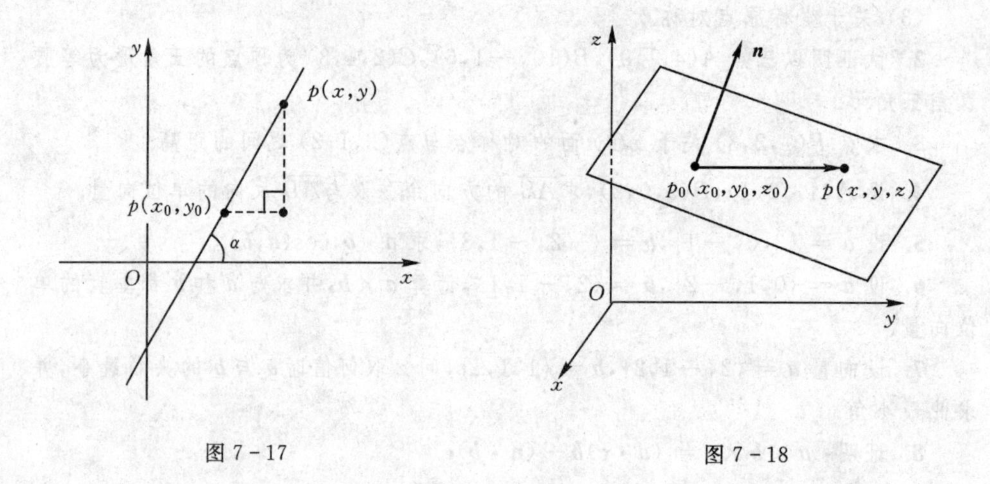

图 7-17　　图 7-18

例 7.7　求经过点 $P(1,-2,0)$ 且与平面 $\pi:\frac{1}{2}x+3y-4z=0$ 平行的平面方程.

解　由两平面平行的条件，它们的法向量成比例. 而已知平面的法向量为 $\{\frac{1}{2},3,-4\}$，不妨设所求平面的法向量 $\boldsymbol{n}$ 为 $\{1,6,-8\}$，因此由点法式(7.1) 得所求平面的方程为

$$(x-1)+6(y+2)-8(z-0)=0$$

即

$$x+6y-8z+11=0$$

例 7.8　已知空间三点 $M_1(2,-1,4)$，$M_2(-1,3,-2)$ 和 $M_3(0,2,3)$，求经过这三点的平面方程.

解　先找出这平面的法向量 $\boldsymbol{n}$. 由于法向量 $\boldsymbol{n}$ 与向量 $\overrightarrow{M_1M_2}$、$\overrightarrow{M_1M_3}$ 都垂直，而 $\overrightarrow{M_1M_2}=\{-3,4,-6\}$，$\overrightarrow{M_1M_3}=\{-2,3,-1\}$，所以法向量 $\boldsymbol{n}$ 可表示为

$$\boldsymbol{n}=\overrightarrow{M_1M_2}\times\overrightarrow{M_1M_3}=\begin{vmatrix}\boldsymbol{i} & \boldsymbol{j} & \boldsymbol{k}\\ -3 & 4 & -6\\ -2 & 3 & -1\end{vmatrix}=14\boldsymbol{i}+9\boldsymbol{j}-\boldsymbol{k}$$

由点法式方程得所求平面的方程为

$$14(x-2)+9(y+1)-(z-4)=0$$

即

$$14x+9y-z-15=0$$

2. 平面的一般式方程

注意到平面的点法式方程(7.1) 是关于 x、y、z 的三元一次方程. 实际上，任意一个平面都可以用平面上的一点及它的法线向量来确定，所以任意一平面都可以

用三元一次方程来表示. 反过来,若有三元一次方程

$$Ax + By + Cz + D = 0 \tag{7.2}$$

任取满足该方程的一组数 x_0、y_0、z_0,即

$$Ax_0 + By_0 + Cz_0 + D = 0$$

两式相减得

$$A(x - x_0) + B(y - y_0) + C(z - z_0) = 0 \tag{7.3}$$

将它与方程(7.1)作比较,可见方程(7.3)就是过点 $M_0(x_0, y_0, z_0)$ 且以 $\boldsymbol{n} = \{A, B, C\}$ 为法线向量的平面方程. 由此可知,三元一次方程(7.2)所代表的图形是平面. 方程(7.2)称为**平面的一般式方程**,其中 x、y、z 的系数就是该平面法向量的坐标,即 $\boldsymbol{n} = \{A, B, C\}$.

对于一些特殊的三元一次方程,它们所代表的平面具有一些特殊的几何位置.

(1) 当 $D = 0$ 时,(7.2)式成为 $Ax + By + Cz = 0$,因为 $O(0,0,0)$ 满足该方程. 所以方程 $Ax + By + Cz = 0$ 表示一个通过原点的平面.

(2) 当 $A = 0$ 时,(7.2)式成为 $By + Cz + D = 0$,它的法向量为 $\boldsymbol{n} = \{0, B, C\}$,故它对 x 轴的方向余弦 $\cos\alpha = 0, \alpha = \frac{\pi}{2}$,即 $\boldsymbol{n}$ 垂直于 x 轴,从而方程 $By + Cz + D = 0$ 表示平行于 x 轴的平面.

类似地,$Ax + Cz + D = 0$ 表示平行于 y 轴的平面;$Ax + By + D = 0$ 表示平行于 z 轴的平面.

(3) 当 $A = B = 0$ 时,(7.2)式成为 $Cz + D = 0$ 或 $z = -\frac{D}{C}$ $(C \neq 0)$,法线向量为 $\boldsymbol{n} = \{0, 0, C\}$,故它同时垂直于 x 轴与 y 轴,因此 $Cz + D = 0$ 表示过点$(0, 0, -\frac{D}{C})$,且平行于 xOy 面的平面.

类似地,方程 $Ax + D = 0$ 表示过点$(-\frac{D}{A}, 0, 0)$ 且平行于 yOz 面的平面;方程 $By + D = 0$ 表示过点$(0, -\frac{D}{B}, 0)$ 且平行于 xOz 面的平面.

例 7.9　画出下列平面的图形:

(1) $x - 1 = 0$;(2) $x + y - 1 = 0$;(3) $x + y + z - 1 = 0$.

解　(1) 由于方程 $x - 1 = 0$ 中缺少变量 y、z,说明它的图形是平行于 yOz 面的平面,且与 x 轴交于点$(1,0,0)$(见图 7-19,下同);

(2) 由于方程中缺少变量 z,说明它的图形是平行于 z 轴(即垂直于 xOy 坐标面),且分别与 x、y 轴交于点$(1,0,0)$ 和$(0,1,0)$ 的平面;

(3) 它的图形是分别与 x、y、z 轴交于点$(1,0,0)$、$(0,1,0)$ 和$(0,0,1)$ 的平面.

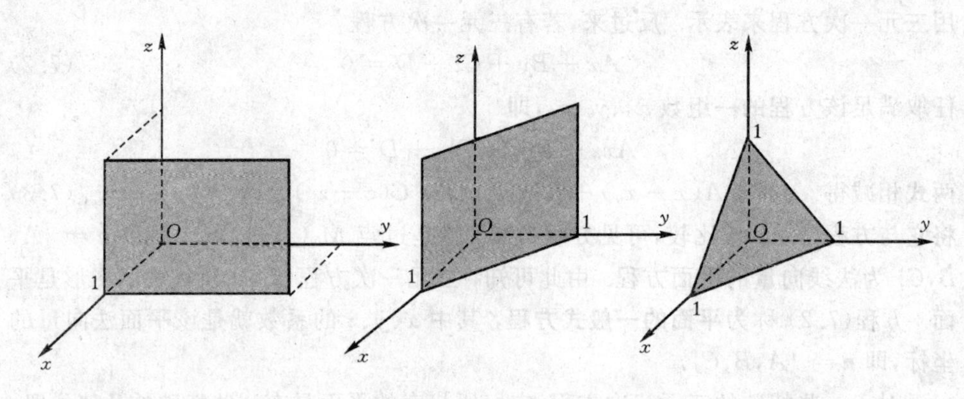

图 7-19

例 7.10　求通过 x 轴和点$(4,-3,-1)$的平面方程.

解　平面过 x 轴,则该平面的法线向量垂直于 x 轴,且平面过原点,故设该平面的方程为 $By+Cz=0$. 由于平面过点$(4,-3,-1)$,故 $-3B-C=0$,即 $C=-3B$. 将此式代入所设方程有 $By-3Bz=0$,约去非零因子 $B\neq 0$(若 $B=0$,那么该平面的法线向量 $\boldsymbol{n}=\{0,B,C\}=\{0,B,-3B\}=0$,这与平面法线向量必须为非零向量的规定相矛盾),得平面方程 $y-3z=0$.

例 7.11　设一平面与 x 轴、y 轴、z 轴分别交于三点 $P(a,0,0)$,$Q(0,b,0)$,$R(0,0,c)$,求此平面的方程(其中 $abc\neq 0$,).

解　设所求的平面方程为 $Ax+By+Cz+D=0$,将三点的坐标分别代入得

$$\begin{cases} aA+D=0 \\ bB+D=0 \\ cC+D=0 \end{cases}$$

从而

$$A=-\frac{D}{a},B=-\frac{D}{b},C=-\frac{D}{c}$$

将其代入所设方程有

$$-\frac{D}{a}x-\frac{D}{b}y-\frac{D}{c}z+D=0$$

两边同除以 $D(\neq 0)$ 有

$$\frac{x}{a}+\frac{y}{b}+\frac{z}{c}=1 \tag{7.4}$$

方程(7.4) 称为**平面的截距式方程**,而 a、b、c 依次称为平面在 x、y、z 轴上的**截距**.

3. 两平面间的夹角

设有两个平面 π_1 与 π_2,它们的法向量分别为 $\boldsymbol{n}_1$ 与 $\boldsymbol{n}_2$,当这两个平面平行时,它

们的法向量也平行，即 $\boldsymbol{n}_1 \parallel \boldsymbol{n}_2$. 当两个平面相交形成夹角时，它们的法向量随之形成夹角. 因此，把两平面的法线向量之间的夹角 $\theta\left(0 \leqslant \theta \leqslant \dfrac{\pi}{2}\right)$ 称为**两平面间的夹角**（见图 7－20）.

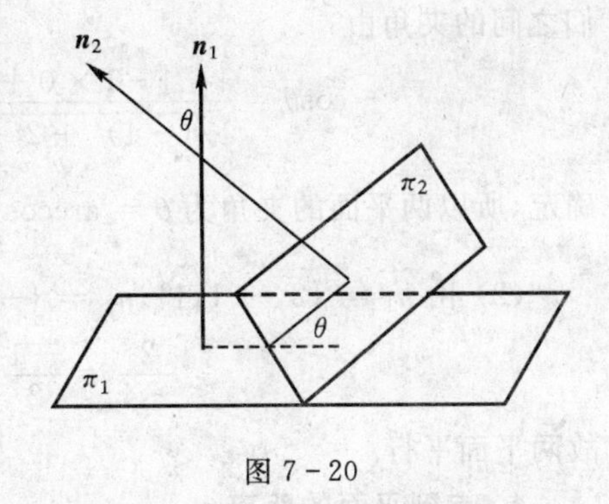

图 7－20

下面来导出计算两平面夹角 θ 的公式.

设平面 π_1 与 π_2 的方程分别为

$$A_1 x + B_1 y + C_1 z + D_1 = 0$$

和

$$A_2 x + B_2 y + C_2 z + D_2 = 0$$

π_1 与 π_2 的法线向量分别为 $\boldsymbol{n}_1 = \{A_1, B_1, C_1\}$，$\boldsymbol{n}_2 = \{A_2, B_2, C_2\}$，则两向量间夹角可由

$$\cos\theta = \frac{|\boldsymbol{n}_1 \cdot \boldsymbol{n}_2|}{|\boldsymbol{n}_1||\boldsymbol{n}_2|} = \frac{|A_1A_2 + B_1B_2 + C_1C_2|}{\sqrt{A_1^2 + B_1^2 + C_1^2} \cdot \sqrt{A_2^2 + B_2^2 + C_2^2}} \tag{7.5}$$

来确定. 由(7.5)式，立刻可给出如下结论：

(1) $\pi_1 \perp \pi_2$ 相当于　$A_1A_2 + B_1B_2 + C_1C_2 = 0$；

(2) $\pi_1 \parallel \pi_2$ 相当于　$\dfrac{A_1}{A_2} = \dfrac{B_1}{B_2} = \dfrac{C_1}{C_2}$.

例 7.12　一平面过两点 $M_1(1,1,1)$ 和 $M_2\{0,1,-1\}$ 且垂直于平面 $x+y+z=0$，求它的方程.

解　设所求平面的法向量为 $\boldsymbol{n} = \{A, B, C\}$，由于 M_1、M_2 都在所求平面上，故向量 $\overrightarrow{M_1M_2} = \{-1, 0, -2\}$ 也在该平面上. 因而 $\overrightarrow{M_1M_2} \perp \boldsymbol{n}$，$\overrightarrow{M_1M_2} \cdot \boldsymbol{n} = 0$，即

$$-A - 2C = 0$$

又 $\boldsymbol{n}$ 垂直于平面 $x + y + z = 0$ 的法线向量 $\boldsymbol{n}' = \{1, 1, 1\}$，故有 $\boldsymbol{n} \cdot \boldsymbol{n}' = 0$，即

$$A + B + C = 0$$

联立以上两式求解得 $A = -2C, B = C$，取一点 $M_1(1,1,1)$，代入点法式方程(7.1)得

$$-2C(x-1) + C(y-1) + C(z-1) = 0$$

约去非零因子 $C(\neq 0)$ 得

$$-2(x-1) + (y-1) + (z-1) = 0$$

则所求方程为

$$2x - y - z = 0$$

例 7.13　研究以下各组中两平面的位置关系：

(1) $-x + 2y - x + 1 = 0$，　$y + 3z - 1 = 0$；

(2) $2x - y + z - 1 = 0$，　$-4x + 2y - 2z - 1 = 0$.

解　(1) 两平面的法向量分别为 $\boldsymbol{n}_1 = \{-1, 2, -1\}$ 和 $\boldsymbol{n}_2 = \{0, 1, 3\}$，因此它

们之间的夹角由

$$\cos\theta = \frac{|-1\times 0 + 2\times 1 - 1\times 3|}{\sqrt{(-1)^2 + 2^2 + (-1)^2}\sqrt{1^2 + 3^2}} = \frac{1}{\sqrt{60}}$$

确定,所以两平面的夹角为 $\theta = \arccos\dfrac{1}{\sqrt{60}}$.

(2) 由 $\boldsymbol{n}_1 = \{2, -1, 1\}$, $\boldsymbol{n}_2 = \{-4, 2, -2\}$ 知,

$$\frac{2}{-4} = \frac{-1}{2} = \frac{1}{-2}$$

故两平面平行.

***4. 点到平面的距离**

设 $P_0(x_0, y_0, z_0)$ 是平面 $\pi: Ax + By + Cz + D = 0$ 外一点,怎样来表示点 P_0 到平面 π 的距离?

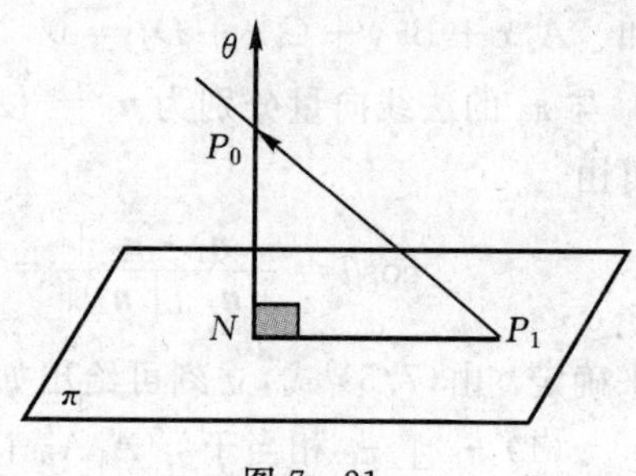

图 7-21

先在平面 π 上任取一点 $P_1(x_1, y_1, z_1)$,作向量 $\overrightarrow{P_1P_0}$,记 $\overrightarrow{P_1P_0}$ 与平面 π 的法向量 $\boldsymbol{n} = \{A, B, C\}$ 之间的夹角为 θ,如图 7-21 所示. P_0 到平面 π 的距离为 $|P_0N|$,则

$$|P_0N| = |\overrightarrow{P_1P_0}|\cos\theta = |\overrightarrow{P_1P_0}|\frac{\overrightarrow{P_1P_0}\cdot\boldsymbol{n}}{|\overrightarrow{P_1P_0}||\boldsymbol{n}|} = \overrightarrow{P_1P_0}\cdot\boldsymbol{n}^0$$

而

$$\boldsymbol{n}^0 = \left\{\frac{A}{\sqrt{A^2 + B^2 + C^2}}, \frac{B}{\sqrt{A^2 + B^2 + C^2}}, \frac{C}{\sqrt{A^2 + B^2 + C^2}}\right\}$$

$$\overrightarrow{P_1P_0} = \{x_0 - x_1, y_0 - y_1, z_0 - z_1\}$$

因此

$$\overrightarrow{P_1P_0}\cdot\boldsymbol{n}^0 = \frac{Ax_0 + By_0 + Cz_0 - Ax_1 - By_1 - Cz_1}{\sqrt{A^2 + B^2 + C^2}}$$

由假设 $Ax_1 + By_1 + Cz_1 = -D$,故

$$|P_0N| = |\overrightarrow{P_1P_0}|\cdot\boldsymbol{n}^0 = \frac{Ax_0 + By_0 + Cz_0 + D}{\sqrt{A^2 + B^2 + C^2}}$$

若考虑到夹角 θ 可能是钝角,则点到平面的距离为

$$d = \frac{|Ax_0 + By_0 + Cz_0 + D|}{\sqrt{A^2 + B^2 + C^2}} \tag{7.6}$$

公式(7.6)称为**点到平面的距离公式**.

例如点 $(-1, -2, 1)$ 到平面 $x + 2y - 2z - 5 = 0$ 的距离为

$$d = \frac{|1\times(-1) + 2\times(-2) - 2\times 1 - 5|}{\sqrt{1^2 + 2^2 + (-2)^2}} = 4$$

7.2.2　空间直线及其方程

1. 空间直线的一般式方程

任一空间直线 L 都可看成是平面 π_1 和 π_2 的交线(见图 7-22). 设两个平面的方程为

$$\pi_1: A_1x + B_1y + C_1z + D_1 = 0$$

$$\pi_2: A_2x + B_2y + C_2z + D_2 = 0$$

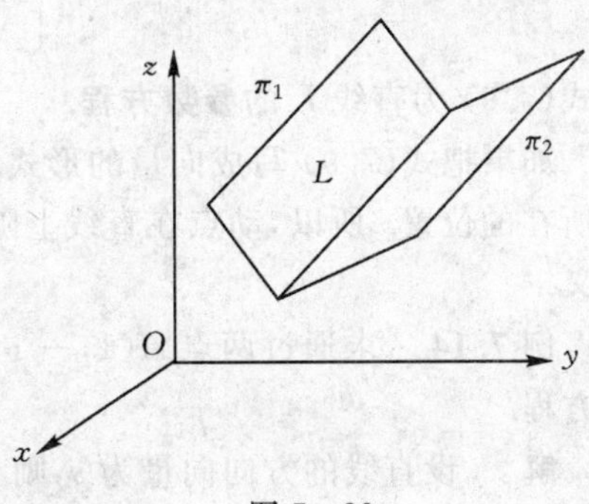

图 7-22

则它们的交线 L 既在平面 π_1 上,也在平面 π_2 上,因此直线 L 上任一点的坐标均满足这两个平面的方程,即满足方程组

$$\begin{cases} A_1x + B_1y + C_1z + D_1 = 0 \\ A_2x + B_2y + C_2z + D_2 = 0 \end{cases} \quad (7.7)$$

反之,不在直线 L 上的点不能同时在平面 π_1 和 π_2 上,因此不能满足方程组(7.7),所以方程组(7.7)为直线 L 的方程,称为直线的**一般式方程**. 其中 A_1、B_1、C_1 和 A_2、B_2、C_2 对应不成比例.

2. 空间直线的对称式方程和参数方程

如果一个非零向量平行于一条已知直线,这个向量叫做这条直线的**方向向量**. 容易知道,直线上任一向量都平行于该直线的方向向量.

如果已知直线 L 上的一个点 $M_0(x_0, y_0, z_0)$ 及该直线的方向向量 $\boldsymbol{s} = \{m, n, p\}$,那么这条直线就完全确定了,现在来求 L 的方程.

设点 $M(x, y, z)$ 是直线 L 上动点,则 $\overrightarrow{M_0M} = \{x - x_0, y - y_0, z - z_0\}$,而 $\overrightarrow{M_0M} \parallel \boldsymbol{s}$,从而有

$$\frac{x - x_0}{m} = \frac{y - y_0}{n} = \frac{z - z_0}{p} \quad (7.8)$$

方程(7.8)称为直线 L 的**对称式方程**. L 的方向向量 $\boldsymbol{s}$ 的坐标 m、n、p 称为直线 L **的方向数**.

注　对称式方程(7.8)中的一个方向数为零时,如 p 为零,则 $\frac{z - z_0}{p}$ 无意义. 这时可以改为 $z - z_0 = 0$,于是方程(7.8)可以改写为

$$\begin{cases} \dfrac{x - x_0}{m} = \dfrac{y - y_0}{n} \\ z - z_0 = 0 \end{cases}$$

由于直线的对称式方程(7.8)是一个比例式,设它的比例系数为 t,称 t 为参

数,则

$$\frac{x-x_0}{m}=\frac{y-y_0}{n}=\frac{z-z_0}{p}=t$$

上式可改写成
$$\begin{cases}x=x_0+mt\\y=y_0+nt\\z=z_0+pt\end{cases}\tag{7.9}$$

称式(7.9)为直线 L 的**参数方程**.

如果把式(7.9)写成向量的形式 $\overrightarrow{M_0M}=\boldsymbol{s}t$,那么,$t$ 倍向量 $\boldsymbol{s}$ 的终点就是动点 M 所在的位置. 所以,动点在直线上随着参数 t 的变动而移动,这就是参数 t 的几何意义.

例 7.14 求通过两点 $A(1,-1,2)$ 和 $B(-1,0,2)$ 的直线的对称式方程和参数方程.

解 设直线的方向向量为 $\boldsymbol{s}$,则

$$\boldsymbol{s}=\overrightarrow{AB}=\{-2,1,0\}$$

取定点 $A(1,-1,2)$,则所求直线的对称式方程为

$$\begin{cases}\dfrac{x-1}{-2}=\dfrac{y+1}{1}\\z-2=0\end{cases}$$

而直线的参数方程为

$$\begin{cases}x=1-2t\\y=-1+t\\z=2\end{cases}$$

例 7.15 求过点 $A(1,-2,4)$ 且与平面 π:$4x-3y+z-1=0$ 垂直的直线方程.

解 因为所求直线垂直于平面 π,所以可取 π 的法线向量为直线的方向向量,即

$$\boldsymbol{s}=\boldsymbol{n}=\{4,-3,1\}$$

故所求直线方程为

$$\frac{x-1}{4}=\frac{y+2}{-3}=\frac{z-4}{1}$$

例 7.16 把直线 L 的一般式方程

$$\begin{cases}2x-y+2z+2=0\\x+2y-z+6=0\end{cases}$$

化为对称式方程.

分析:直线 L 在这两个平面上,所以其方向向量应同时垂直于这两个平面的法线向量,只要在直线上再找一点,就可写出对称式方程.

解　求直线上一个点时，可在三个变量中适当地给定其中一个值，再求出另外两个值. 如令 $z=0$，得

$$\begin{cases}2x-y+2=0\\x+2y+6=0\end{cases}$$

解上述方程组得 $x=-2, y=-2$，所以直线 L 上的一点是 $A(-2,-2,0)$.

设直线 L 的方向向量为 $\boldsymbol{s}$，又两平面的法线向量分别为 $\boldsymbol{n}_1=\{2,-1,2\}$，$\boldsymbol{n}_2=\{1,2,-1\}$，因为 $\boldsymbol{s}\perp\boldsymbol{n}_1$，$\boldsymbol{s}\perp\boldsymbol{n}_2$，所以 $\boldsymbol{s}=\boldsymbol{n}_1\times\boldsymbol{n}_2$

即
$$\boldsymbol{s}=\begin{vmatrix}\boldsymbol{i} & \boldsymbol{j} & \boldsymbol{k}\\2 & -1 & 2\\1 & 2 & -1\end{vmatrix}=-3\boldsymbol{i}+4\boldsymbol{j}+5\boldsymbol{k}$$

所以直线 L 的对称式方程为

$$\frac{x+2}{-3}=\frac{y+2}{4}=\frac{z}{5}$$

3. 两直线的夹角

我们规定两直线的方向向量间的夹角 $\theta(0\leqslant\theta\leqslant\frac{\pi}{2})$ 为**两直线的夹角**.

设直线 L_1 和 L_2 的方向向量依次为 $\boldsymbol{s}_1=\{m_1,n_1,p_1\}$，$\boldsymbol{s}_2=\{m_2,n_2,p_2\}$. 容易知道，直线 L_1 和 L_2 的夹角可由两直线方向向量夹角余弦的绝对值来表示

$$\cos\theta=\frac{|\boldsymbol{s}_1\cdot\boldsymbol{s}_2|}{|\boldsymbol{s}_1||\boldsymbol{s}_2|}=\frac{|m_1m_2+n_1n_2+p_1p_2|}{\sqrt{m_1^2+n_1^2+p_1^2}\sqrt{m_2^2+n_2^2+p_2^2}}\tag{7.10}$$

因此，由两向量垂直、平行的充分必要条件可得下列结论：

$L_1\perp L_2$ 的充分必要条件是 $m_1m_2+n_1n_2+p_1p_2=0$

$L_1 /\!/ L_2$ 的充分必要条件是 $\dfrac{m_1}{m_2}=\dfrac{n_1}{n_2}=\dfrac{p_1}{p_2}$

例 7.17　求两直线 L_1 和 L_2 的夹角，其中：

$$L_1: x=y=z;\quad L_2: \frac{x-1}{2}=\frac{y+3}{-1}=z$$

解　直线 L_1 和 L_2 的方向向量依次为 $\boldsymbol{s}_1=\{1,1,1\}$，$\boldsymbol{s}_2=\{2,-1,1\}$，设直线 L_1 和 L_2 的夹角为 θ，那么由公式(7.10)有

$$\cos\theta=\frac{|1\times2+1\times(-1)+1\times1|}{\sqrt{1^2+1^2+1^2}\sqrt{2^2+(-1)^2+1^2}}$$

$$\theta=\arccos\frac{2}{\sqrt{18}}\approx61.87^\circ$$

4. 直线与平面的夹角

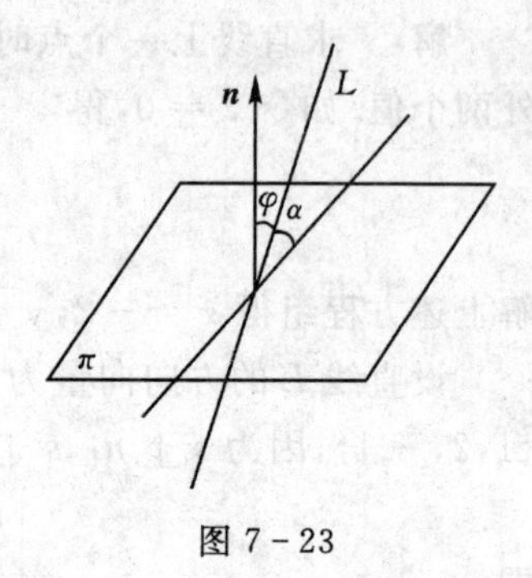

图 7-23

设直线 L 的方向向量为 $\boldsymbol{s}=\{m,n,p\}$,平面 π 的法线向量为 $\boldsymbol{n}=\{A,B,C\}$,φ 为直线 L 与法线向量 $\boldsymbol{n}$ 所在直线之间的夹角,定义 $\frac{\pi}{2}-\varphi=\theta$(或 $\frac{\pi}{2}+\varphi=\theta$)**为直线 L 的与平面 π 的夹角**(见图 7-23).

利用两直线的夹角,则 $\cos\varphi=\frac{|\boldsymbol{n}\cdot\boldsymbol{s}|}{|\boldsymbol{n}||\boldsymbol{s}|}$,又 $\cos\varphi=\cos(\frac{\pi}{2}-\theta)=\sin\theta$,

所以
$$\sin\theta=\frac{|\boldsymbol{n}\cdot\boldsymbol{s}|}{|\boldsymbol{n}||\boldsymbol{s}|}=\frac{|Am+Bn+Cp|}{\sqrt{A^2+B^2+C^2}\sqrt{m^2+n^2+p^2}} \tag{7.11}$$

从两向量垂直、平行的充分必要条件可得下列结论:

直线 L 与平面 π 垂直的充分必要条件是
$$\frac{A}{m}=\frac{B}{n}=\frac{C}{p}$$

直线 L 与平面 π 平行的充分必要条件是
$$Am+Bn+Cp=0$$

例 7.18 判断直线 $L:\frac{x-1}{2}=\frac{y+3}{-1}=\frac{z+2}{5}$ 与平面 $\pi:4x+3y-z+3=0$ 的位置关系.

解 直线 L 的方向向量 $\boldsymbol{s}=\{2,-1,5\}$,平面 π 的法线向量 $\boldsymbol{n}=\{4,3,-1\}$. 因为
$$\boldsymbol{n}\cdot\boldsymbol{s}=4\times2+3\times(-1)+(-1)\times5=0$$
所以,直线 L 与平面 π 平行. 进一步判断直线 L 是否在平面 π 上,取直线上一点 $M(1,-3,-2)$,将 M 点的坐标代入平面 π 的方程,显然 M 点的坐标满足平面 π 的方程. 故直线 L 在平面 π 上.

习题 7-2

1. 求过点 $(1,2,-1)$ 且法向量为 $\boldsymbol{n}=\{2,1,-1\}$ 的平面方程.

2. 求过两点 $M_1(1,0,-1)$、$M_2(-2,1,3)$,并且与向量 $\boldsymbol{a}=2\boldsymbol{i}-\boldsymbol{j}+\boldsymbol{k}$ 平行的平面方程.

3. 求经过三点 $M_1(2,-1,4)$、$M_2(-1,3,-2)$ 和 $M_3(0,2,3)$ 的平面方程.

4. 求过点 $(1,-1,1)$ 且垂直平面 $x-y+z-1=0$ 和平面 $2x+y+z+1=0$ 的平面方程.

5. 求通过点 $A(3,0,0)$ 和 $B(0,0,1)$ 且与 xOy 面成 $\dfrac{\pi}{3}$ 角的平面方程.

6. 决定参数 k 的值，使原点到平面 $2x-y+kz=6$ 的距离为 2.

7. 求过点 $M(1,2,-1)$ 且与直线 $\begin{cases}2x-3y+z-5=0\\3x+y-2z-4=0\end{cases}$ 垂直的平面方程.

8. 求过点 $M_1(1,0,-2)$ 和 $M_2(3,4,-2)$ 的直线方程.

9. 求下列直线方程：

(1) 过点 $M(2,-3,4)$ 且与平面 $3x-y+2z=4$ 垂直的直线方程；

(2) 过点 $M(4,-1,3)$ 且平行于直线 $\dfrac{x-3}{2}=\dfrac{y}{1}=\dfrac{z-1}{5}$ 的直线方程.

10. 化直线的一般式方程 $\begin{cases}2x-y+3z-1=0\\5x+4y-z-7=0\end{cases}$ 为对称式和参数式方程.

11. 证明直线 $\begin{cases}x-y=1\\x+z=0\end{cases}$ 与直线 $\begin{cases}x+y=1\\z=-1\end{cases}$ 相交，并求交点坐标.

12. 试说明下列各题中直线与平面的关系：

(1) $\begin{cases}3x+y-6z-9=0\\3x-2y+3z+9=0\end{cases}$ 和 $x-y+2z=1$；

(2) $\begin{cases}5x-3y-3z-8=0\\x+3y-3z+20=0\end{cases}$ 和 $2x+3y-4z-2=0$.

7.3　曲面、空间曲线及其方程

7.3.1　曲面及其方程

生活中常见的平面、球面、圆柱面都是空间曲面的例子. 在自然科学与工程技术中，还要用到其他的曲面，如探照灯的镜面、聚光凹镜等都是被称为旋转抛物面的曲面；化工厂、电厂的冷却塔的外形是一种被称为旋转单叶双曲面的曲面.

1. 曲面方程的概念

在空间解析几何中，曲面也被看作动点的几何轨迹. 这样，在空间直角坐标系中，根据动点的运动规律可以建立起关于 x、y、z 的关系，从而得到相应曲面的方程.

定义 7.3　如果曲面 S 与一个三元方程 $F(x,y,z)=0$ 存在下列关系：

(1) 曲面上任何点的坐标都满足方程；

(2) 凡是坐标满足方程的点都在曲面上，那么方程 $F(x,y,z)=0$ 称为**曲面** S

的方程,曲面 S 称为方程 $F(x,y,z)=0$ 的**图形**(见图 7-24).

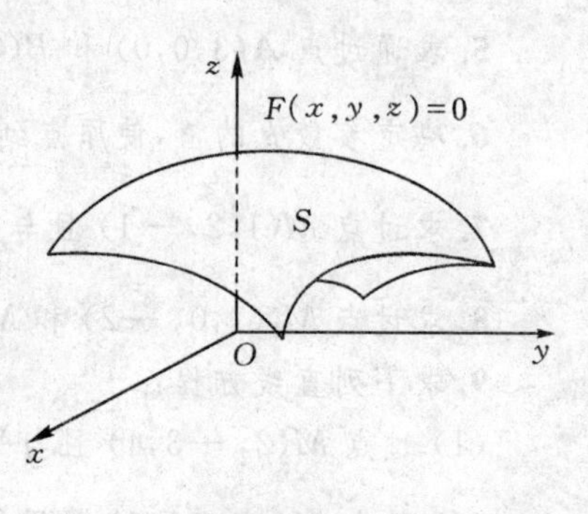

图 7-24

先来研究几类典型的曲面及其方程.

(1) 球面

到定点的距离等于定长的动点的几何轨迹是**球面**,称定点是**球心**,定长是**球的半径**.对球心在原点,半径为 R 的球面(见图 7-25),设球面上的动点为 $P(x,y,z)$,容易看出,动点的坐标满足关系式:$\sqrt{x^2+y^2+z^2}=R$,故该球面的方程为

$$x^2+y^2+z^2=R^2$$

对球心在点 $P_0(x_0,y_0,z_0)$,半径为 R 的球面(见图 7-26).类似地,可得它的动点坐标的关系式为

$$\sqrt{(x-x_0)^2+(y-y_0)^2+(z-z_0)^2}=R$$

因而该球面的方程为

$$(x-x_0)^2+(y-y_0)^2+(z-z_0{}^2)=R^2$$

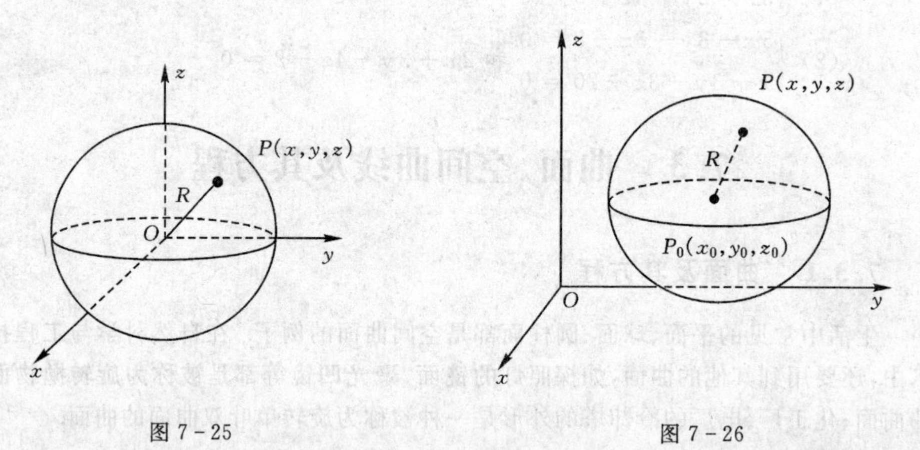

图 7-25　　图 7-26

例 7.19　讨论方程 $x^2+y^2+z^2-2x+4y=0$ 表示怎样的曲面?

解　通过配方,原方程可写为 $(x-1)+(y+2)^2+z^2=5$,所以,此方程表示球心在点 $M_0(1,-2,0)$,半径为 $\sqrt{5}$ 的球面.

例 7.20　设有点 $A(1,2,3)$ 和 $B(2,-1,4)$,求线段 AB 的垂直平分面的方程.

解　由题意知,所求平面为与 A 和 B 等距离的点的轨迹,设 $M(x,y,z)$ 是所求平面上的任一点,由于 $|MA|=|MB|$,那么

$$\sqrt{(x-1)^2+(y-2)^2+(z-3)^2}=\sqrt{(x-2)^2+(y+1)^2+(z-4)^2}$$

化简得所求方程

$$2x-6y+2z-7=0$$

(2) 旋转曲面①

一条平面曲线 C,绕着同一平面内的一条直线 L 旋转一周,这时由 C 所产生的曲面称为**旋转面**,C 称为旋转面的**母线**,L 为旋转面的**轴**.

如果取 L 为一坐标轴,同时曲线 C 所在的平面为一坐标平面,那么旋转曲面就是坐标平面内的曲线绕坐标轴旋转一周所成的曲面.

设 C 是 yOz 坐标面内的一条曲线,其方程为 $f(y,z)=0$,将 C 绕 z 轴旋转一周形成旋转曲面(见图 7-27),求这个旋转曲面的方程.

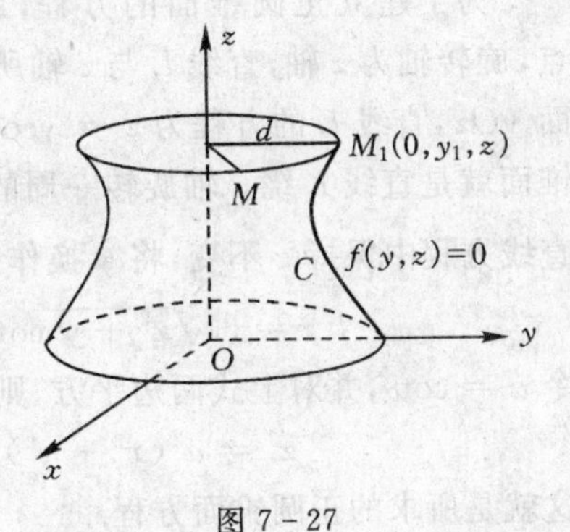

图 7-27

设 $M(x,y,z)$ 是曲面上任意一点,则 M 一定在 C 上某一点 $M_1(0,y_1,z)$ 绕 z 轴旋转而成的圆周上,该圆周在过点 M_1 垂直于 z 轴的平面上,半径为 $|y_1|$,所以 $M(x,y,z)$ 的坐标有下列的关系式:$z=z$, $\sqrt{x^2+y^2}=|y_1|$,即 $y_1=\pm\sqrt{x^2+y^2}$. 因为 y_1、z 满足 $f(y_1,z)=0$,所以 x、y、z 满足

$$f(\pm\sqrt{x^2+y^2},z)=0$$

这就是曲线 C 绕 z 轴旋转形成的旋转曲面的方程.

由方程 $f(\pm\sqrt{x^2+y^2},z)=0$ 可以看出,要得到 yOz 平面上的曲线 C:$f(y,z)=0$ 绕 z 轴旋转而形成的旋转曲面的方程,只要在 C 的方程中 z 保持不变,而将 y 换成 $\pm\sqrt{x^2+y^2}$ 即可.

类似地可知,xOy 坐标面上的曲线 $f(x,y)=0$ 绕 y 轴旋转形成旋转曲面的方程为

$$f(y,\pm\sqrt{x^2+z^2})=0$$

例 7.21　求 xOy 平面上的双曲线 $\frac{x^2}{4}-\frac{y^2}{9}=1$ 分别绕 x 轴、y 轴旋转而形成的旋转曲面方程.

解　在方程 $\frac{x^2}{4}-\frac{y^2}{9}=1$ 中保持 x 不变,将 y 换作 $\pm\sqrt{y^2+z^2}$,就得曲线绕 x

---

① 在第 5 章第 5.2 节曾讨论过旋转曲面围成的立体求体积的问题.

轴而成的旋转曲面方程为$\dfrac{x^4}{4}-\dfrac{y^2+z^2}{9}=1$.

在方程$\dfrac{x^2}{4}-\dfrac{y^2}{9}=1$中$y$保持不变,将$x$换作$\pm\sqrt{x^2+z^2}$,就得曲线绕$y$轴而成的旋转曲面方程为$\dfrac{x^2+z^2}{4}-\dfrac{y^2}{9}=1$.

一条直线L绕另一条与L相交的直线Z旋转一周所得的旋转面称为**正圆锥面**. 直线Z称为旋转轴,两直线的交点称为圆锥面的**顶点**,两直线的夹角($0<\alpha<\dfrac{\pi}{2}$)称为圆锥面的**半顶角**(见图 7-28).

为了建立正圆锥面的方程,设顶点为坐标原点,旋转轴为z轴,直线L与z轴所在的平面为坐标面yOz,直线L的方程为$z=y\cot\alpha$,则所求的正圆锥面就是直线L绕z轴旋转一周的旋转面. 因而在直线方程中保持z不变,将y换作$\pm\sqrt{x^2+y^2}$,得

$$z=\pm\sqrt{x^2+y^2}\cot\alpha$$

令$a=\cot\alpha$,并对上式两边平方,则有

$$z^2=a^2(x^2+y^2)$$

这就是所求的正圆锥面方程.

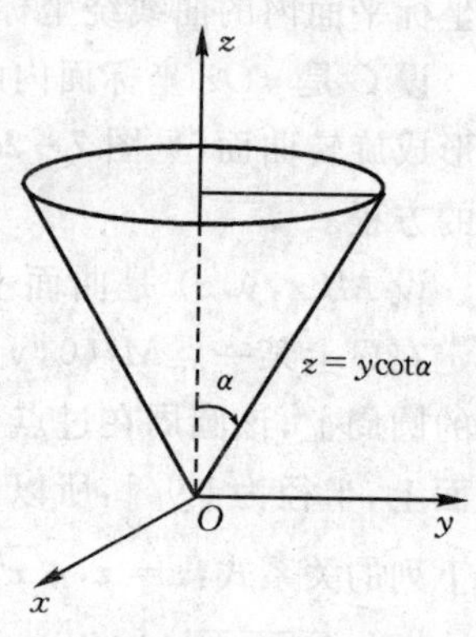

图 7-28

例 7.22　指出下列方程表示什么曲面,是旋转曲面的,指出它是什么曲线绕哪个坐标轴旋转而成的:

(1) $\dfrac{x^2+y^2}{a^2}+\dfrac{z^2}{b^2}=1$; (2) $2x^2-3y^2+2z^2=0$

解　(1) 旋转曲面. 它由zOx平面内的椭圆$\dfrac{x^2}{a^2}+\dfrac{z^2}{b^2}=1$绕$z$轴旋转而成;或由$yOz$平面内的椭圆$\dfrac{y^2}{a^2}+\dfrac{z^2}{b^2}=1$绕$z$轴旋转而成.

(2) 正圆锥面. 中心轴是y轴. 它由xOy平面内的直线$y=\sqrt{\dfrac{2}{3}}x$绕y轴旋转而成;或由yOz平面内的直线$y=\sqrt{\dfrac{2}{3}}z$绕y轴旋转而成. 半顶角$\alpha=\operatorname{arccot}\sqrt{\dfrac{2}{3}}$.

3. 柱面

先分析一个例子.

例 7.23　方程$x^2+y^2=R^2$表示一个曲面吗?它是怎样的曲面?

解　在平面解析几何里,方程$x^2+y^2=R^2$表示xOy面上圆心在原点,半径

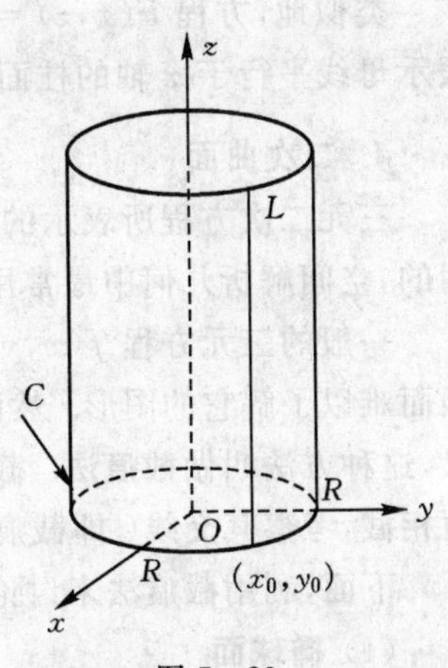

图 7 - 29

为 R 的圆. 在空间直角坐标系中,这方程里不含有 z,即竖坐标 z 是不受限制的. 换句话说,不论空间点的竖坐标 z 取什么值,只要它的横坐标 x 和纵坐标 y 能满足这方程,那么这些点就在这曲面上. 即凡是通过 xOy 面内圆 $x^2+y^2=R^2$ 上一点 $M(x,y,0)$,且平行于 z 轴的直线 l 都在这曲面上,因此,这曲面可以看作是由平行于 z 轴的直线 L 沿 xOy 上的圆 $x^2+y^2=R^2$ 移动形成的轨迹. 这曲面叫**圆柱面**(见图7 - 29),xOy 面上的圆 $x^2+y^2=R^2$ 称为它的准线,平行于 z 轴的直线 L 称为它的母线.

一般地,平行于定直线 z 并沿着一条平面曲线 C 移动的直线 L 形成的轨迹叫**柱面**,称定曲线 C 为**准线**,直线 L 为柱面的**母线**. 若母线 L 垂直于 C 所在的平面,则所得的柱面称为**正柱面**. 如果母线 L 斜交于 C 所在的平面,则称为**斜柱面**.

注　如不特别指出都是指正柱面,并简称柱面.

不含 z 的方程 $x^2+y^2=R^2$ 表示母线平行于 z 轴的圆柱面;

方程 $y=x^2$ 表示母线平行于 z 轴的**抛物柱面**(见图 7 - 30(a));

方程$\frac{x^2}{a^2}+\frac{y^2}{b^2}=1$ 表示母线平行于 z 轴的**椭圆柱面**(见图 7 - 30(b));

方程$\frac{x^2}{a^2}-\frac{y^2}{b^2}=1$ 表示母线平行于 z 轴的**双曲柱面**(见图 7 - 30(c)).

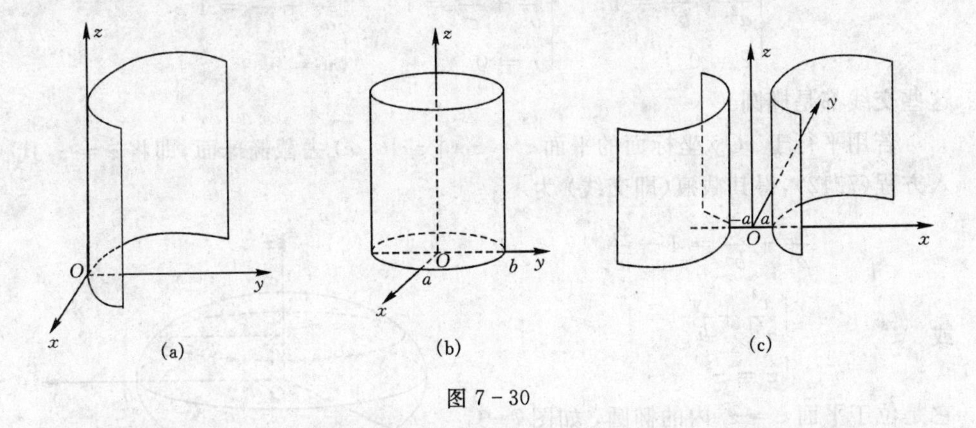

图 7 - 30

一般地,只含 x、y 而缺 z 的方程 $F(x,y)=0$,在空间直角坐标系中表示母线平行于 z 轴的柱面.

类似地,方程 $F(x,z)=0$ 表示母线平行于 y 轴的柱面方程;方程 $F(y,z)=0$ 表示母线平行于 x 轴的柱面.

4. 二次曲面

三元二次方程所表示的曲面称为**二次曲面**. 平面解析几何中二次曲线是最常用的,空间解析几何中最常用的曲面是二次曲面.

一般的三元方程 $f(x,y,z)=0$ 所表示的曲面形状,往往难以用描点法得到,因而难以了解它的图形. 然而对于二次曲面,可以用另一种方法来考察曲面的形状,这种方法叫做**截痕法**. 截痕法就是利用坐标面或用平行于坐标面的平面与曲面相截,考察其交线(即截痕)的形状,然后加以综合,从而了解曲面的全貌.

下面,利用截痕法来讨论几个常用的二次曲面.

(1) **椭球面**

标准方程为

$$\frac{x^2}{a^2}+\frac{y^2}{b^2}+\frac{z^2}{c^2}=1,\ (a>0,b>0,c>0) \tag{7.12}$$

表示的曲面叫做**椭球面**.

由方程(7.12)可知,$|x|\leqslant a$, $|y|\leqslant b$, $|z|\leqslant c$,这表明椭球面(7.12)完全包含在以原点为中心的长方体内,长方体的六个面的方程分别为 $x=\pm a$, $y=\pm b$, $z=\pm c$,其中常数 a、b、c 叫做椭球面的**半轴**.

为了进一步了解这一曲面的形状,利用截痕法来考察方程(7.12)的图形.

1) 用三个坐标面与曲面相截,求出它与曲面的交线为

$$\begin{cases}\dfrac{x^2}{a^2}+\dfrac{y^2}{b^2}=1\\ z=0\end{cases},\quad \begin{cases}\dfrac{y^2}{b^2}+\dfrac{z^2}{c^2}=1\\ x=0\end{cases},\quad \begin{cases}\dfrac{x^2}{a^2}+\dfrac{z^2}{c^2}=1\\ y=0\end{cases}$$

这些交线都是椭圆.

若用平行于 xOy 坐标面的平面 $z=z_1$ ($|z_1|\leqslant c$) 去截椭球面,即将 $z=z_1$ 代入方程(7.12),得其截痕(即交线)为

$$\frac{x^2}{a^2}+\frac{y^2}{b^2}=1-\frac{z_1^2}{c^2}$$

或

$$\begin{cases}\dfrac{x^2}{a'^2}+\dfrac{y^2}{b'^2}=1\\ z=z_1\end{cases}$$

它是位于平面 $z=z_1$ 内的椭圆,如图 7-31 所示,其中两个半轴分别为

$$a'=\frac{a}{c}\sqrt{c^2-z_1^2} \text{ 与 } b'=\frac{b}{c}\sqrt{c^2-z_1^2}$$

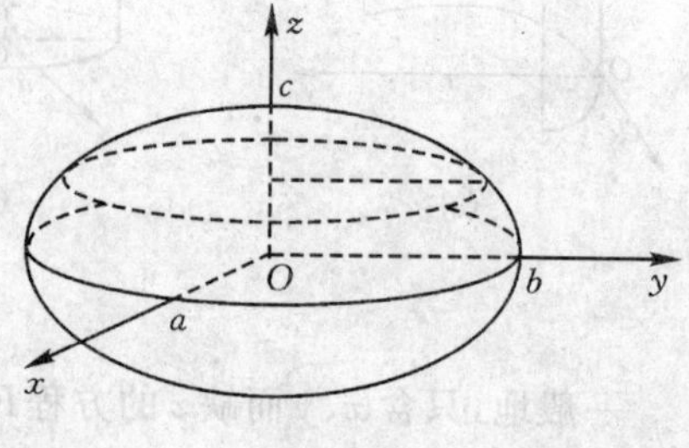

图 7-31

当 $|z_1|$ 由 0 渐增大到 c 时，椭圆的截面由大到小，最后缩成一点.

由于方程(7.12)的对称性，以平面 $y=y_1(|y_1|\leqslant b)$ 或 $x=x_1(|x_1|\leqslant a)$ 去截椭球面分别可得与上述类似的结果.

综上讨论知：椭球面(7.12)在三个平行于坐标面上的截痕都是椭圆，所以称为椭球面.

2) 若 $a=b$，而 $a\neq c$，则(7.12)变为

$$\frac{x^2}{a^2}+\frac{y^2}{a^2}+\frac{z^2}{c^2}=1$$

这一曲面是 xOz 坐标面上的椭圆 $\frac{x^2}{a^2}+\frac{z^2}{c^2}=1$ 绕 z 轴旋转而成的旋转曲面，因此，称此曲面为**旋转椭球面**. 它与一般椭球面不同之处在于，用平面 $z=z_1(z_1\leqslant c)$ 与旋转椭球面相截所得的截痕是圆，而不是椭圆. 该圆的圆心在 z 轴上，半径为 $\frac{a}{c}\sqrt{c^2-z_1^2}$，其方程为

$$\begin{cases}x^2+y^2=\dfrac{a^2}{c^2}(c^2-z_1^2)\\ z=z_1\end{cases}$$

(2) **单叶双曲面**

标准方程为

$$\frac{x^2}{a^2}+\frac{y^2}{b^2}-\frac{z^2}{c^2}=1 \tag{7.13}$$

所表示的曲面叫做**单叶双曲面**.

利用截痕法来考察它的形状.

1) 用坐标面 $xOy(z=0)$ 与该曲面相截，它的截痕是半轴分别为 a 与 b 的椭圆

$$\begin{cases}\dfrac{x^2}{a^2}+\dfrac{y^2}{b^2}=1\\ z=0\end{cases}$$

若用平行于 xOy 面的平面 $z=z_1$ 去截曲面，它的截痕为

$$\begin{cases}\dfrac{x^2}{a^2}+\dfrac{y^2}{b^2}=1+\dfrac{z_1^2}{c^2}\\ z=z_1\end{cases}$$

它是中心在 z 轴上，两个半轴分别为 $\frac{a}{c}\sqrt{c^2+z_1^2}$ 与 $\frac{b}{c}\sqrt{c^2+z_1^2}$ 的椭圆.

2) 用坐标面 $xOz(y=0)$ 去截曲面，截痕为实轴为 x 轴，虚轴为 z 轴的双曲线

$$\begin{cases}\dfrac{x^2}{a^2}-\dfrac{z^2}{c^2}=1\\ y=0\end{cases}$$

若用平行于 xOz 面的平面 $y=y_1(y_1\neq\pm b)$ 去截曲面,截痕为

$$\begin{cases}\dfrac{x^2}{a^2}-\dfrac{z^2}{c^2}=1-\dfrac{y_1^2}{b^2}\\ y=y_1\end{cases}$$

它是中心在 y 轴,两个半轴的平方为 $\dfrac{a^2}{b^2}\mid b^2-y_1^2\mid$ 与 $\dfrac{c^2}{b^2}\mid b^2-y_1^2\mid$ 的双曲线.

如果 $y_1^2<b^2$,那么双曲线的实轴平行于 x 轴,虚轴平行于 z 轴.

如果 $y_1^2>b^2$,那么双曲线的实轴平行于 z 轴,虚轴平行于 x 轴.

如果 $y_1=\pm b$,那么平面 $y=b$ 去截曲面所得截痕为两条相交于点 $(0,b,0)$ 的直线.

3) 类似地,用坐标面 $yOz(x=0)$ 和平行于 yOz 面的平面 $x=x_1$ 去截曲面,所得的截痕也是双曲线,而用平面 $x=\pm a$ 去截曲面,其截痕曲线为两对相交的直线.

综上所述,单叶双曲面的形状如图 7-32 所示.

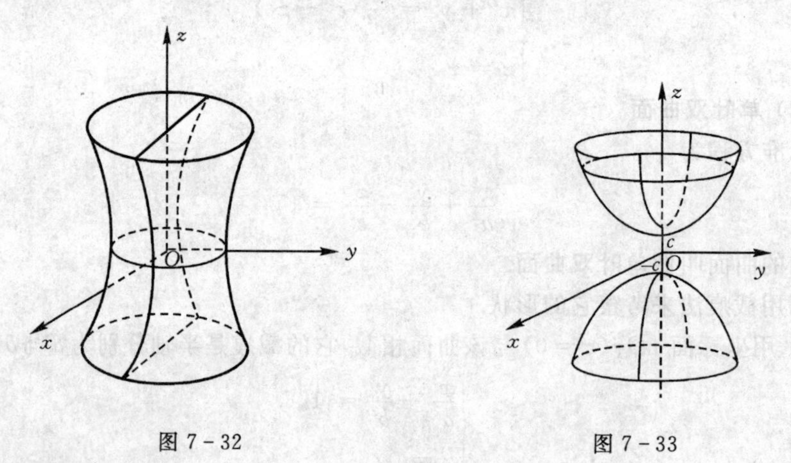

图 7-32　　图 7-33

(3) **双叶双曲面**

标准方程为

$$\frac{x^2}{a^2}+\frac{y^2}{b^2}-\frac{z^2}{c^2}=-1 \tag{7.14}$$

所表示的曲面叫做**双叶双曲面**.

利用截痕法可以判定出它的形状(见图 7-33).

1) 用平行于 xOy 面的平面 $z=z_1$ 去截曲面,其截痕为

$$\begin{cases}\dfrac{x^2}{a^2}+\dfrac{y^2}{b^2}=-1+\dfrac{z_1^2}{c^2}\\ z=z_1\end{cases}$$

当 $|z_1| > c$ 时，$z = z_1$ 与曲面的截痕是中心在 z 轴上的椭圆；

当 $|z_1| < c$ 时，$z = z_1$ 与曲面没有截痕；当 $|z_1| = c$ 时，它的截痕缩成一点.

2) 用坐标面 yOz 或平行于 yOz 的平面 $x = x_1$ 去截曲面，所得的截痕是双曲线；

用坐标面 xOz 或平行于 xOz 的平面 $y = y_1$ 去截曲面，所得的截痕也是双曲线.

(4) **抛物面**

标准方程为

$$\frac{x^2}{2p} + \frac{y^2}{2q} = z \quad (p > 0, q > 0) \tag{7.15}$$

表示的曲面叫做**椭圆抛物面**.

利用截痕法来考察它的形状(见图 7-34).

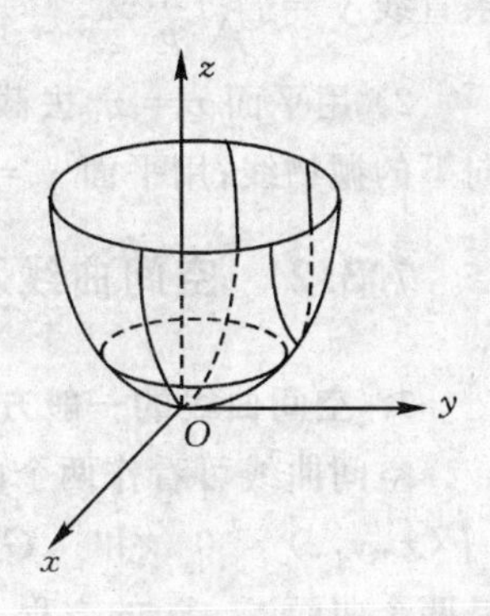

图 7-34

1) 用坐标面 $xOy(z = 0)$ 与该曲面相截，其截痕为 $O(0,0,0)$.

若用平行于 xOy 坐标面的平面 $z = z_1 (z_1 > 0)$ 与该曲面相截，所得截痕为

$$\begin{cases} \dfrac{x^2}{2pz_1} + \dfrac{y^2}{2qz_1} = 1 \\ z = z_1 \end{cases}$$

这是中心在 z 轴，半轴分别为 $\sqrt{2pz_1}$ 与 $\sqrt{2qz_1}$ 的椭圆.

另外，平面 $z = z_1 (z_1 < 0)$ 与该曲面不相交.

2) 若用坐标面 $xOz(y = 0)$ 与该曲面相截，其截痕为

$$\begin{cases} x^2 = 2pz \\ y = 0 \end{cases}$$

这是顶点为 $O(0,0,0)$ 的抛物线.

用平行于 xOz 坐标面的平面 $y = y_1$ 与该曲面相截，其截痕也为抛物线.

若用坐标面 $yOz(x = 0)$ 或平行于 yOz 面的平面 $x = x_1$ 去截该曲面时，其截痕也是抛物线.

3) 如果 $p = q$，那么方程(7.15)变为

$$\frac{x^2}{2p} + \frac{y^2}{2p} = z \quad (p > 0)$$

这一曲面可看成是 xOz 面上的抛物线 $x^2 = 2pz$ 绕 z 轴旋转而成的旋转曲面，这曲面叫做**旋转抛物面**.

5. 双曲抛物面(马鞍面)

标准方程为

$$\frac{x^2}{p}-\frac{y^2}{q}=2z \quad (p>0,q>0) \tag{7.16}$$

所表示的曲面叫做**双曲抛物面或马鞍面**,点 $O(0,0,0)$ 称为**鞍点**(见图 7-35).

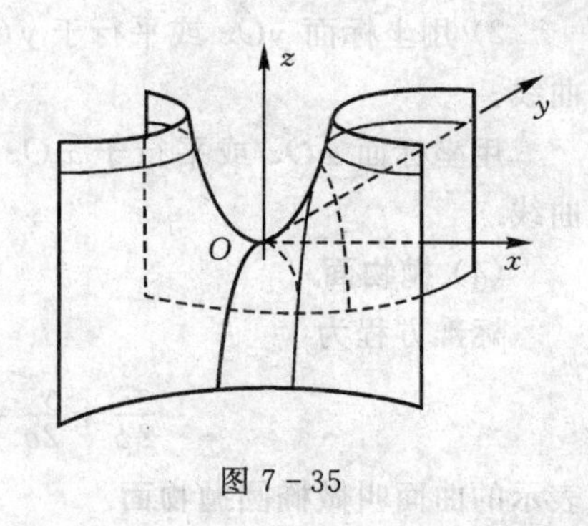

图 7-35

1) 用平面 $z=z_1$ 去截曲面,截痕为双曲线:

当 $z_1>0$ 时,x 轴为实轴,y 轴为虚轴;

当 $z_1<0$ 时,y 轴为实轴,x 轴为虚轴;

若用平面 $z_1=0$ 去截曲面时,截痕为两条直线 $y=\pm\sqrt{\frac{q}{p}}x$.

2) 用平面 $x=x_1$ 去截曲面,截痕为开口向下的抛物线;用平面 $y=y_1$ 去截曲面,截痕为开口向上的抛物线.

7.3.2 空间曲线及其方程

1. 空间曲线的一般方程

空间曲线可看作两个曲面的交线(见图 7-36),设

$$F(x,y,z)=0 \quad 和 \quad G(x,y,z)=0$$

是两个曲面 S_1、S_2 的方程,它们的交线为 C. 曲线上的任何点的坐标 x、y、z 应同时满足这两个曲面方程,因此,满足方程组

$$\begin{cases}F(x,y,z)=0\\G(x,y,z)=0\end{cases} \tag{7.17}$$

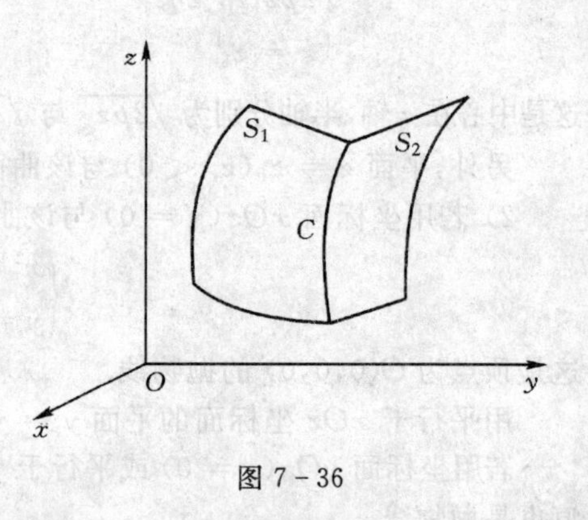

图 7-36

反过来,如果点 M 不在曲线 C 上,那么它不可能同时在两曲面上. 所以,它的坐标不满足方程组(7.17). 由上述两点可知:曲线 C 可由方程组(7.17) 表示.

方程组(7.17) 称作空间曲线的**一般式方程**.

例 7.24 方程组 $\begin{cases}x^2+y^2=R^2\\z=a\end{cases}$ 表示什么曲线?

解 $x^2+y^2=R^2$ 表示圆柱面,它的母线平行于 z 轴,而 $z=a$ 表示平行于 xOy 坐标面的平面,因而它们的交线是 $z=a$ 的平面上的圆.

2. 空间曲线的参数方程

设空间曲线 C 上的动点的坐标为 x、y、z,且都为参数 t 的函数

$$\begin{cases} x = x(t) \\ y = y(t) \\ z = z(t) \end{cases} \tag{7.18}$$

随着 t 的变动，动点的轨迹就是曲线 C，称方程组(7.18) 为**空间曲线的参数方程**.

例 7.25　如果空间一点 M 在圆柱面 $x^2 + y^2 = a^2$ 上以角速度 ω 绕 z 轴旋转，同时又以线速度 v 沿平行于 z 轴的正方向上升(其中 ω、v 均为常数)，那么点 M 的轨迹叫做**圆柱螺旋线**(见图 7－37)，试建立它的参数方程.

解　建立坐标系如图 7－37 所示. 令时间 t 为参数. 设 $t = 0$ 时，动点在点 $A(a,0,0)$ 处，经过时间 t，动点由 $A(a,0,0)$ 移动到 $M(x,y,z)$. 记 M 在 xOy 面上的投影为 $M'(x,y,0)$. 由于动点在圆柱面上以角速度 ω 绕 z 轴旋转，经过时间 t，$\angle AOM' = \omega t$，从而

$$\begin{cases} x = a\cos\omega t \\ y = a\sin\omega t \end{cases}$$

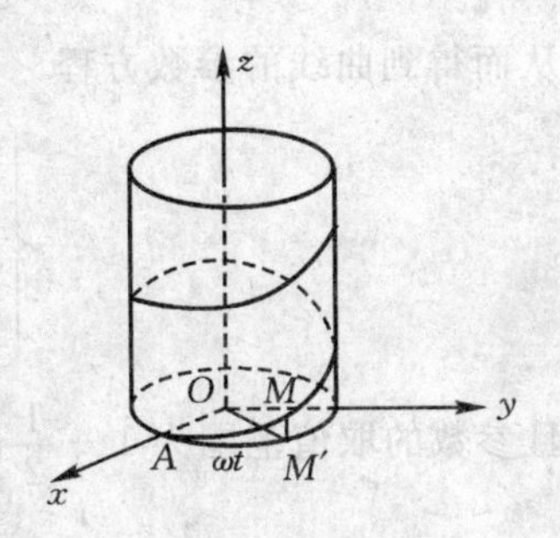

图 7－37

又由于动点同时以线速度 v 沿平行于 z 轴正方向上升，所以

$$z = vt$$

因此，圆柱螺旋线的参数方程为

$$\begin{cases} x = a\cos\omega t \\ y = a\sin\omega t \\ z = vt \end{cases}$$

圆柱螺旋线在工程实际中应用非常广泛，例如螺帽、螺栓中的螺纹都是圆柱螺旋线.

空间曲线的一般方程也可以化为参数方程，下面通过例子来介绍其处理方法.

例 7.26　将空间曲线 C：$\begin{cases} x^2 + y^2 + z^2 = \dfrac{9}{2} \\ x + z = 1 \end{cases}$ 表示成参数方程.

解　由方程组消去 z 得

$$x^2 + y^2 + (1 - x)^2 = \frac{9}{2} \quad 即 \quad 2x^2 - 2x + y^2 + 1 = \frac{9}{2}$$

配方得

$$2\left(x - \frac{1}{2}\right)^2 + y^2 + \frac{1}{2} = \frac{9}{2}$$

整理为

$$\frac{\left(x - \frac{1}{2}\right)^2}{2} + \frac{y^2}{4} = 1$$

由于 C 在此椭圆柱面上，故 C 的方程可用下式来表示

$$\begin{cases} \dfrac{\left(x-\dfrac{1}{2}\right)}{2}+\dfrac{y^2}{4}=1 \\ x+z=1 \end{cases}$$

(1) 如果以 x 作为参数,令 $x=t$,则

$$y=\pm 2\sqrt{1-\frac{1}{2}\left(t-\frac{1}{2}\right)^2}$$

$$z=1-t$$

从而得到曲线的参数方程

$$\begin{cases} x=t \\ y=\pm 2\sqrt{1-\dfrac{1}{2}\left(t-\dfrac{1}{2}\right)^2} \\ z=1-t \end{cases}$$

且参数的取值范围为 $1-\dfrac{1}{2}\left(t-\dfrac{1}{2}\right)^2\geqslant 0$,即 $\dfrac{1}{2}-\sqrt{2}\leqslant t\leqslant\dfrac{1}{2}+\sqrt{2}$.

(2) 若令 $\dfrac{x-\dfrac{1}{2}}{\sqrt{2}}=\cos\theta$,由椭球柱面方程有 $\dfrac{y}{2}=\sin\theta$,而

$$z=1-x=1-\left(\frac{1}{2}+\sqrt{2}\cos\theta\right)=\frac{1}{2}-\sqrt{2}\cos\theta$$

则曲线又可表示成为

$$\begin{cases} x=\dfrac{1}{2}+\sqrt{2}\cos\theta \\ y=2\sin\theta \qquad (0\leqslant\theta\leqslant 2\pi) \\ z=\dfrac{1}{2}-\sqrt{2}\cos\theta \end{cases}$$

3. 空间曲线在坐标面上的投影

设空间曲线 C 的一般方程为

$$\begin{cases} F(x,y,z)=0 \\ G(x,y,z)=0 \end{cases} \tag{7.19}$$

在方程组(7.19)中消去变量 z 之后得到方程

$$H(x,y)=0 \tag{7.20}$$

而方程(7.20)可以看作母线平行于 z 轴的柱面,因此,此柱面必定包含曲线 C. 另一方面,方程(7.20)也可以看作 xOy 面上的平面曲线,即

$$\begin{cases} H(x,y)=0 \\ z=0 \end{cases}$$

它是投影柱面与 xOy 面的交线，称它为空间曲线 C 在 xOy 面上的**投影曲线**.

同理，消去方程组(7.19) 中的变量 x 或 y，再分别与 $x=0$ 或 $y=0$ 联立，便得到了空间曲线 C 在 yOz 或 xOz 面上的投影曲线方程

$$\begin{cases} R(y,z)=0 \\ x=0 \end{cases} \quad 或 \quad \begin{cases} T(x,z)=0 \\ y=0 \end{cases}$$

例 7.27　求曲线 C：$\begin{cases} x^2+y^2+z^2=1 \\ x^2+(y-1)^2+(z-1)^2=1 \end{cases}$ 在 xOy 面上的投影曲线方程.

解　先求包含曲线 C 且母线平行于 z 轴的柱面，从方程组

$$\begin{cases} x^2+y^2+z^2=1 \\ x^2+y^2-2y+1+z^2-2z+1=1 \end{cases}$$

中消去 $x^2+y^2+z^2$，得

$$y+z=1$$

以 $z=1-y$ 代入方程组中第一个方程得到

$$x^2+y^2+(1-y)^2=1$$

这就是所求的柱面方程.

于是，曲线 C 在 xOy 面上的投影曲线为

$$\begin{cases} x^2+2y^2-2y=0 \\ z=0 \end{cases}$$

有时，我们需要确定一个空间立体(或空间曲面) 在坐标面上的投影. 一般来说，这种投影往往是一个平面区域，因此，称它为空间立体(或空间曲面) 在坐标面上的**投影区域**.

例 7.28　求上半球面 $z=\sqrt{4-x^2-y^2}$ 和锥面 $z=\sqrt{3(x^2+y^2)}$ 所围成的空间立体 Ω(见图 7-38) 在 xOy 面上的投影区域 D_{xy}.

解　上半球面与锥面交线 C 为

$$\begin{cases} z=\sqrt{4-x^2-y^2} \\ z=\sqrt{3(x^2+y^2)} \end{cases}$$

消去 z 并将等式两边平方整理得投影曲线为

$$\begin{cases} x^2+y^2=1 \\ z=0 \end{cases}$$

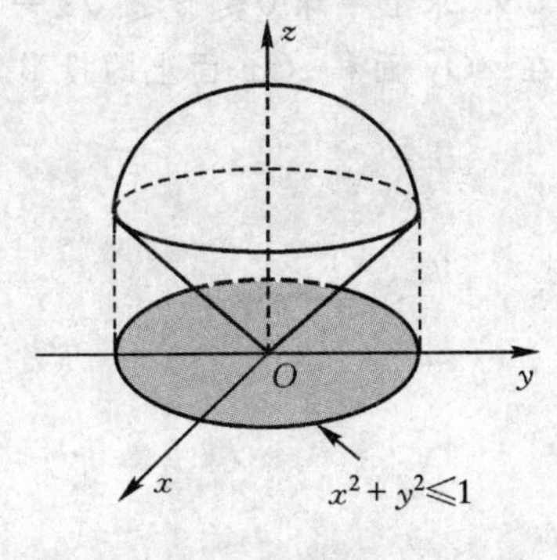

图 7-38

即 xOy 平面上的以原点为圆心、1 为半径的圆.

空间立体 Ω 在 xOy 平面上的投影区域为圆心在原点的单位圆.

习题 7－3

1. 填空题

(1) 设点 $P(1,-1,a)$ 在曲面 $x^2+y^2+z^2-2x+4y=0$,则 $a=$ ______.

(2) 以点$(1,3,-2)$为球心,且通过坐标原点的球面方程是______.

(3) 将 xOz 面上的抛物线 $z^2=5x$,绕 x 轴旋转而成的曲面方程是______.

2. 已知两点 $A(2,3,1)$、$B(4,5,6)$,点 P 满足条件 $|\overrightarrow{PA}|=|\overrightarrow{PB}|$,求点 P 的轨迹方程______.

3. 说明下列旋转曲面是怎样形成的:

(1) $z=2(x^2+y^2)$　　(2) $4x^2+9y^2+9z^2=36$

4. 指出下列各方程组所表示的曲线,并画出草图:

(1) $\begin{cases}x^2+z^2-2y=0\\z=3\end{cases}$　　(2) $\begin{cases}x^2-4y^2+z^2=25\\x=-3\end{cases}$

5. 求二次曲面 $y=\dfrac{x^2}{a^2}-\dfrac{z^2}{c^2}$ 与三个坐标面的交线.

6. 求出空间曲线$\begin{cases}x^2+y^2=a^2\\z=x^2-y^2\end{cases}$的参数方程.

7. 已知空间曲线的参数方程为

$$x=a\cos^2 t,y=a\sin^2 t,z=a\sin 2t\quad(0\leqslant t\leqslant 2\pi)$$

试求其一般方程.

8. 求曲线$\begin{cases}z=x^2+y^2\\x+y+z=1\end{cases}$在平面 $z=2$ 上的投影.

9. 求上半球 $0\leqslant z\leqslant\sqrt{a-x^2-y^2}$ 与圆柱体 $x^2+y^2\leqslant ax\,(a>0)$ 的公共部分在 xOy 面和 zOx 面上的投影.

第8章 多元函数微分法及其应用

一元函数微积分研究的对象是仅依赖于一个自变量的一元函数，然而在实际问题中常会遇到依赖于几个自变量的函数，这就提出了多元函数的微分与积分问题. 本章将在一元函数微分学的基础上，研究多元函数的微分法及其应用，主要以二元函数为主.

在学习多元函数的导数和微分的概念时，要善于将它与一元函数微分学中的相应概念进行比较. 既要注意它们的共同点和相互联系，更要注意它们的一些本质差别，研究多元函数出现的新情况和新问题. 只有理解并区别二者之间的“异中有同，同中有异”，才能更深刻理解和融会贯通，而且还会提高学习效率.

8.1 多元函数的基本概念

讨论一元函数时，区间和邻域的概念起着重要的作用. 因此在讨论多元函数时，我们首先把区间和邻域概念加以推广，同时还要涉及一些其他概念.

8.1.1 平面上的点集

1. 邻域

设 $P_0(x_0,y_0)$ 是 xOy 平面上的一个点，δ 是某一正数. 与点 $P_0(x_0,y_0)$ 距离小于 δ 的点 $P(x,y)$ 的全体，称为点 P_0 的 **δ 邻域**，记为 $U(P_0,\delta)$，即

$$U(P_0,\delta)=\{P \mid |PP_0|<\delta\}$$

或

$$U(P_0,\delta)=\{(x,y) \mid \sqrt{(x-x_0)^2+(y-y_0)^2}<\delta\}$$

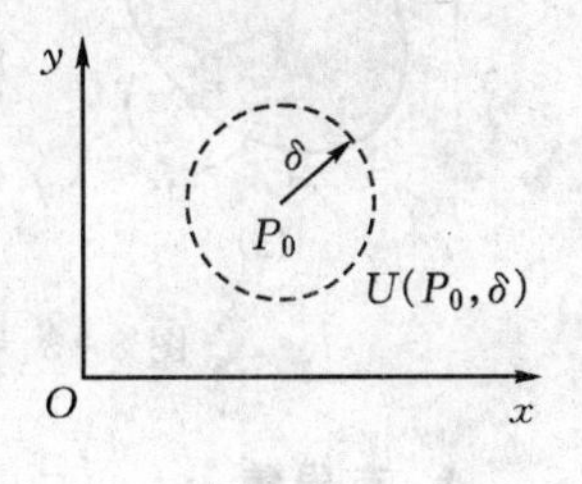

图 8-1

在几何上，$U(P_0,\delta)$ 就是 xOy 平面上以点 $P_0(x_0,y_0)$ 为中心、$\delta>0$ 为半径的圆内的点 $P(x,y)$ 的全体（见图 8-1）.

以后，若不需要强调邻域的半径 δ 时，可用 $U(P_0)$ 表示点 P_0 的邻域. 通常邻域半径 δ 都取很小的正数，所以

点 P_0 的 δ 邻域表示在平面上点 P_0 的邻近点的集合.若去掉邻域的中心 P_0,所得到的邻域称为点 P_0 的**去心 $\boldsymbol{\delta}$ 邻域**.记为

$$\mathring{U}(P_0,\delta)=\{(x,y)\big|0<\sqrt{(x-x_0)^2+(y-y_0)^2}<\delta\}$$

2. 开集

设 E 是平面上的一个点集,P 是平面上的一个点.如果存在点 P 的某一邻域 $U(P)\subset E$,则称 P 为 E 的**内点**(见图 8-2(a)).

如果 E 中所有点都是内点,则称 E 为**开集**.例如,点集 $E_1=\{(x,y)\big|1<x^2+y^2<4\}$(见图 8-2(b))中每个点都是 E_1 的内点,因此 E_1 为开集.又如,邻域

$$U(P_0,\delta)=\{P\big|\ |PP_0|<\delta\}$$

也是开集,故可称为**开邻域**.

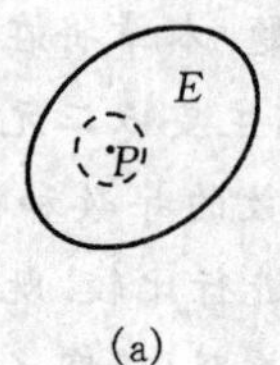

(a)

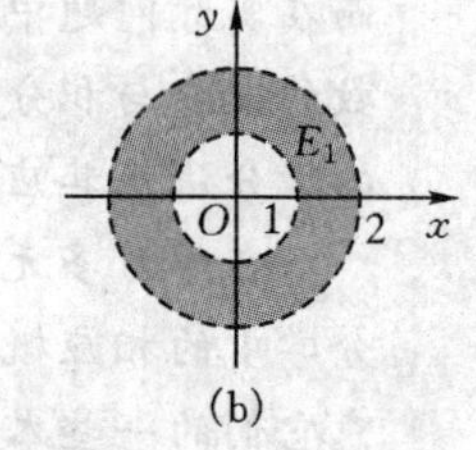

(b)

图 8-2

3. 区域

如果点 P 的任一邻域内既有属于 E 的点,也有不属于 E 的点(点 P 本身可以属于 E,也可以不属于 E),则称 P 为 E 的**边界点**(见图 8-3(a)).E 的边界点的全体称为 E 的**边界**.在图 8-2(b)中,E_1 的边界是圆周 $\{(x,y)\mid x^2+y^2=1\}$ 和 $\{(x,y)|x^2+y^2=4\}$.

设 D 是开集.如果对于 D 内任何两点,都可用折线连结起来,且该折线上的点都属于 D(见图 8-3(b)),则称开集 D 是**连通的**.连通的开集称为**区域**或**开区域**.例如,$\{(x,y)\big|x+y>0\}$ 及 $\{(x,y)\big|1<x^2+y^2<4\}$ 都是开区域.开区域连同它的边界一起,称为**闭区域**,例如,$\{(x,y)\big|x+y\geqslant 0\}$ 及 $\{(x,y)\big|1\leqslant x^2+y^2\leqslant 4\}$ 都是闭区域(见图 8-4).

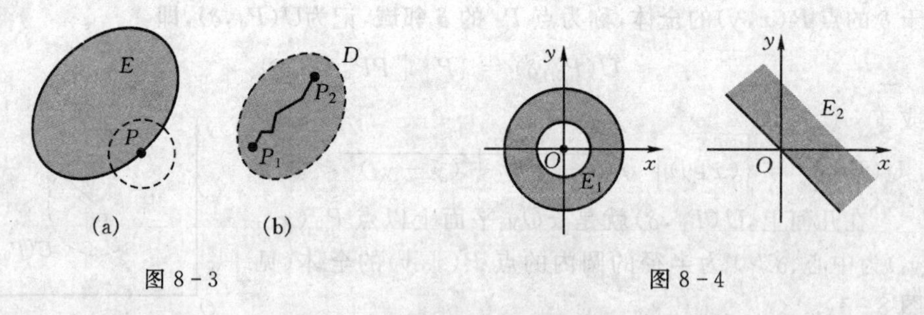

图 8-3　　图 8-4

4. 有界集

对于平面上的点集 E,如果存在正数 K,使一切点 $P\in E$ 与某一定点 A 间的距

离$|AP|$不超过K，即对一切$P\in E$，$|AP|\leqslant K$都成立，则称E为**有界集**，否则就称为**无界集**. 例如，$\{(x,y)\mid 1\leqslant x^2+y^2\leqslant 4\}$是有界闭区域，$\{(x,y)\mid x+y>0\}$是无界开区域.

8.1.2　多元函数的概念

在很多自然现象以及实际问题中，经常遇到多个变量之间的依赖关系，举例如下.

引例 8.1　考察底半径为r、高为h的圆柱体. 它的体积V和底圆半径r、高h之间具有关系$V=\pi r^2 h$. 当r、h在集合$\{(r,h)\mid r>0,h>0\}$内任取一对值(r,h)时，变量V的值就随之确定.

引例 8.2　由物理学知，在一个密封的容器内，一定量的理想气体的压强P、体积V和绝对温度T之间具有如下关系

$$P=\frac{RT}{V}$$

其中R为常数. 这里，当V、T在集合$\{(V,T)\mid V>0,T>0\}$内任取一对值时，变量P的值就随之确定.

上面两个例子的具体意义虽各不相同，但它们却有共同的性质，抽象出这些共性就可得出以下二元函数的定义.

定义 8.1　设D是平面上的一个点集. 如果对于每个点$P(x,y)\in D$，变量z按照一定法则总有确定的值与它对应，则称z是变量x、y的**二元函数**（或**点P的函数**），记为

$$z=f(x,y)\ (\text{或 } z=f(P))$$

点集D称为该函数的**定义域**，x、y称为**自变量**，z称为**因变量**. 数集

$$\{z\mid z=f(x,y),(x,y)\in D\}$$

称为该函数的**值域**.

类似地可以定义三元函数$u=f(x,y,z)$以及三元以上的函数. 一般地，把定义8.1中的平面点集D换成n维空间内的点集D，则可类似地定义n元函数：$u=f(x_1,x_2,\cdots,x_n)$. n元函数也可简记为$u=f(P)$，其中，点$P(x_1,x_2,\cdots,x_n)\in D$. 当$n=1$时，$n$元函数就是一元函数. 当$n\geqslant 2$时，$n$元函数就统称为**多元函数**.

与一元函数类似，我们也要讨论多元函数的定义域与图像.

关于多元函数的定义域，也要作如下约定：在讨论用算式表达的多元函数$u=f(P)$时，总是以使这个算式有意义的自变量所确定的点集为这个函数的定义域. 例如，函数$z=\ln(x+y)$的定义域为$\{(x,y)\mid x+y>0\}$，它是一个无界开区域. 又

如,函数 $z=\arcsin(x^2+y^2)$ 的定义域为 $\{(x,y)\mid x^2+y^2\leqslant 1\}$,它是一个有界闭区域(见图 8-5).

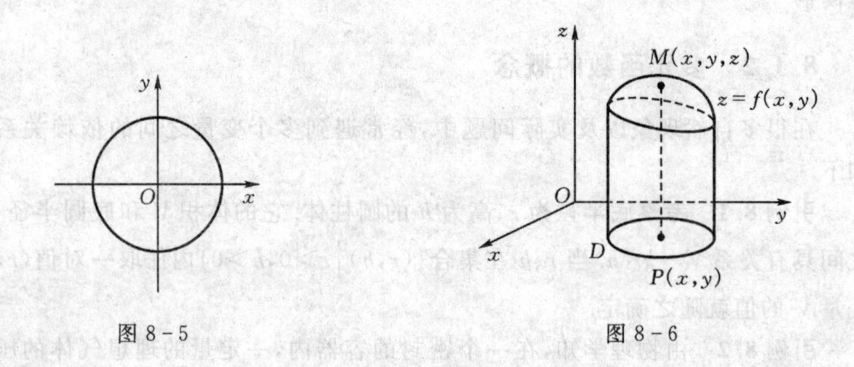

图 8-5　　图 8-6

设函数 $z=f(x,y)$ 的定义域为 D. 对于任意取定的点 $P(x,y)\in D$,对应的函数值为 $z=f(x,y)$. 这样,以 x 为横坐标,y 为纵坐标,$z=f(x,y)$ 为竖坐标,就在空间直角坐标系中确定一点 $M(x,y,z)$. 当 (x,y) 取遍 D 上的一切点时,得到一个空间点集:

$$\{(x,y,z)\mid z=f(x,y),(x,y)\in D\}$$

称这个空间点集为二元函数 $z=f(x,y)$ 的**图像**(见图 8-6). 在几何上,一元函数的图像通常是平面上的一条曲线;而二元函数的图像通常是空间中的一个曲面. 在一些实际问题中,二元函数的图像对揭示函数的整体变化规律有很重要的作用. 对于较复杂的函数,可以借助于数学软件 MATLAB 作出它们的图像(参见附录).

8.1.3　多元函数的极限

仿照一元函数极限的概念和有关性质来讨论多元函数的极限概念及其相应的性质. 这里只讨论二元函数的极限.

定义 8.2　设函数 $z=f(x,y)$ 在点 $P_0(x_0,y_0)$ 的某一去心邻域内有定义,若 $P(x,y)\to P_0(x_0,y_0)$ 时,$f(x,y)$ 无限趋近于某一常数 A,即 $|f(x,y)-A|$ 无限趋近于零,则称 A 为 $P(x,y)\to P_0(x_0,y_0)$ 时 $f(x,y)$ 的**极限**,或者说,当 $P(x,y)\to P_0(x_0,y_0)$ 时 $f(x,y)$ **收敛于 A**,记作

$$\lim_{(x,y)\to(x_0,y_0)} f(x,y)=A \quad 或$$

$$f(x,y)\to A \quad (P\to P_0)$$

若不存在这样的常数 A,则当 $P(x,y)\to P_0(x_0,y_0)$ 时 $f(x,y)$ 的极限不存在. 这里 $P\to P_0$ 表示点 P 以任何方式趋于点 P_0(见图8-7),即点 P 与点 P_0 间的距离趋于零:

$$|PP_0| = \sqrt{(x-x_0)^2+(y-y_0)^2} \to 0$$

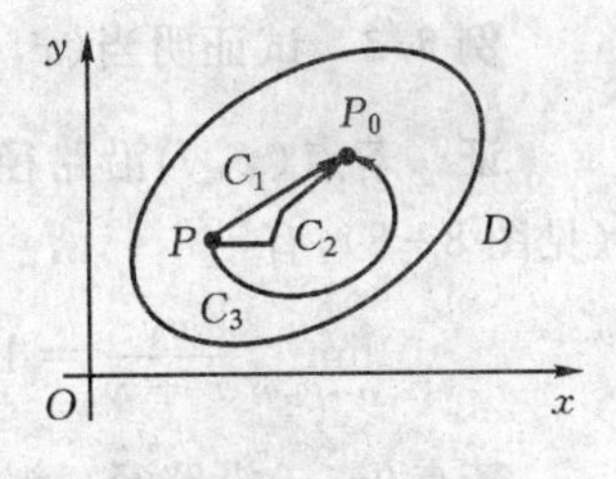

图 8-7

注 多元函数的极限概念与一元函数的极限概念相同之处：如果在 $P(x,y) \to P_0(x_0,y_0)$ 的过程中，对应的函数值 $f(x,y)$ 无限接近一个确定的常数 A，就说 A 是函数当 $(x,y) \to (x_0,y_0)$ 时的极限. 与一元函数的极限概念不同之处在于：在一元函数的极限中，x 以任何方式趋于点 x_0 可以归纳为左、右极限，即 $x \to x_0^+$ 和 $x \to x_0^-$ 两种方式，而在二元函数中，P 以任何方式趋于点 P_0 的途径要复杂得多，难以一一枚举，此时用点 P 与点 P_0 间的距离趋于零，即 $|PP_0| = \sqrt{(x-x_0)^2+(y-y_0)^2} \to 0$，来刻画更清楚、更准确.

下面用"ε-δ"语言描述这个极限概念.

* **定义 8.2′** 设函数 $z=f(x,y)$ 在点 $P_0(x_0,y_0)$ 的某一去心邻域内有定义，$P_0(x_0,y_0) \in D$，如果对于任意给定的正数 ε，总存在正数 δ，使得对于满足不等式 $0<|PP_0|=\sqrt{(x-x_0)^2+(y-y_0)^2}<\delta$ 的一切点 $P(x,y)\in D$，都有 $|f(x,y)-A|<\varepsilon$ 成立，则称常数 A 为函数 $f(x,y)$ 当 $(x,y)\to(x_0,y_0)$ 时的**极限**，记作

$$\lim_{(x,y)\to(x_0,y_0)} f(x,y) = A$$

或 $f(x,y) \to A\ (P \to P_0)$.

为了区别于一元函数的极限，把二元函数的极限叫做**二重极限**.

* **例 8.1** 设 $f(x,y)=(x^2+y^2)\sin\dfrac{1}{x^2+y^2}\quad(x^2+y^2\neq 0)$，求证

$$\lim_{(x,y)\to(0,0)} f(x,y) = 0$$

证 因为 $\left|(x^2+y^2)\sin\dfrac{1}{x^2+y^2}-0\right| = |(x^2+y^2)|\left|\sin\dfrac{1}{x^2+y^2}\right| \leqslant x^2+y^2$，所以对任给 $\varepsilon>0$，取 $\delta=\sqrt{\varepsilon}$，则当 $0<\sqrt{(x-0)^2+(y-0)^2}<\delta$ 时，总有

$$\left|(x^2+y^2)\sin\frac{1}{x^2+y^2}-0\right|<\varepsilon$$

成立，所以 $\lim\limits_{(x,y)\to(0,0)} f(x,y)=0$.

必须注意，所谓二重极限存在，是指 $P(x,y)$ 以任何方式趋于 $P_0(x_0,y_0)$ 时，函数都无限接近于 A. 因此，如果 $P(x,y)$ 以某一种特殊方式，例如沿着一条直线或某特定的曲线趋于 $P_0(x_0,y_0)$ 时，即使函数值无限接近于某一确定的数，还不能由此断定函数的极限存在. 但是反过来，如果当 $P(x,y)$ 以不同方式趋于 $P_0(x_0,y_0)$ 时，函数趋于不同的值，那么就可以断定该函数的极限不存在. 下面用例子来说明这种情形.

例 8.2　试证明当$(x,y)\to(0,0)$时,函数 $f(x,y)=\dfrac{xy}{x+y}$的二重极限不存在.

证　若点(x,y)沿路径 $y=x$ 趋向于原点$(0,0)$时(见图 8-8),有

$$\lim_{\substack{(x,y)\to(0,0)\\ y=x}}\frac{xy}{x+y}=\lim_{x\to0}\frac{x\cdot x}{x+x}=\lim_{x\to0}\frac{x^2}{2x}=0$$

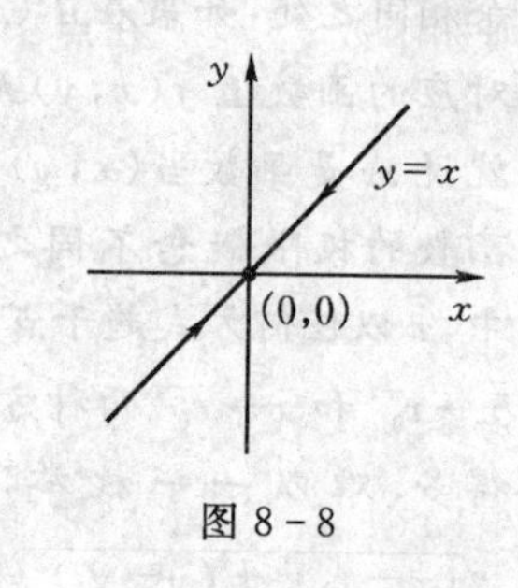

图 8-8

若点(x,y)沿路径 $y=x^2-x$ 趋向于原点$(0,0)$时(见图 8-9),有

$$\lim_{\substack{(x,y)\to(0,0)\\ y=x^2-x}}\frac{xy}{x+y}=\lim_{x\to0}\frac{x(x^2-x)}{x+(x^2-x)}$$

$$=\lim_{x\to0}\frac{x^2(x-1)}{x^2}=-1$$

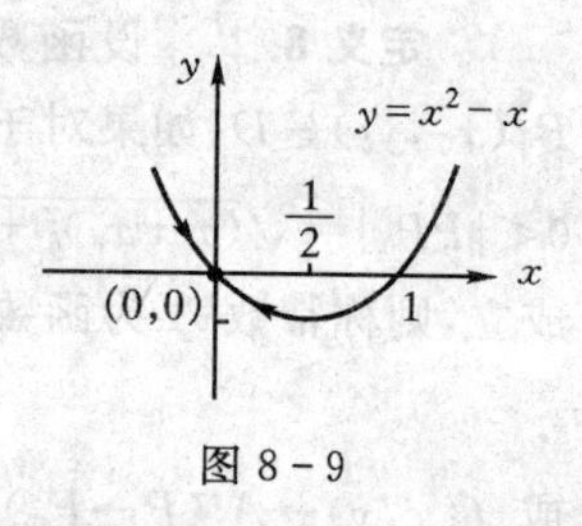

图 8-9

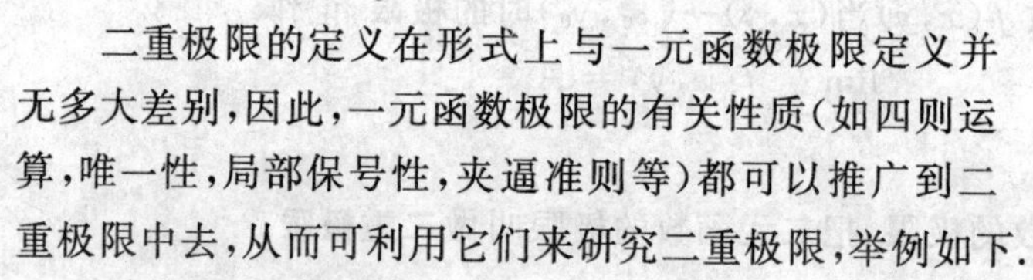

以上两式表明,点(x,y)以两种特殊的路径趋近于原点$(0,0)$时,函数的极限值不相等.所以由二重极限的定义知,极限 $\lim\limits_{(x,y)\to(0,0)}\dfrac{xy}{x+y}$不存在.

二重极限的定义在形式上与一元函数极限定义并无多大差别,因此,一元函数极限的有关性质(如四则运算,唯一性,局部保号性,夹逼准则等)都可以推广到二重极限中去,从而可利用它们来研究二重极限,举例如下.

例 8.3　求极限 $\lim\limits_{(x,y)\to(0,2)}\dfrac{\sin(xy)}{x}$.

解　注意到函数 $f(x,y)=\dfrac{\sin(xy)}{x}$在开区域 $D_1=\{(x,y)\mid x<0\}$和开区域 $D_2=\{(x,y)\mid x>0\}$内都有定义,而 $P_0(0,2)$同时为 D_1 及 D_2 的边界点.但无论在 D_1 内还是在 D_2 内,当$(x,y)\to(0,2)$,因而 $xy\to0$ 时,均有

$$\lim_{(x,y)\to(0,2)}\frac{\sin(xy)}{x}=\lim_{xy\to0}\frac{\sin(xy)}{xy}\cdot\lim_{y\to2}y=1\times2=2$$

所以,$\lim\limits_{(x,y)\to(0,2)}\dfrac{\sin(xy)}{x}$的极限为 2.

8.1.4　多元函数的连续性

讨论了多元函数的极限概念,就不难引进多元函数连续性的概念了.

定义 8.3　设函数 $z=f(x,y)$在点 $P_0(x_0,y_0)$的某一邻域内有定义,如果当$(x,y)\to(x_0,y_0)$时,函数 $f(x,y)$的极限存在,并且等于点$P_0(x_0,y_0)$处的函数值

$f(x_0,y_0)$，即

$$\lim_{(x,y)\to(x_0,y_0)} f(x,y)=f(x_0,y_0)$$

则称函数 $f(x,y)$**在点** $P_0(x_0,y_0)$**处连续**. 若函数 $f(x,y)$ 在点 $P_0(x_0,y_0)$ 不连续，则称函数 $f(x,y)$ 在 P_0 处**间断**，并称 P_0 为 $f(x,y)$ 的**间断点**.

如果函数 $f(x,y)$ 在 D 内的每一点都连续，那么就称函数 $f(x,y)$ **在 D 内连续**，或者称 $f(x,y)$ 是 D 内的**连续函数**.

以上关于二元函数的连续性概念，可相应地推广到 n 元函数上去.

例 8.4　设函数

$$f(x,y)=\begin{cases}\dfrac{xy}{x^2+y^2}, & x^2+y^2\neq 0\\ 0, & x^2+y^2=0\end{cases}$$

试证明原点 $(0,0)$ 是 $f(x,y)$ 的间断点.

证　事实上，二重极限 $\lim\limits_{(x,y)\to(0,0)} f(x,y)$ 是不存在的. 因为若取过原点 $(0,0)$ 的路径 $y=kx$（k 为任意实数）（如图 8 - 10 所示），则在这条特殊的路径上取得极限值为

$$\lim_{(x,y)\to(0,0)} f(x,y)=\lim_{x\to 0}\frac{x(kx)}{x^2+(kx)^2}=\frac{k}{1+k^2}$$

这个极限值与参数 k 的取值有关，随着 k 的取值不同，相应的极限值也不同，就是说函数 $f(x,y)$ 沿着不同路径的极限值是不一样的，因此二重极限 $\lim\limits_{(x,y)\to(0,0)} f(x,y)$ 不存在，故点 $(0,0)$ 是该函数的间断点.

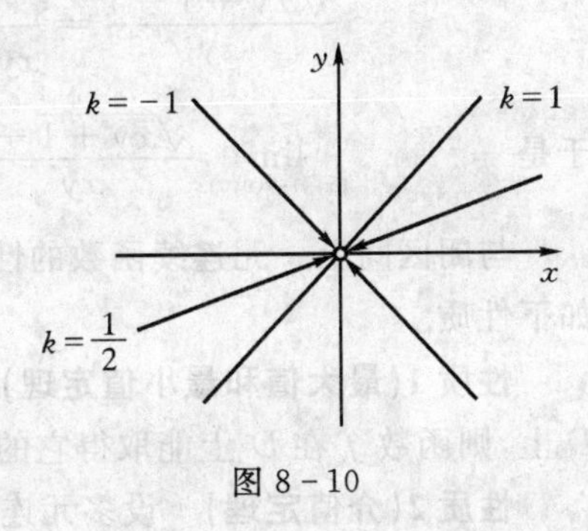

图 8 - 10

像一元连续函数的性质一样，二元连续函数的和、差、积、商（除去分母为零的点）仍为二元连续函数.

在一元函数的讨论中，初等函数的概念起到重要的作用，在多元函数中也有类似的概念. 例如，二元初等函数是可用一个算式表示的二元函数，而这个式子是由二元多项式[①]及基本初等函数经过有限次的四则运算和复合步骤所构成的（应当指出，基本初等函数是一元函数，在构成二元初等函数时，它必须与至少一个二元函数作四则运算或复合运算）. 例如，$\dfrac{x^2-y^2}{1+x^2}$ 是

① 二元多项式是形如 $\sum\limits_{i,j} c_{ij}x^iy^j$ 的二元函数，其中 i、j 为非负整数，$\sum$ 中对 i、j 的有限项求和.

两个多项式之商,因为分子部分是二元函数,所以它是二元初等函数. 又如 $\sin(x+y)$ 是由基本初等函数 $\sin u$ 与二元多项式 $u=x+y$ 复合而成,故它也是二元初等函数.

一切多元初等函数在其定义区域内都是连续的. 由多元初等函数的连续性,如果要求它在连续点 P_0 处的极限,则其极限值就是函数在该点的函数值,即

$$\lim_{P\to P_0} f(P) = f(P_0)$$

例如,函数 $z=\sin\dfrac{1}{x^2+y^2-1}$ 在 $D=\{(x,y)\mid x^2+y^2\neq 1\}$ 上是由两个连续函数 $z=\sin u$ 和 $u=\dfrac{1}{x^2+y^2-1}$ 复合而成,因而该二元函数在 D 上处处连续. 又因为该二元函数在圆周 $\{(x,y)\mid x^2+y^2=1\}$ 上没有定义,所以该圆周上各点都是函数的间断点,称为二元函数的**间断线**.

例 8.5 求二重极限 $\lim\limits_{(x,y)\to(0,0)}\dfrac{\sqrt{xy+1}-1}{xy}$.

解 先对二元函数 $\dfrac{\sqrt{xy+1}-1}{xy}$ 的分子有理化得

$$\frac{\sqrt{xy+1}-1}{xy}=\frac{xy+1-1}{xy(\sqrt{xy+1}+1)}=\frac{1}{\sqrt{xy+1}+1}$$

于是
$$\lim_{(x,y)\to(0,0)}\frac{\sqrt{xy+1}-1}{xy}=\lim_{(x,y)\to(0,0)}\frac{1}{\sqrt{xy+1}+1}=\frac{1}{2}$$

与闭区间上一元连续函数的性质相类似,在有界闭区域上多元连续函数也有如下性质.

性质 1(最大值和最小值定理) 设多元连续函数 $z=f(P)$ 定义在有界闭区域 D 上,则函数 f 在 D 上能取得它的最大值和最小值.

性质 2(介值定理) 设多元连续函数 $z=f(P)$ 定义在有界闭区域 D 上,m 与 M 分别为 f 在 D 上最小值与最大值,如果常数 μ 为介于 m 与 M 之间的任一数,则必在 D 上存在一点 Q,使得 $f(Q)=\mu$.

习题 8-1

1. 求下列函数的定义域并画定义域的示意图:

(1) $z=\sqrt{x}+y$　　(2) $z=\sqrt{1-x^2}+\sqrt{y^2-1}$

(3) $z=\sqrt{1-\dfrac{x^2}{a^2}-\dfrac{y^2}{b^2}}$　　(4) $z=\ln(y-x)+\dfrac{\sqrt{x}}{\sqrt{1-x^2-y^2}}$

(5) $u=\sqrt{R^2-x^2-y^2-z^2}+\dfrac{1}{\sqrt{x^2+y^2+z^2-r^2}}$

2. 已知 $f(x+y,x-y)=xy+y^2$，求 $f(x,y)$.

3. 已知 $f(x,y)=x^2+y^2-xy\tan\dfrac{x}{y}$，求 $f(tx,ty)$.

4. 极限 $\lim\limits_{(x,y)\to(0,0)}\dfrac{x^3y}{x^6+y^2}$ 是否存在？

5. 求下列极限：

(1) $\lim\limits_{(x,y)\to(0,1)}\dfrac{1-xy}{x^2+y^2}$　　(2) $\lim\limits_{(x,y)\to(2,0)}\dfrac{\sin(xy)}{x^2y}$

(3) $\lim\limits_{(x,y)\to(0,0)}\dfrac{1-\cos(x^2+y^2)}{(x^2+y^2)e^{x^2y^2}}$　　(4) $\lim\limits_{(x,y)\to(0,0)}\dfrac{xy}{\sqrt{xy+4}-2}$

6. 函数 $z=\dfrac{y^2+2x}{y^2-2x}$ 在何处是间断的？

7. 讨论 $f(x,y)=\begin{cases}\dfrac{x^2\sin\dfrac{1}{x^2+y^2}+y^2}{x^2+y^2}, & (x,y)\neq(0,0)\\ 0, & (x,y)=(0,0)\end{cases}$ 在 $(0,0)$ 点的连续性.

8.2　偏导数

在研究一元函数时，我们从研究函数的变化率引入了导数的概念. 在实际问题中，常常需要了解一个受多种因素制约的因变量，在其他因素固定不变的情况下，该因变量只随某一个特定因素变化的变化率问题，反映在数学上就是多元函数在其他自变量固定不变时，随某一个特定的自变量变化的变化率问题，这就引出了偏导数的概念.

8.2.1　偏导数的定义与计算法

由于多元函数的自变量不止一个，因变量与自变量的关系要比一元函数复杂得多. 本节仅以二元函数 $z=f(x,y)$ 为例，研究二元函数对其中一个自变量的变化率问题.

设在二元函数 $z=f(x,y)$ 中，只让自变量 x 变化，而自变量 y 不变（即把 y 看作常量），这时函数 $z=f(x,y)$ 实际上就成了只以 x 为自变量的一元函数，这时函数 z 对 x 的导数，就是所谓二元函数 z 对于 x 的偏导数.

1. 偏导数的定义

定义 8.4　设函数 $z=f(x,y)$ 在点 (x_0,y_0) 的某一邻域内有定义，当 y 固定在

y_0,而 x 在 x_0 处有增量 Δx 时,从而对应的函数值就有增量 $f(x_0+\Delta x,y_0)-f(x_0,y_0)$,并称它为**对 x 的偏增量**.如果该偏增量与自变量增量之比的极限

$$\lim_{\Delta x\to 0}\frac{f(x_0+\Delta x,y_0)-f(x_0,y_0)}{\Delta x} \tag{8.1}$$

存在,则称此极限为函数 $z=f(x,y)$ 在点 (x_0,y_0) 处**对 x 的偏导数**,记作

$$\left.\frac{\partial z}{\partial x}\right|_{(x_0,y_0)},\quad \left.\frac{\partial f}{\partial x}\right|_{(x_0,y_0)},\quad \left.z_x\right|_{(x_0,y_0)}\quad 或\quad f_x(x_0,y_0)$$

因而极限式(8.1)可以表示为

$$f_x(x_0,y_0)=\lim_{\Delta x\to 0}\frac{f(x_0+\Delta x,y_0)-f(x_0,y_0)}{\Delta x} \tag{8.2}$$

类似地,可以定义函数 $z=f(x,y)$ 在点 (x_0,y_0) 处**对 y 的偏导数**为

$$f_y(x_0,y_0)=\lim_{\Delta y\to 0}\frac{f(x_0,y_0+\Delta y)-f(x_0,y_0)}{\Delta y} \tag{8.3}$$

记作 $\left.\frac{\partial z}{\partial y}\right|_{(x_0,y_0)}$,$\left.\frac{\partial f}{\partial y}\right|_{(x_0,y_0)}$,$\left.z_y\right|_{(x_0,y_0)}$ 或 $f_y(x_0,y_0)$.

如果函数 $z=f(x,y)$ 在区域 D 内每一点 (x,y) 处对 x 的偏导数都存在,那么这个偏导数还是 x、y 的函数,它就称为函数 $z=f(x,y)$ **对自变量 x 的偏导函数**,记作

$$\frac{\partial z}{\partial x},\quad \frac{\partial f}{\partial x},\quad z_x\quad 或\quad f_x(x,y)$$

类似地,可以定义函数 $z=f(x,y)$ **对自变量 y 的偏导函数**,记作

$$\frac{\partial z}{\partial y},\quad \frac{\partial f}{\partial y},\quad z_y\quad 或\quad f_y(x,y)$$

由偏导函数概念可知,$f(x,y)$ 在点 (x_0,y_0) 处对 x 的偏导数 $f_x(x_0,y_0)$,其实就是偏导函数 $f_x(x,y)$ 在点 (x_0,y_0) 处的函数值;偏导函数 $f_y(x_0,y_0)$ 就是偏导函数 $f_y(x,y)$ 在点 (x_0,y_0) 处的函数值.

在不产生混淆的情况下,以后把偏导函数简称为**偏导数**.偏导数的概念可推广到三元以上的函数情形.

2. 偏导数的计算方法

二元函数 $z=f(x,y)$ 求偏导数并不需要新的方法,因为这里只有一个自变量在变化,另一自变量被看成是固定的,所以仍然可以看作是一元函数的求导问题.也就是说,在求 $\frac{\partial z}{\partial x}$ 时,把 y 看作常量,而对 x 求导数;求 $\frac{\partial z}{\partial y}$ 时,把 x 看作常量,而对 y 求导数.

例 8.6 求 $z=x^2+3xy+y^2$ 在点(1,2)处的两个偏导数.

解　在求对 x 的偏导数时，把 y 看作常量，得

$$\frac{\partial z}{\partial x}=2x+3y$$

类似地，在求对 y 的偏导数时，把 x 看作常量，得

$$\frac{\partial z}{\partial y}=3x+2y$$

将(1,2)代入上面的结果，就得相应的偏导数值

$$\left.\frac{\partial z}{\partial x}\right|_{\substack{x=1\\y=2}}=2\times1+3\times2=8\quad 和 \quad \left.\frac{\partial z}{\partial y}\right|_{\substack{x=1\\y=2}}=3\times1+2\times2=7$$

例 8.7　求 $z=y^3\sin4x$ 的偏导数.

解　$\frac{\partial z}{\partial x}=y^3\cdot4\cos4x=4y^3\cos4x$

$\frac{\partial z}{\partial y}=3y^2\sin4x$

例 8.8　设二元函数为 $z=x^y$　($x>0,x\neq1$, y 为任意实数)，求证

$$\frac{x}{y}\cdot\frac{\partial z}{\partial x}+\frac{1}{\ln x}\cdot\frac{\partial z}{\partial y}=2z$$

证　对 x 和 y 分别求偏导，得 $\frac{\partial z}{\partial x}=y\cdot x^{y-1}$，$\frac{\partial z}{\partial y}=x^y\cdot\ln x$，代入方程即得

$$\frac{x}{y}\cdot\frac{\partial z}{\partial x}+\frac{1}{\ln x}\cdot\frac{\partial z}{\partial y}=\frac{x}{y}\cdot y\cdot x^{y-1}+\frac{1}{\ln x}\cdot x^y\ln x=2x^y=2z$$

例 8.9　求三元函数 $r=\sqrt{x^2+y^2+z^2}$ 的偏导数.

解　把 y 和 z 都看作常量，对 x 求导，得 r 对 x 的偏导数

$$\frac{\partial r}{\partial x}=\frac{1}{2\sqrt{x^2+y^2+z^2}}\cdot2x=\frac{x}{r}$$

由于所给函数关于自变量的对称性，所以类似地有

$$\frac{\partial r}{\partial y}=\frac{y}{r},\quad \frac{\partial r}{\partial z}=\frac{z}{r}$$

例 8.10　已知理想气体的状态方程 $PV=RT$(R 为常量)，求证

$$\frac{\partial P}{\partial V}\cdot\frac{\partial V}{\partial T}\cdot\frac{\partial T}{\partial P}=-1$$

证　因为 $P=\frac{RT}{V}$，把 T 看作常量，对 V 求导，得

$$\frac{\partial P}{\partial V}=-\frac{RT}{V^2}$$

为求 $\frac{\partial V}{\partial T}$，先从状态方程中解出 $V=\frac{RT}{P}$，再对 T 求偏导数，得

$$\frac{\partial V}{\partial T}=\frac{R}{P}$$

同理,解出 $T=\dfrac{PV}{R}$后求导得,$\dfrac{\partial T}{\partial P}=\dfrac{V}{R}$,所以

$$\frac{\partial P}{\partial V}\cdot\frac{\partial V}{\partial T}\cdot\frac{\partial T}{\partial P}=-\frac{RT}{V^2}\cdot\frac{R}{P}\cdot\frac{V}{R}=-\frac{RT}{PV}=-1$$

注 偏导数的记号应看作一个整体性的符号(不能看成商的形式),这与一元函数导数$\dfrac{\mathrm{d}y}{\mathrm{d}x}$可看作函数微分 $\mathrm{d}y$ 与自变量微分 $\mathrm{d}x$ 之商是有区别的.

3. 偏导数的几何意义

二元函数 $z=f(x,y)$在点(x_0,y_0)的偏导数有下述几何意义.

设$M_0(x_0,y_0,f(x_0,y_0))$为曲面 $z=f(x,y)$上的一点,过 M_0 点作平面 $y=y_0$,截此曲面得一条曲线$\begin{cases}z=f(x,y)\\y=y_0\end{cases}$,而此曲线在平面 $y=y_0$上的方程为一元函数 $z=f(x,y_0)$,则它在(x_0,y_0)处的导数 $\dfrac{\mathrm{d}}{\mathrm{d}x}f(x,y_0)\Big|_{x=x_0}$ 就是二元函数的偏导数 $f_x(x_0,y_0)$,因而$f_x(x_0,y_0)$的几何意义是这条曲线在点 M_0 处的切线 M_0T_x 对 x 轴的斜率(见图 8-11).

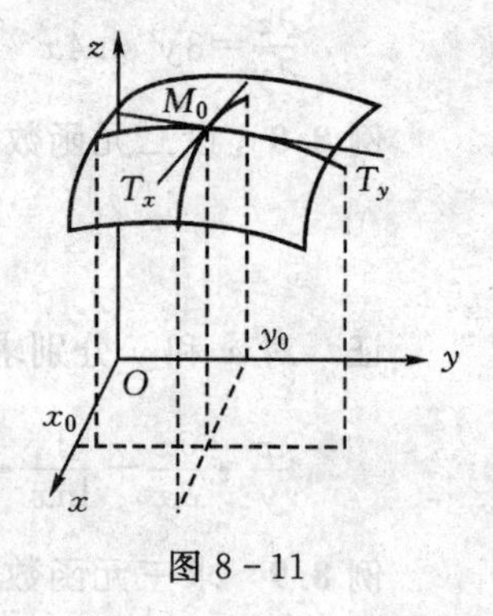

图 8-11

同理,偏导数 $f_y(x_0,y_0)$的几何意义是曲面被平面 $x=x_0$ 所截得的曲线在点 M_0 处的切线 M_0T_y 对 y 轴的斜率.

4. 二元函数的偏导数与连续性之间的关系

我们已经知道,如果一元函数在某点具有导数,则它在该点必定连续. 但对于二元函数来说,情况要复杂得多,即使二元函数的两个偏导数在某点都存在,也不能保证函数在该点连续!

事实上,二元函数在一点 P_0 处连续是要求自变量 P 按任何方式趋于 P_0 时,函数值 $f(P)$都趋于 $f(P_0)$. 而二元函数的偏导数存在,只能保证点 P 沿着过 P_0 且平行于坐标轴的两条直线趋于 P_0 时,函数值 $f(P)$趋于 $f(P_0)$,并不能保证点 P 按任何方式趋于 P_0 时,函数值 $f(P)$都趋于 $f(P_0)$. 例如,考察二元函数

$$z=f(x,y)=\begin{cases}\dfrac{xy}{x^2+y^2}, & x^2+y^2\neq 0\\ 0, & x^2+y^2=0\end{cases}$$

它在点$(0,0)$对 x、y 的偏导数分别为

$$f_x(0,0)=\lim_{\Delta x\to 0}\frac{f(0+\Delta x,0)-f(0,0)}{\Delta x}=0$$

和
$$f_y(0,0)=\lim_{\Delta y\to 0}\frac{f(0,0+\Delta y)-f(0,0)}{\Delta y}=0$$

但是在例 8.4 中,已经证明这个函数在点(0,0)处二重极限不存在,因而不连续.

此例表明,二元函数在一点不连续,但其偏导数却存在.

8.2.2　高阶偏导数

设函数 $z=f(x,y)$在区域 D 内具有偏导数

$$\frac{\partial z}{\partial x}=f_x(x,y),\quad \frac{\partial z}{\partial y}=f_y(x,y)$$

那么在 D 内 $f_x(x,y)$、$f_y(x,y)$都是 x、y 的函数. 如果这两个函数的偏导数也存在,则称它们是函数 $z=f(x,y)$的**二阶偏导数**. 按照对变量求导次序的不同有下列四个二阶偏导数:

$$\frac{\partial}{\partial x}\left(\frac{\partial z}{\partial x}\right)=\frac{\partial^2 z}{\partial x^2}=f_{xx}(x,y),\qquad \frac{\partial}{\partial y}\left(\frac{\partial z}{\partial x}\right)=\frac{\partial^2 z}{\partial x\partial y}=f_{xy}(x,y)$$

$$\frac{\partial}{\partial x}\left(\frac{\partial z}{\partial y}\right)=\frac{\partial^2 z}{\partial y\partial x}=f_{yx}(x,y),\qquad \frac{\partial}{\partial y}\left(\frac{\partial z}{\partial y}\right)=\frac{\partial^2 z}{\partial y^2}=f_{yy}(x,y)$$

其中第二、三个偏导数称为**混合偏导数**.

同样,函数的二阶偏导数的(偏)导数称为**三阶偏导数**,以此类推,有四阶及 n 阶偏导数. 二阶及二阶以上的偏导数统称为**高阶偏导数**.

例 8.11　设 $z=x^3y^2-3xy^3-xy+1$,求 $\frac{\partial^2 z}{\partial x^2}$、$\frac{\partial^2 z}{\partial y\partial x}$、$\frac{\partial^2 z}{\partial x\partial y}$、$\frac{\partial^2 z}{\partial y^2}$及$\frac{\partial^3 z}{\partial x^3}$.

解　先求出函数的一阶偏导数

$$\frac{\partial z}{\partial x}=3x^2y^2-3y^3-y,\quad \frac{\partial z}{\partial y}=2x^3y-9xy^2-x$$

再对一阶偏导数求偏导数得二阶偏导数和三阶偏导数

$$\frac{\partial^2 z}{\partial x^2}=6xy^2,\qquad \frac{\partial^2 z}{\partial y\partial x}=6x^2y-9y^2-1$$

$$\frac{\partial^2 z}{\partial x\partial y}=6x^2y-9y^2-1,\quad \frac{\partial^2 z}{\partial y^2}=2x^3-18xy$$

$$\frac{\partial^3 z}{\partial x^3}=6y^2$$

从例 8.11 中看出函数的两个二阶混合偏导数是相等的,即$\frac{\partial^2 z}{\partial y\partial x}=\frac{\partial^2 z}{\partial x\partial y}$. 这个结论不是偶然的,在一定的条件下它是普遍成立的.

定理 8.1 如果函数 $z=f(x,y)$ 的两个二阶混合偏导数 $\frac{\partial^2 z}{\partial y\partial x}$ 及 $\frac{\partial^2 z}{\partial x\partial y}$ 在区域 D 内连续,那么在该区域内这两个二阶混合偏导数必相等.

换句话说,二阶混合偏导数在连续的条件下与求导的次序无关.

例 8.12 验证函数 $z=\ln\sqrt{x^2+y^2}$ 满足方程 $\frac{\partial^2 z}{\partial x^2}+\frac{\partial^2 z}{\partial y^2}=0$.

证 因为 $z=\ln\sqrt{x^2+y^2}=\frac{1}{2}\ln(x^2+y^2)$,所以它的一阶偏导数为

$$\frac{\partial z}{\partial x}=\frac{x}{x^2+y^2},\quad \frac{\partial z}{\partial y}=\frac{y}{x^2+y^2}$$

再对一阶偏导数求偏导得

$$\frac{\partial^2 z}{\partial x^2}=\frac{(x^2+y^2)-x\cdot 2x}{(x^2+y^2)^2}=\frac{y^2-x^2}{(x^2+y^2)^2}$$

$$\frac{\partial^2 z}{\partial y^2}=\frac{(x^2+y^2)-y\cdot 2y}{(x^2+y^2)^2}=\frac{x^2-y^2}{(x^2+y^2)^2}$$

因此

$$\frac{\partial^2 z}{\partial x^2}+\frac{\partial^2 z}{\partial y^2}=\frac{y^2-x^2}{(x^2+y^2)^2}+\frac{x^2-y^2}{(x^2+y^2)^2}=0$$

例 8.13 设三元函数 $u=\frac{1}{r}$,其中 $r=\sqrt{x^2+y^2+z^2}$,试证 $\frac{\partial^2 u}{\partial x^2}+\frac{\partial^2 u}{\partial y^2}+\frac{\partial^2 u}{\partial z^2}=0$.

证 利用复合函数求导法,得

$$\frac{\partial u}{\partial x}=-\frac{1}{r^2}\cdot\frac{\partial r}{\partial x}=-\frac{1}{r^2}\cdot\frac{x}{r}=-\frac{x}{r^3}$$

因而

$$\frac{\partial^2 u}{\partial x^2}=-\frac{1}{r^3}+\frac{3x}{r^4}\cdot\frac{\partial x}{\partial r}=-\frac{1}{r^3}+\frac{3x^2}{r^5}$$

由于函数关于自变量的对称性,所以

$$\frac{\partial^2 u}{\partial y^2}=-\frac{1}{r^3}+\frac{3y^2}{r^5},\quad \frac{\partial^2 u}{\partial z^2}=-\frac{1}{r^3}+\frac{3z^2}{r^5}$$

代入欲证方程得

$$\frac{\partial^2 u}{\partial x^2}+\frac{\partial^2 u}{\partial y^2}+\frac{\partial^2 u}{\partial z^2}=-\frac{3}{r^3}+\frac{3(x^2+y^2+z^2)}{r^5}=-\frac{3}{r^3}+\frac{3r^2}{r^5}=0$$

例 8.12 和例 8.13 中两个方程都称为**拉普拉斯(Laplace)方程**,它是数学物理方程中很重要的方程.

习题 8-2

1. 求下列函数在给定点处的偏导数:

(1) $z=x^3+y^3-3xy$，求 $\left.\frac{\partial z}{\partial x}\right|_{(1,2)}$，$\left.\frac{\partial z}{\partial y}\right|_{(1,2)}$

(2) $z=\frac{xy(x^2-y^2)}{x^2+y^2}$，求 $\left.\frac{\partial z}{\partial x}\right|_{(1,1)}$，$\left.\frac{\partial z}{\partial y}\right|_{(1,1)}$

(3) $z=e^{x^2+y^2}$，求 $\left.\frac{\partial z}{\partial x}\right|_{(0,1)}$，$\left.\frac{\partial z}{\partial y}\right|_{(1,0)}$

(4) $z=\ln|xy|$，求 $\left.\frac{\partial z}{\partial x}\right|_{(-1,-1)}$，$\left.\frac{\partial z}{\partial y}\right|_{(1,1)}$

2. 求下列函数的偏导数：

(1) $z=\ln\sin(x-2y)$　(2) $z=\frac{xe^y}{y^2}$　(3) $z=(xy+1)^x$

3. 设 $f(x,y)=\begin{cases}\frac{y\sin x}{x^2+y^2}, & x^2+y^2\neq 0\\ 0, & x^2+y^2=0\end{cases}$，求 $f_x(0,0)$，$f_y(0,0)$.

4. 证明下列各题：

(1) 若 $z=x^y y^x$，则 $x\frac{\partial z}{\partial x}+y\frac{\partial z}{\partial y}=z(x+y+\ln z)$.

(2) 若 $z=\ln(\sqrt[n]{x}+\sqrt[n]{y})$，$n\geqslant 2$，则 $x\frac{\partial z}{\partial x}+y\frac{\partial z}{\partial y}=\frac{1}{n}$.

(3) 若 $z=(y-z)(z-x)(x-y)$，则 $\frac{\partial u}{\partial x}+\frac{\partial u}{\partial y}+\frac{\partial u}{\partial z}=0$.

5. 求下列函数的二阶偏导数：

(1) $z=x^4+y^4-4x^2y^2$　(2) $z=\sin^2(ax+by)$　(3) $z=y^x$

6. 已知 $f(x,y)=x^2\arctan\frac{y}{x}-y^2\arctan\frac{x}{y}$，求 $f_{xy}(0,1)$.

7. 验证函数 $z=\sin(x-ay)$ 满足波动方程 $\frac{\partial^2 z}{\partial y^2}=a^2\frac{\partial^2 z}{\partial x^2}$.

8. 设 $f(x,y)=\int_0^{xy}e^{-t^2}\,dt$，求 $\frac{x}{y}\cdot\frac{\partial^2 f}{\partial x^2}-2\frac{\partial^2 f}{\partial x\partial y}y^2+\frac{y}{x}\cdot\frac{\partial^2 f}{\partial y^2}$.

9. 设 $f(x,y,z)=xy^2+yz^2+zx^2$，求 $f_{xx}(0,0,1)$，$f_{xz}(1,0,2)$.

8.3　全微分及其应用

8.3.1　全微分的定义

在 8.2 节中，讨论了二元函数的偏导数概念及其计算法. 二元函数对一个自变量的偏导数表示当另一个自变量固定时，因变量相对于该自变量的变化率. 根

据一元函数微分学中增量与微分的关系,对于二元函数也有相应的偏增量与偏导数之间的关系:

$$f(x+\Delta x,y)-f(x,y)\approx f_x(x,y)\Delta x$$

$$f(x,y+\Delta y)-f(x,y)\approx f_y(x,y)\Delta y$$

上面两式的左端称为二元函数对 x 和对 y 的**偏增量**,而两式的右端分别称为二元函数对 x 和对 y 的**偏微分**.

在实际问题中,有时需要研究二元函数中两个自变量都取得增量时,因变量所获得的增量,即所谓全增量的问题.

设函数 $z=f(x,y)$ 在点 $P(x,y)$ 的某一邻域内有定义,并设 $P(x+\Delta x, y+\Delta y)$ 为这邻域内的任意一点,则称这两点的函数值之差 $f(x+\Delta x,y+\Delta y)-f(x,y)$ 为函数在点 $P(x,y)$ 处对应于自变量增量 Δx、Δy 的**全增量**,记作 Δz,即

$$\Delta z=f(x+\Delta x,y+\Delta y)-f(x,y)$$

一般说来,计算全增量 Δz 比较复杂,与一元函数的情形一样,我们希望用自变量的增量 Δx、Δy 的线性函数来近似地代替二元函数的全增量 Δz,从而引入如下定义.

定义 8.5 如果函数 $z=f(x,y)$ 在点 $P(x,y)$ 的全增量

$$\Delta z=f(x+\Delta x,y+\Delta y)-f(x,y)$$

可表示为

$$\Delta z=A\Delta x+B\Delta y+o(\rho) \tag{8.4}$$

其中 A、B 不依赖于 Δx、Δy 而仅与 x,y 有关,$\rho=\sqrt{(\Delta x)^2+(\Delta y)^2}$,$o(\rho)$ 是关于 ρ 的高阶无穷小量,则就把全增量的线性主部 $A\Delta x+B\Delta y$ 称为函数 $z=f(x,y)$ 在点 $P(x,y)$ 的**全微分**,记作 $\mathrm{d}z$,即

$$\mathrm{d}z=A\Delta x+B\Delta y$$

这时也称函数 $z=f(x,y)$ **在点 $P(x,y)$ 可微**.如果函数在区域 D 内各点处都可微分,那么称这函数**在 D 内可微**.

在 8.2 节曾指出,即使二元函数在某点的两个偏导数都存在,也不能保证函数在该点连续.但是,在函数的可微性与连续性之间存在下列的关系.

定理 8.2 如果函数 $z=f(x,y)$ 在点 $P(x,y)$ 可微,则函数 $z=f(x,y)$ 在该点必定连续.

证 设函数 $z=f(x,y)$ 在点 $P(x,y)$ 可微,则由(8.4)式,当 $\Delta x\to 0$,$\Delta y\to 0$,即 $\rho\to 0$ 时,

$$\lim_{\rho\to 0}\Delta z=0$$

从而

$$\lim_{\substack{\Delta x\to 0\\ \Delta y\to 0}}f(x+\Delta x,y+\Delta y)=\lim_{\rho\to 0}[f(x,y)+\Delta z]=f(x,y)$$

即函数 $z=f(x,y)$ 在点 $P(x,y)$ 处连续.

下面就来进一步讨论函数 $z=f(x,y)$ 的全微分与偏导数的关系.

定理 8.3(必要条件)　如果函数 $z=f(x,y)$ 在点 $P(x,y)$ 可微,则该函数在点 $P(x,y)$ 的偏导数 $\frac{\partial z}{\partial x}$、$\frac{\partial z}{\partial y}$ 必存在,且函数 $z=f(x,y)$ 在点 $P(x,y)$ 的全微分为

$$\mathrm{d}z=\frac{\partial z}{\partial x}\Delta x+\frac{\partial z}{\partial y}\Delta y \tag{8.5}$$

*证　设函数 $z=f(x,y)$ 在点 $P(x,y)$ 可微. 于是,对于点 P 的某个邻域内的任意一点 $P'(x+\Delta x,y+\Delta y)$,(8.4)式成立. 即

$$\Delta z=f(x+\Delta x,y+\Delta y)-f(x,y)=A\Delta x+B\Delta y+o(\rho)$$

特别当 $\Delta y=0$ 时上式也应成立,这时 $\rho=|\Delta x|$,所以有

$$f(x+\Delta x,y)-f(x,y)=A\Delta x+o(|\Delta x|)$$

上式两边各除以 Δx,再令 $\Delta x\to 0$,得

$$\lim_{\Delta x\to 0}\frac{f(x+\Delta x,y)-f(x,y)}{\Delta x}=A$$

从而,函数 $z=f(x,y)$ 对 x 的偏导数存在,且 $\frac{\partial z}{\partial x}=A$. 同理可证 $\frac{\partial z}{\partial y}=B$. 所以(8.5)式成立.

反过来,如果函数 $z=f(x,y)$ 在点 $P(x,y)$ 对 x、y 的偏导数存在,是否能断定函数在点 $P(x,y)$ 可微? 我们知道,一元函数在某点的导数存在是微分存在的充分必要条件. 但对于多元函数来说,情形就不同了. 当函数的各偏导数都存在时,虽然能形式地写出 $\frac{\partial z}{\partial x}\Delta x+\frac{\partial z}{\partial y}\Delta y$,但它与 Δz 之差并不一定是 ρ 的高阶无穷小,因此不能断定它就是函数的全微分. 例如,函数

$$z=f(x,y)=\begin{cases}\dfrac{xy}{\sqrt{x^2+y^2}}, & x^2+y^2\neq 0\\ 0, & x^2+y^2=0\end{cases}$$

在点 $P(0,0)$ 处的偏导数为 $f_x(0,0)=0$ 及 $f_y(0,0)=0$,所以

$$\Delta z-(f_x(0,0)\Delta x+f_y(0,0)\Delta y)=\frac{\Delta x\Delta y}{\sqrt{(\Delta x)^2+(\Delta y)^2}}$$

如果考虑点 $P'(x+\Delta x,y+\Delta y)$ 沿着直线 $y=x$ 趋于 $P(0,0)$,即 $\Delta x=\Delta y\to 0$,则

$$\frac{\dfrac{\Delta x\Delta y}{\sqrt{(\Delta x)^2+(\Delta y)^2}}}{\rho}=\frac{\Delta x\Delta y}{(\Delta x)^2+(\Delta y)^2}=\frac{\Delta x\Delta x}{(\Delta x)^2+(\Delta x)^2}=\frac{1}{2}$$

它不能随 $\rho\to 0$ 而趋于 0,这表明 $\Delta z-(f_x(0,0)\Delta x+f_y(0,0)\Delta y)$ 并不是 ρ 的高阶无穷小,因此函数在点 $P(0,0)$ 处的全微分并不存在,即函数在点 $P(0,0)$ 处是不可

微的.

由定理 8.3 及这个例子可知,偏导数存在是可微的必要条件而不是充分条件. 但是,如果假定函数的各个偏导数连续,则可以证明函数是可微的,即有下列定理.

定理 8.4(充分条件) 设函数 $z=f(x,y)$在区域 D 上定义,$P(x,y)\in D$,$z=f(x,y)$的偏导数$\frac{\partial z}{\partial x}$、$\frac{\partial z}{\partial y}$在点 $P(x,y)$处连续,则函数在该点可微.

*证 设偏导数在点 $P(x,y)$连续,隐含着偏导数在该点的某一邻域内必然存在. 设点 $P(x+\Delta x,y+\Delta y)$为这邻域内任意一点,考察函数的全增量

$$\begin{aligned}\Delta z &= f(x+\Delta x,y+\Delta y)-f(x,y)\\ &=[f(x+\Delta x,y+\Delta y)-f(x,y+\Delta y)]+[f(x,y+\Delta y)-f(x,y)]\end{aligned}$$

在第一个方括号内的表达式,由于 $y+\Delta y$ 不变,因而可以看作是 x 的一元函数 $f(x,y+\Delta y)$的增量. 于是,应用拉格朗日中值定理,得到

$$\begin{aligned}\Delta z &= f(x+\Delta x,y+\Delta y)-f(x,y+\Delta y)\\ &= f_x(x+\theta\Delta x,y+\Delta y)\quad (0<\theta<1)\end{aligned}$$

又假设,$f_x(x,y)$在点 $P(x,y)$连续,所以上式可写为

$$f(x+\Delta x,y+\Delta y)-f(x,y+\Delta y)=f_x(x,y)\Delta x+\varepsilon_1\Delta x \tag{8.6}$$

其中 ε_1 为 Δx、Δy 的函数,且当 $\Delta x\to 0$,$\Delta y\to 0$ 时,$\varepsilon_1\to 0$.

同理可证第二个方括号内的表达式可写为

$$f(x,y+\Delta y)-f(x,y)=f_y(x,y)\Delta y+\varepsilon_2\Delta y \tag{8.7}$$

其中 ε_2 为 Δy 的函数,且当 $\Delta y\to 0$ 时,$\varepsilon_2\to 0$.

由(8.6)、(8.7)式可见,在偏导数连续的假定下,全增量 Δz 可以表示为

$$\Delta z=f_x(x,y)\Delta x+f_y(x,y)\Delta y+\varepsilon_1\Delta x+\varepsilon_2\Delta y \tag{8.8}$$

容易看出

$$\left|\frac{\varepsilon_1\Delta x+\varepsilon_2\Delta y}{\rho}\right|\leqslant|\varepsilon_1|+|\varepsilon_2|$$

它是随着 $\Delta x\to 0$,$\Delta y\to 0$,即 $\rho\to 0$ 而趋于零. 这就证明了 $z=f(x,y)$在点 $P(x,y)$是可微的.

以上关于二元函数全微分的定义及可微的必要条件和充分条件,可以完全类似地推广到三元和三元以上的多元函数.

习惯上,我们将自变量的增量 Δx、Δy 分别记作 $\mathrm{d}x$、$\mathrm{d}y$,并分别称为自变量 x、y 的微分. 这样,函数 $z=f(x,y)$的全微分就可以写为

$$\mathrm{d}z=\frac{\partial z}{\partial x}\mathrm{d}x+\frac{\partial z}{\partial y}\mathrm{d}y \tag{8.9}$$

式(8.9)表明二元函数的全微分是它的两个偏微分之和. 这个性质也适用于二元以上的函数的情形. 例如,如果三元函数 $u=\varphi(x,y,z)$可微,那么它的全微分

就等于它的三个偏微分之和，即

$$du = \frac{\partial u}{\partial x}dx + \frac{\partial u}{\partial y}dy + \frac{\partial u}{\partial z}dz$$

例 8.14　计算函数 $z=x^2+y^2$ 的全微分.

解　因为$\frac{\partial z}{\partial x}=2x, \frac{\partial z}{\partial y}=2y$，代入全微分公式(8.9)，得

$$dz = 2xdx + 2ydy$$

例 8.15　计算函数 $z=e^{xy}$ 在点(2,1)处的全微分.

解　因为$\frac{\partial z}{\partial x}=ye^{xy}, \frac{\partial z}{\partial y}=xe^{xy}$，它们在点(2,1)处的偏导数值为

$$\left.\frac{\partial z}{\partial x}\right|_{\substack{x=2\\y=1}} = e^2, \quad \left.\frac{\partial z}{\partial y}\right|_{\substack{x=2\\y=1}} = 2e^2$$

代入全微分公式(8.9)，得

$$dz = e^2 dx + 2e^2 dy$$

例 8.16　计算函数 $u=x+\sin\frac{y}{2}+e^{yz}$ 的全微分.

解　因为$\frac{\partial u}{\partial x}=1, \frac{\partial u}{\partial y}=\frac{1}{2}\cos\frac{y}{2}+ze^{yz}, \frac{\partial u}{\partial z}=ye^{yz}$，所以全微分为

$$du = dx + \left(\frac{1}{2}\cos\frac{y}{2} + ze^{yz}\right)dy + ye^{yz}dz$$

*8.3.2　全微分的应用

从以上讨论可知，若函数 $z=f(x,y)$ 在点 (x_0,y_0) 可微，函数的全增量可以近似表示为

$$\begin{aligned}\Delta z &= f(x+\Delta x, y+\Delta y) - f(x,y)\\ &\approx f_x(x_0,y_0)\Delta x + f_y(x_0,y_0)\Delta y = dz \end{aligned} \tag{8.10}$$

或　$f(x_0+\Delta x, y_0+\Delta y) \approx f(x_0,y_0) + f_x(x_0,y_0)\Delta x + f_y(x_0,y_0)\Delta y$　(8.11)

公式(8.10)，(8.11)可用来计算 Δz 和 $f(x_0+\Delta x, y_0+\Delta y)$ 的近似值，式(8.10)还可以用来估算误差.

例 8.17　计算 $\ln(\sqrt[3]{1.03}+\sqrt[4]{0.98}-1)$ 的近似值.

解　设二元函数 $z=f(x,y)=\ln(\sqrt[3]{x}+\sqrt[4]{y}-1)$，令 $x_0=1, y_0=1, \Delta x=0.03, \Delta y=-0.02$，于是

$$\begin{aligned}\ln(\sqrt[3]{1.03}+\sqrt[4]{0.98}-1) &= f(x_0+\Delta x, y_0+\Delta y)\\ &\approx f(x_0,y_0) + f_x(x_0,y_0)\Delta x + f_y(x_0,y_0)\Delta y\end{aligned}$$

而　$$f(x_0,y_0) = f(1,1) = \ln(\sqrt[3]{1}+\sqrt[4]{1}-1) = 0$$

$$f_x(x_0,y_0)=f_x(1,1)=\frac{\frac{1}{3\sqrt[3]{x^2}}}{\sqrt[3]{x}+\sqrt[4]{y}-1}\bigg|_{(1,1)}=\frac{1}{3}$$

$$f_y(x_0,y_0)=f_y(1,1)=\frac{\frac{1}{4\sqrt[4]{y^3}}}{\sqrt[3]{x}+\sqrt[4]{y}-1}\bigg|_{(1,1)}=\frac{1}{4}$$

故 $\ln(\sqrt[3]{1.03}+\sqrt[4]{0.98}-1)\approx\frac{1}{3}\times0.03+\frac{1}{4}\times(-0.02)=0.005.$

例 8.18 测得矩形盒的边长为 75 cm、60 cm 以及 40 cm,且可能的最大的长度测量误差为 0.2 cm. 使用全微分估计由这些测量值计算盒子体积时可能带来的最大误差.

解 以 x、y、z 为边长的矩形盒子的体积 $V=xyz$,所以

$$\mathrm{d}V=\frac{\partial V}{\partial x}\mathrm{d}x+\frac{\partial V}{\partial y}\mathrm{d}y+\frac{\partial V}{\partial z}\mathrm{d}z=yz\mathrm{d}x+xz\mathrm{d}y+xy\mathrm{d}z$$

由于已知 $|\Delta x|\leqslant 0.2$, $|\Delta y|\leqslant 0.2$, $|\Delta z|\leqslant 0.2$,为了求体积的最大误差,取 $\mathrm{d}x=\mathrm{d}y=\mathrm{d}z=0.2$,再结合 $x=75$, $y=60$, $z=40$,得

$$\Delta V\approx\mathrm{d}V=60\times40\times0.2+70\times40\times0.2+75\times60\times0.2=1980$$

即每边若有 0.2 cm 的误差,则可以导致体积的计算误差达到 1980 cm^3.

习题 8-3

1. 求下列函数的全微分:

(1) $z=x\ln(x+y)$ (2) $z=\mathrm{e}^{x^2+y^2}$ (3) $z=\arctan(xy)$

(4) $z=\ln\sqrt{x^2+y^2}$ (5) $u=xy+yz+zx$

2. 求函数 $z=\ln(1+x^2+y^2)$ 在 $x=1$, $y=2$ 时的全微分.

3. 求函数 $z=\frac{y}{x}$ 在 $x=2$, $y=1$, $\Delta x=0.1$, $\Delta y=-0.2$ 时的全增量 Δz 和全微分 $\mathrm{d}z$.

***4.** 计算 $\sqrt{(1.02)^3+(1.97)^3}$ 的近似值.

***5.** 设有一无盖圆柱形容器,容器的壁与底的厚度均为 0.1 cm,内高为 20 cm,内半径为 4 cm,求容器外壳体积的近似值.

8.4 多元复合函数与隐函数求导法则

在一元函数的微积分中最常用的函数实际上都是经过复合的函数,复合函数

的求导法使用的是"链导法则". 现将一元函数的"链导法则"推广到多元函数,来解决多元复合函数求偏导数的问题. 典型的二元复合函数是由 $z=f(u,v)$, $u=\varphi(x,y)$, $v=\psi(x,y)$ 复合而成的函数 $z=f[\varphi(x,y),\psi(x,y)]$, 下面来探讨多元复合函数相应的"链导法则".

8.4.1　多元复合函数求导法则

下面按照多元复合函数不同的构造分三种情况来讨论. 先讨论中间变量 u, v 均为一元函数的情形.

1. 复合函数的中间变量均为一元函数的情形

设函数 $z=f(u,v)$、$u=\varphi(t)$、$v=\psi(t)$ 构成复合函数 $z=f[\varphi(t),\psi(t)]$, 其变量间的相互依赖关系如图 8－12 所示, 这种函数变量之间的关系图以后还会经常遇到.

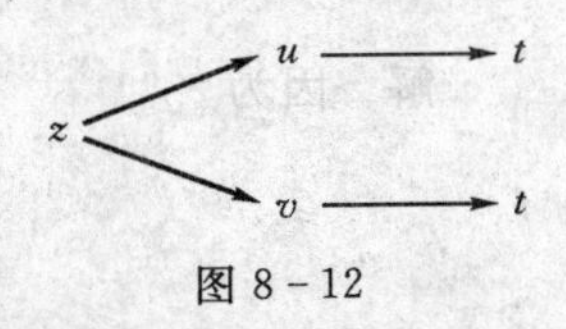

图 8－12

定理 8.5　设函数 $z=f(u,v)$、$u=\varphi(t)$、$v=\psi(t)$, 如果函数 $u=\varphi(t)$ 及 $v=\psi(t)$ 都在点 t 可导, 且函数 $z=f(u,v)$ 在对应点 $(u(t),v(t))$ 具有连续偏导数, 则复合函数 $z=f[\varphi(t),\psi(t)]$ 在点 t 可导, 且其导数可用下列公式计算

$$\frac{\mathrm{d}z}{\mathrm{d}t}=\frac{\partial z}{\partial u}\frac{\mathrm{d}u}{\mathrm{d}t}+\frac{\partial z}{\partial v}\frac{\mathrm{d}v}{\mathrm{d}t}\tag{8.12}$$

证　设自变量 t 取一个增量 Δt, 则 $u=\varphi(t)$、$v=\psi(t)$ 有相应的增量为 Δu、Δv, 由此函数 $z=f(u,v)$ 对应地获得增量 Δz. 根据假定, 函数 $z=f(u,v)$ 在点 (u,v) 具有连续偏导数, 由 8.3 节的定理 8.4 和公式(8.4)有

$$\Delta z=\frac{\partial z}{\partial u}\Delta u+\frac{\partial z}{\partial v}\Delta v+o(\rho)$$

这里 $\rho=\sqrt{(\Delta u)^2+(\Delta v)^2}$, 将上式两边各除以 Δt, 得

$$\frac{\Delta z}{\Delta t}=\frac{\partial z}{\partial u}\frac{\Delta u}{\Delta t}+\frac{\partial z}{\partial v}\frac{\Delta v}{\Delta t}+\frac{o(\rho)}{\Delta t}$$

因为当 $\Delta t\to 0$ 时, $\Delta u\to 0$, $\Delta v\to 0$, 因而 $\rho\to 0$. 故有

$$\frac{\Delta u}{\Delta t}\to\frac{\mathrm{d}u}{\mathrm{d}t},\quad \frac{\Delta v}{\Delta t}\to\frac{\mathrm{d}v}{\mathrm{d}t},\quad \frac{o(\rho)}{\Delta t}\to 0$$

所以

$$\lim_{\Delta t\to 0}\frac{\Delta z}{\Delta t}=\frac{\partial z}{\partial u}\frac{\mathrm{d}u}{\mathrm{d}t}+\frac{\partial z}{\partial v}\frac{\mathrm{d}v}{\mathrm{d}t}$$

这就证明了复合函数 $z=f[\varphi(t),\psi(t)]$ 在点 t 处可导, 且其导数可用公式(8.12)计算.

用同样的方法, 可把定理推广到复合函数的中间变量多于两个的情形, 例如由 $z=f(u,v,w)$ 及 $u=\varphi(t)$、$v=\psi(t)$、$w=\omega(t)$ 复合而得复合函数

$$z = f[\varphi(t), \psi(t), \omega(t)]$$

则在与定理 8.5 相类似的条件下，这种复合函数在点 t 可导，且其导数可用下列公式计算

$$\frac{\mathrm{d}z}{\mathrm{d}t} = \frac{\partial z}{\partial u}\frac{\mathrm{d}u}{\mathrm{d}t} + \frac{\partial z}{\partial v}\frac{\mathrm{d}v}{\mathrm{d}t} + \frac{\partial z}{\partial w}\frac{\mathrm{d}w}{\mathrm{d}t} \tag{8.13}$$

公式(8.12)及(8.13)中的导数$\frac{\mathrm{d}z}{\mathrm{d}t}$均称为**全导数**.

例 8.19 设 $z=\ln(3u+2v)$，而 $u=3x^2$，$v=\sin x$，求全导数$\frac{\mathrm{d}z}{\mathrm{d}x}$.

解 因为

$$\frac{\partial z}{\partial u}=\frac{3}{3u+2v}, \quad \frac{\partial z}{\partial v}=\frac{2}{3u+2v}$$

$$\frac{\mathrm{d}u}{\mathrm{d}x}=6x, \quad \frac{\mathrm{d}v}{\mathrm{d}x}=\cos x$$

代入式(8.12)得

$$\frac{\mathrm{d}z}{\mathrm{d}t} = \frac{\partial z}{\partial u}\frac{\mathrm{d}u}{\mathrm{d}x} + \frac{\partial z}{\partial v}\frac{\mathrm{d}v}{\mathrm{d}x} = \frac{3}{3u+2v}\cdot 6x + \frac{2}{3u+2v}\cdot\cos x$$

$$= \frac{18x+2\cos x}{3u+2v} = \frac{18x+2\cos x}{9x^2+2\sin x}$$

2. 复合函数的中间变量均为多元函数的情况

定理 8.5 还可以推广到中间变量为多元函数的情况.

定理 8.6 设由 $z=f(u,v)$、$u=\varphi(x,y)$、$v=\psi(x,y)$复合而成的复合函数为

$$z = f[\varphi(x,y), \psi(x,y)] \tag{8.14}$$

如果 $u=\varphi(x,y)$ 及 $v=\psi(x,y)$ 都在点(x,y)具有对 x 及对 y 的偏导数，函数 $z=f(u,v)$在对应点(u,v)具有连续偏导数，则复合函数(8.14)在点(x,y)的两个偏导数存在，且

$$\frac{\partial z}{\partial x} = \frac{\partial z}{\partial u}\frac{\partial u}{\partial x} + \frac{\partial z}{\partial v}\frac{\partial v}{\partial x} \tag{8.15}$$

$$\frac{\partial z}{\partial y} = \frac{\partial z}{\partial u}\frac{\partial u}{\partial y} + \frac{\partial z}{\partial v}\frac{\partial v}{\partial y} \tag{8.16}$$

多元复合函数求偏导数的关键是要弄清各个变量之间的关系. 事实上，多元复合函数的偏导数中通常不止一项，为在计算时不致遗漏，可先将变量间的关系用图表示出来，然后再求偏导数. 如在图8-13的情形中，z 是 u 和 v 的函数，而 u 和 v 又都是 x、y 的函数. 由图可见复合后，z 是 x、y 的函数，因此 z 应该有两个偏导数，而对 x 或对 y 求偏导数都要经过两个中间变量 u 和 v，所以每个偏导

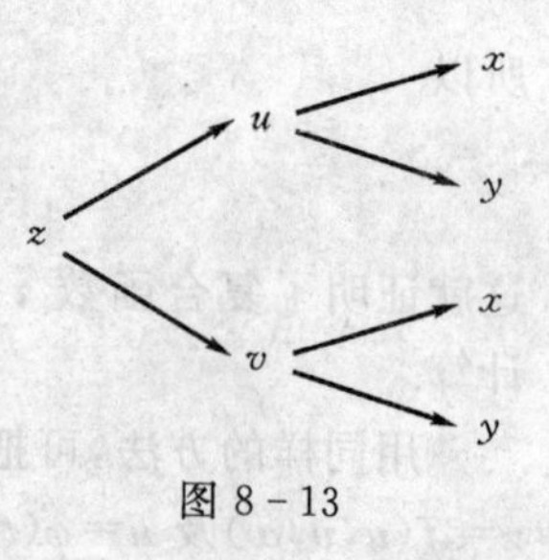

图 8-13

数中均有两项，一项是通过 u，另一项是通过 v，且每项又都是两个偏导数的积. 按照上述分析写出的公式，正是定理 8.6 中的链导法则.

定理 8.6 也可以推广到中间变量和自变量多于两个的情况.

例如，设由 $z=f(u,v,w)$，$u=\varphi(x,y)$，$v=\psi(x,y)$，$w=\omega(x,y)$复合而成的多元复合函数为

$$z=f[\varphi(x,y),\psi(x,y),\omega(x,y)]$$

各变量之间的关系如图 8－14 所示.

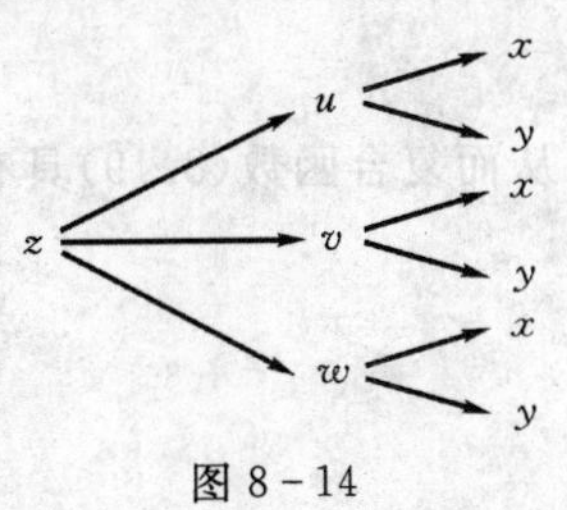

图 8－14

设 $u=\varphi(x,y)$、$v=\psi(x,y)$及 $w=\omega(x,y)$都在点(x,y)具有对 x 及对 y 的偏导数，函数 $z=f(u,v,w)$在对应点(u,v,w)具有连续偏导数，则复合函数 $z=f[\varphi(x,y),\psi(x,y),\omega(x,y)]$在点$(x,y)$处的两个偏导数都存在，且

$$\frac{\partial z}{\partial x}=\frac{\partial z}{\partial u}\frac{\partial u}{\partial x}+\frac{\partial z}{\partial v}\frac{\partial v}{\partial x}+\frac{\partial z}{\partial w}\frac{\partial w}{\partial x} \tag{8.17}$$

$$\frac{\partial z}{\partial y}=\frac{\partial z}{\partial u}\frac{\partial u}{\partial y}+\frac{\partial z}{\partial v}\frac{\partial v}{\partial y}+\frac{\partial z}{\partial w}\frac{\partial w}{\partial y} \tag{8.18}$$

例 8.20　设 $z=\mathrm{e}^u\sin v$，而 $u=xy$，$v=x+y$，求$\dfrac{\partial z}{\partial x}$和$\dfrac{\partial z}{\partial y}$.

解　利用公式(8.15)和(8.16)，得

$$\begin{aligned}\frac{\partial z}{\partial x}&=\frac{\partial z}{\partial u}\frac{\partial u}{\partial x}+\frac{\partial z}{\partial v}\frac{\partial v}{\partial x}=\mathrm{e}^u\sin v\cdot y+\mathrm{e}^u\cos v\cdot 1\\&=\mathrm{e}^{xy}[y\sin(x+y)+\cos(x+y)]\\\frac{\partial z}{\partial y}&=\frac{\partial z}{\partial u}\frac{\partial u}{\partial y}+\frac{\partial z}{\partial v}\frac{\partial v}{\partial y}=\mathrm{e}^u\sin v\cdot x+\mathrm{e}^u\cos v\cdot 1\\&=\mathrm{e}^{xy}[x\sin(x+y)+\cos(x+y)]\end{aligned}$$

例 8.21　$z=(x^2+y)^{xy}$，求$\dfrac{\partial z}{\partial x}$，$\dfrac{\partial z}{\partial y}$.

解　设 $z=u^v$，$u=x^2+y$，$v=xy$，则代入公式(8.15)和(8.16)，得

$$\begin{aligned}\frac{\partial z}{\partial x}&=\frac{\partial z}{\partial u}\frac{\partial u}{\partial x}+\frac{\partial z}{\partial v}\frac{\partial v}{\partial x}=vu^{v-1}2x+u^v y\ln u\\&=2x^2y(x^2+y)^{xy-1}+y(x^2+y)^{xy}\ln(x^2+y)\\\frac{\partial z}{\partial y}&=\frac{\partial z}{\partial u}\frac{\partial u}{\partial y}+\frac{\partial z}{\partial v}\frac{\partial v}{\partial y}=vu^{v-1}+u^v x\ln u\\&=xy(x^2+y)^{xy-1}+x(x^2+y)^{xy}\ln(x^2+y)\end{aligned}$$

3. 复合函数的中间变量既有一元函数又有多元函数的情况

如果 $z=f(u,x,y)$具有连续偏导数，而 $u=\varphi(x,y)$具有偏导数，则复合函数

$$z=f[\varphi(x,y),x,y] \tag{8.19}$$

可看作上述情形 2(见图 8-14)中当 $v=x,w=y$ 的特殊情形,因此

$$\frac{\partial v}{\partial x}=1, \qquad \frac{\partial w}{\partial x}=0$$

$$\frac{\partial v}{\partial y}=0, \qquad \frac{\partial w}{\partial y}=1$$

从而复合函数(8.19)具有对自变量 x 及 y 的偏导数,且由公式(8.15)及(8.16)得

$$\frac{\partial z}{\partial x}=\frac{\partial f}{\partial u}\frac{\partial u}{\partial x}+\frac{\partial f}{\partial x}$$

$$\frac{\partial z}{\partial y}=\frac{\partial f}{\partial u}\frac{\partial u}{\partial y}+\frac{\partial f}{\partial y}$$

注 这里$\frac{\partial z}{\partial x}$与$\frac{\partial f}{\partial x}$是不同的,$\frac{\partial z}{\partial x}$是把复合函数(8.19)中的 y 看作不变而对 x 的偏导数,$\frac{\partial f}{\partial x}$是把 $f(u,x,y)$ 中的 u 及 y 看作不变而对 x 的偏导数.$\frac{\partial z}{\partial y}$与$\frac{\partial f}{\partial y}$也有类似的区别.

例 8.22 设 $u=f(x,y,z)=\mathrm{e}^{x^2+y^2+z^2}$,而 $z=x^2\sin y$,求$\frac{\partial u}{\partial x},\frac{\partial u}{\partial y}$.

解 利用链导法则

$$\frac{\partial u}{\partial x}=\frac{\partial f}{\partial x}+\frac{\partial f}{\partial z}\frac{\partial z}{\partial x}=2x\mathrm{e}^{x^2+y^2+z^2}+2z\mathrm{e}^{x^2+y^2+z^2}\cdot 2x\sin y$$

$$=2x(1+2x^2\sin^2 y)\mathrm{e}^{x^2+y^2+x^4\sin^2 y}$$

$$\frac{\partial u}{\partial y}=\frac{\partial f}{\partial y}+\frac{\partial f}{\partial z}\frac{\partial z}{\partial y}=2y\mathrm{e}^{x^2+y^2+z^2}+2z\mathrm{e}^{x^2+y^2+z^2}\cdot x^2\cos y$$

$$=2(y+x^4\sin y\cos y)\mathrm{e}^{x^2+y^2+x^4\sin^2 y}$$

例 8.23 设 $w=f(x+y+z,xyz)$,f 具有二阶连续偏导数,求$\frac{\partial w}{\partial x}$及$\frac{\partial^2 w}{\partial x\partial z}$.

解 令 $u=x+y+z,v=xyz$,则 $w=f(u,v)$.为表达简便起见,引入以下记号

$$f_1=\frac{\partial f(u,v)}{\partial u}, \quad f_{12}=\frac{\partial^2 f(u,v)}{\partial u\partial v}$$

其中,下标 1 表示对第一个变量 u 求偏导数,下标 2 表示对第二个变量 v 求偏导数,同理有 f_2、f_{11}、f_{22} 等.

因所给函数由 $w=f(u,v)$ 及 $u=x+y+z,v=xyz$ 复合而成,根据复合函数求导法,则有

$$\frac{\partial w}{\partial x}=\frac{\partial f}{\partial u}\frac{\partial u}{\partial x}+\frac{\partial f}{\partial v}\frac{\partial v}{\partial x}=f_1+yzf_2$$

$$\frac{\partial^2 w}{\partial x\partial z}=\frac{\partial}{\partial z}(f_1+yzf_2)=\frac{\partial f_1}{\partial z}+yf_2+yz\frac{\partial f_2}{\partial z}$$

求$\dfrac{\partial f_1}{\partial z}$及$\dfrac{\partial f_2}{\partial z}$时，应注意 f_1 及 f_2 仍是复合函数，根据复合函数求导法则，有

$$\frac{\partial f_1}{\partial z}=\frac{\partial f_1}{\partial u}\frac{\partial u}{\partial z}+\frac{\partial f_1}{\partial v}\frac{\partial v}{\partial z}=f_{11}+xyf_{12}$$

$$\frac{\partial f_2}{\partial z}=\frac{\partial f_2}{\partial u}\frac{\partial u}{\partial z}+\frac{\partial f_2}{\partial v}\frac{\partial v}{\partial z}=f_{21}+xyf_{22}$$

于是

$$\begin{aligned}\frac{\partial^2 w}{\partial x\partial z}&=f_{11}+xyf_{12}+yf_2+yzf_{21}+xy^2zf_{22}\\&=f_{11}+y(x+z)f_{12}+xy^2zf_{22}+yf_2\end{aligned}$$

*8.4.2　全微分形式不变性

一元复合函数 $y=f(u),u=\varphi(x)$有微分形式的不变性，即

$$\mathrm{d}y=f'(u)\mathrm{d}u=f'[\varphi(x)]\varphi'(x)\mathrm{d}x=\frac{\mathrm{d}y}{\mathrm{d}x}\mathrm{d}x$$

在多元复合函数中同样有全微分形式不变性如下.

设函数 $z=f(u,v)$具有连续偏导数，则有全微分 $\mathrm{d}z=\dfrac{\partial z}{\partial u}\mathrm{d}u+\dfrac{\partial z}{\partial v}\mathrm{d}v$. 如果 u、v 又是 x、y 的函数 $u=\varphi(x,y)$、$v=\psi(x,y)$，且这两个函数也具有连续偏导数，则复合函数 $z=f[\varphi(x,y),\psi(x,y)]$的全微分为

$$\mathrm{d}z=\frac{\partial z}{\partial x}\mathrm{d}x+\frac{\partial z}{\partial y}\mathrm{d}y$$

其中，$\dfrac{\partial z}{\partial x}$及$\dfrac{\partial z}{\partial y}$分别由公式(8.15)和(8.16)给出，把公式(8.15)及(8.16)中的$\dfrac{\partial z}{\partial x}$及$\dfrac{\partial z}{\partial y}$代入上式，得

$$\begin{aligned}\mathrm{d}z&=\left(\frac{\partial z}{\partial u}\frac{\partial u}{\partial x}+\frac{\partial z}{\partial v}\frac{\partial v}{\partial x}\right)\mathrm{d}x+\left(\frac{\partial z}{\partial u}\frac{\partial u}{\partial y}+\frac{\partial z}{\partial v}\frac{\partial v}{\partial y}\right)\mathrm{d}y\\&=\frac{\partial z}{\partial u}\left(\frac{\partial u}{\partial x}\mathrm{d}x+\frac{\partial u}{\partial y}\mathrm{d}y\right)+\frac{\partial z}{\partial v}\left(\frac{\partial v}{\partial x}\mathrm{d}x+\frac{\partial v}{\partial y}\mathrm{d}y\right)\\&=\frac{\partial z}{\partial u}\mathrm{d}u+\frac{\partial z}{\partial v}\mathrm{d}v\end{aligned}$$

由此可见，无论 z 是自变量 x、y 的函数 $z=f[\varphi(x,y),\psi(x,y)]$或者是中间变量 u、v 的函数 $z=f(u,v)$，它的全微分形式是一样的. 这个性质叫做**全微分形式不变性**.

例 8.24　利用全微分形式不变性解例 8.20.

解　把 z 看作 u,v 的函数时，它的全微分为

$$dz=\frac{\partial z}{\partial u}du+\frac{\partial z}{\partial v}dv=e^u\sin v du+e^u\cos v dv$$

因为 $du=d(xy)=ydx+xdy,\ dv=d(x+y)=dx+dy$

代入后,归并含 dx 及 dy 的项,得

$$dz=(e^u\sin v\cdot y+e^u\cos v)dx+(e^u\sin v\cdot x+e^u\cos v)dy$$

将 $u=xy,v=x+y$ 代入上式,得

$$dz=e^{xy}[y\sin(x+y)+\cos(x+y)]dx+e^{xy}[x\sin(x+y)+\cos(x+y)]dy$$

另一方面,把 z 看作 u、v 的函数时,它的全微分为

$$dz=\frac{\partial z}{\partial x}dx+\frac{\partial z}{\partial y}dy$$

比较上式两边的 dx、dy 的系数,就同时得到两个偏导数$\frac{\partial z}{\partial x}$、$\frac{\partial z}{\partial y}$,它们同例 8.20 的结果一致.

8.4.3 隐函数的求导公式

在第 2 章的 2.3 节中已经介绍和讨论过隐函数的概念,并且指出了不经过显化直接由方程

$$f(x,y)=0 \tag{8.20}$$

求它所确定的隐函数导数的方法.现在介绍隐函数存在定理,并根据多元复合函数的求导法来导出隐函数的求导公式.

定理 8.7(隐函数存在定理) 设二元函数 $F(x,y)$满足

(1) $F(x_0,y_0)=0$;

(2) 在点 $P(x_0,y_0)$的某一邻域内具有连续的偏导数;

(3) $F_y(x_0,y_0)\neq 0$;

则方程 $F(x,y)=0$ 在点(x_0,y_0)的某一邻域内必能唯一确定一个具有连续导数的单值函数 $y=f(x)$,它满足条件 $y_0=f(x_0)$及 $F[x,f(x)]\equiv 0$,并有

$$\frac{dy}{dx}=-\frac{F_x}{F_y} \tag{8.21}$$

公式(8.21)就是由二元方程(8.20)所确定的隐函数的求导公式.

证明从略.但在定理 8.7 的条件下可以在形式上推导出公式(8.21).

将所确定的函数 $y=f(x)$代入方程 $F(x,y)=0$,得恒等式

$$F[x,f(x)]\equiv 0$$

由链导法则,上式两端对 x 求导,得

$$\frac{\partial F}{\partial x}+\frac{\partial F}{\partial y}\frac{dy}{dx}=0$$

由于 F_y 连续，且 $F_y(x_0,y_0)\neq 0$，所以存在 (x_0,y_0) 的一个邻域，在这个邻域内 $F_y\neq 0$，于是得

$$\frac{\mathrm{d}y}{\mathrm{d}x}=-\frac{F_x}{F_y}$$

如果 $F(x,y)$ 的二阶偏导数连续，则把公式(8.21)的两端看作 x 的复合函数而再对 x 求一次导，即得二阶导数

$$\begin{aligned}\frac{\mathrm{d}^2y}{\mathrm{d}x^2}&=\frac{\partial}{\partial x}(-\frac{F_x}{F_y})+\frac{\partial}{\partial y}(-\frac{F_x}{F_y})\frac{\mathrm{d}y}{\mathrm{d}x}\\&=-\frac{F_{xx}F_y-F_{yx}F_x}{F_y^2}-\frac{F_{xy}F_y-F_{yy}F_x}{F_y^2}(-\frac{F_x}{F_y})\\&=-\frac{F_{xx}F_y^2-2F_{xy}F_xF_y+F_{yy}F_x^2}{F_y^3}\end{aligned}$$

例 8.25　验证方程 $x^2+y^2-1=0$ 在点(0,1)的某一邻域内能唯一确定一个单值连续，且有连续导数的隐函数 $y=f(x)$，使得当 $x=0$ 时，$y=1$. 并求这函数在 $x=0$ 处的一阶和二阶导数值.

解　设 $F(x,y)=x^2+y^2-1$，则 $F_x=2x,F_y=2y,F(0,1)=0,F_y(0,1)=2\neq 0$. 因此由隐函数定理 8.7 可知，方程 $x^2+y^2-1=0$ 在点(0,1)的某邻域内能唯一确定一个单值的有连续导数的隐函数 $y=f(x)$，且当 $x=0$ 时，$y=1$.

下面求这函数的一阶和二阶导数

$$\frac{\mathrm{d}y}{\mathrm{d}x}=-\frac{F_x}{F_y}=-\frac{x}{y},\quad \left.\frac{\mathrm{d}y}{\mathrm{d}x}\right|_{x=0}=0$$

$$\frac{\mathrm{d}^2y}{\mathrm{d}x^2}=\frac{\mathrm{d}}{\mathrm{d}x}(-\frac{x}{y})=-\frac{y-xy'}{y^2}=-\frac{y-x(-\frac{x}{y})}{y^2}=-\frac{y^2+x^2}{y^3}=-\frac{1}{y^3}$$

$$\left.\frac{\mathrm{d}^2y}{\mathrm{d}x^2}\right|_{x=0}=-1$$

隐函数存在定理还可以推广到多元函数的情况. 例如，三元函数的隐函数定理如下.

定理 8.8　设函数 $F(x,y,z)$ 在点 $P(x_0,y_0,z_0)$ 的某一邻域内具有连续的偏导数，且 $F(x_0,y_0,z_0)=0,F_z(x_0,y_0,z_0)\neq 0$，则方程

$$F(x,y,z)=0 \tag{8.22}$$

在点 (x_0,y_0,z_0) 的某一邻域内恒能唯一确定一个单值连续且具有连续偏导数的函数 $z_0=f(x_0,y_0)$，它满足条件，并有

$$\frac{\partial z}{\partial x}=-\frac{F_x}{F_z},\quad \frac{\partial z}{\partial y}=-\frac{F_y}{F_z} \tag{8.23}$$

例 8.26　设 $x^2+y^2+z^2-4z=0$,求 $\dfrac{\partial^2 z}{\partial x^2}$.

解法 1　设 $F(x,y,z)=x^2+y^2+z^2-4z$,则 $F_x=2x,F_z=2z-4$.应用公式(8.23),得

$$\frac{\partial z}{\partial x}=\frac{x}{2-z}$$

上式再对 x 求一次偏导数,得

$$\frac{\partial^2 z}{\partial x^2}=\frac{(2-z)+x\dfrac{\partial z}{\partial x}}{(2-z)^2}=\frac{(2-z)+x\left(\dfrac{x}{2-z}\right)}{(2-z)^2}=\frac{(2-z)^2+x^2}{(2-z)^3}$$

解法 2　求隐函数的偏导数时,有时并不一定要套用公式,可以用直接求偏导数的方法进行求解.

将方程两端同时对 x 求偏导(y 看成常数),并注意到 z 是 x 的函数,得

$$2x+2z\frac{\partial z}{\partial x}-4\frac{\partial z}{\partial x}=0$$

再将上式的两端对 x 求偏导(y 看成常数),并注意到 z 和 $\dfrac{\partial z}{\partial x}$ 均为 x 的函数,则有

$$2+2\left(\frac{\partial z}{\partial x}\right)^2+2z\frac{\partial^2 z}{\partial x^2}-4\frac{\partial^2 z}{\partial x^2}=0$$

解得

$$\frac{\partial^2 z}{\partial x^2}=\frac{1+\left(\dfrac{\partial z}{\partial x}\right)^2}{2-z}$$

在第一式中解得 $\dfrac{\partial z}{\partial x}=\dfrac{x}{2-z}$ 后代入上式,得

$$\frac{\partial^2 z}{\partial x^2}=\frac{1+\left(\dfrac{x}{2-z}\right)^2}{2-z}=\frac{(2-z)^2+x^2}{(2-z)^3}$$

习题 8-4

1. 设 $z=u^2+v^2$,而 $u=x+y,v=x-y$,求 $\dfrac{\partial z}{\partial x},\dfrac{\partial z}{\partial y}$.

2. 设 $z=u^2\ln v$,而 $u=\dfrac{x}{y},v=3x-2y$,求 $\dfrac{\partial z}{\partial x},\dfrac{\partial z}{\partial y}$.

3. 设 $z=\mathrm{e}^{x-2y}$,而 $x=\sin t,y=t^3$,求 $\dfrac{\mathrm{d}z}{\mathrm{d}t}$.

4. 设 $z=\arcsin(x-y)$,而 $x=3t,y=4t^3$,求 $\dfrac{\mathrm{d}z}{\mathrm{d}t}$.

5. 设 $z=\arcsin(xy)$，而 $y=\mathrm{e}^x$，求 $\dfrac{\mathrm{d}z}{\mathrm{d}x}$.

6. 设 $u=\dfrac{\mathrm{e}^{ax}(y-z)}{a^2+1}$，$y=a\sin x$，$z=\cos x$，求 $\dfrac{\mathrm{d}u}{\mathrm{d}x}$.

7. 设 $z=\arctan\dfrac{x}{y}$，$x=u+v$，$y=u-v$，验证 $\dfrac{\partial z}{\partial u}+\dfrac{\partial z}{\partial v}=\dfrac{u-v}{u^2+v^2}$.

8. 设 $z=xy+xf(u)$，而 $u=\dfrac{y}{x}$，$f(u)$ 为可导函数，求 $x\dfrac{\partial z}{\partial x}+y\dfrac{\partial z}{\partial y}$.

9. 设 $z=x^2f(xy,\dfrac{x}{y})$，其中 f 具有二阶导数，求 $\dfrac{\partial^2 z}{\partial y\partial x}$.

10. 设 $x\sin y+y\mathrm{e}^x=0$，求 $\dfrac{\mathrm{d}y}{\mathrm{d}x}$.

11. 设 $\mathrm{e}^z-xyz=0$，求 $\dfrac{\partial z}{\partial x}$ 及 $\dfrac{\partial z}{\partial y}$.

12. 求下列函数的 $\dfrac{\partial^2 z}{\partial x^2}$，$\dfrac{\partial^2 z}{\partial x\partial y}$，$\dfrac{\partial^2 z}{\partial y^2}$（其中 f 具有二阶连续偏导数）：

(1) $z=f(xy,y)$　　(2) $z=f(x,\dfrac{y}{x})$

(3) $z=f(xy^2,x^2y)$　　(4) $z=f(\sin x,\cos y,\mathrm{e}^{x+y})$

13. 设 $z=f(x,y)$ 二次可微，且 $x=\mathrm{e}^u\cos v$，$y=\mathrm{e}^u\sin v$，试证：

$$\frac{\partial^2 z}{\partial x^2}+\frac{\partial^2 z}{\partial y^2}=\mathrm{e}^{-2u}\left(\frac{\partial^2 z}{\partial u^2}+\frac{\partial^2 z}{\partial v^2}\right)$$

8.5　微分法在几何上的应用、方向导数与梯度

在一元函数里，函数的导数是刻画平面曲线切线与法线斜率的有力工具. 本节也要以偏导数来刻画空间曲线的切线和法平面、曲面的切平面和法线，求出它们的方程. 此外，还将介绍在研究二元函数沿着特定方向的变化率的“方向导数”，以及在实际问题中反映变化率最大方向的“梯度”等概念及其相关性质.

8.5.1　空间曲线的切线与法平面

设空间曲线 Γ 的参数方程为

$$x=\varphi(t),\ y=\psi(t),\ z=\omega(t),\ t\in[\alpha,\beta] \tag{8.24}$$

并设式(8.24)中的三个函数都可导. 在曲线上取对应于 $t=t_0$ 的一点 $M(x_0,y_0,z_0)$ 及对应于 $t=t_0+\Delta t$ 的一点 $M'(x_0+\Delta x,y_0+\Delta y,z_0+\Delta z)$（如图 8－15 所示）. 根据解析几何，曲线的割线 MM' 的方程是

$$\frac{x-x_0}{\Delta x}=\frac{y-y_0}{\Delta y}=\frac{z-z_0}{\Delta z}$$

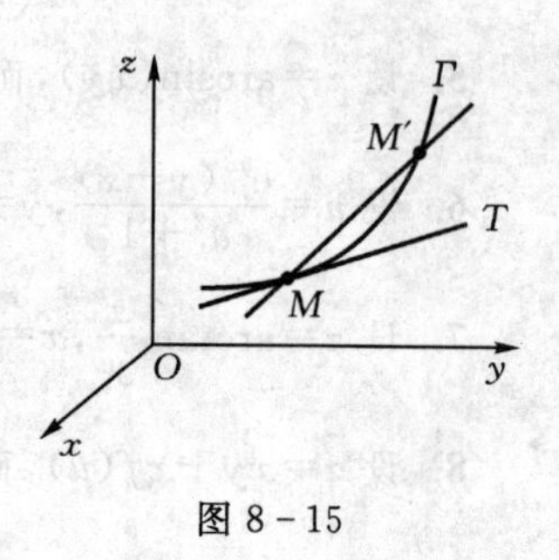

图 8 - 15

与平面曲线中求切线的方法类似，当 M' 沿着 Γ 趋于 M 时，割线 MM' 的极限位置 MT 也定义为空间曲线 Γ 在点 M 处的切线. 用 Δt 除上式的各分母，得

$$\frac{x-x_0}{\frac{\Delta x}{\Delta t}}=\frac{y-y_0}{\frac{\Delta y}{\Delta t}}=\frac{z-z_0}{\frac{\Delta z}{\Delta t}}$$

令 $M'\to M$，这时 $\Delta t\to 0$，对上式取极限，即得曲线在点 M 处的切线方程为

$$\frac{x-x_0}{\varphi'(t_0)}=\frac{y-y_0}{\psi'(t_0)}=\frac{z-z_0}{\omega'(t_0)} \tag{8.25}$$

曲线在点 M 处切线的方向向量称为曲线 Γ 在点 M 处的**切向量**. 记为

$$\boldsymbol{T}=\{\varphi'(t_0),\psi'(t_0),\omega'(t_0)\}$$

通过点 M 且与切线垂直的平面称为曲线在**点 M 处的法平面**，它是通过点 $M(x_0,y_0,z_0)$ 而以 $\boldsymbol{T}$ 为法向量的平面，这个法平面的方程为

$$\varphi'(t_0)(x-x_0)+\psi'(t_0)(y-y_0)+\omega'(t_0)(z-z_0)=0 \tag{8.26}$$

例 8.27　求曲线 $x=t,y=t^2,z=t^3$ 在点(1,1,1)处的切线及法平面方程.

解　因为 $x'(t)=1,y'(t)=2t,z'(t)=3t^2$，而点(1,1,1)所对应的参数为 $t=1$. 所以点(1,1,1)处的切向量为 $\boldsymbol{T}=\{1,2,3\}$，切线方程为

$$\frac{x-1}{1}=\frac{y-1}{2}=\frac{z-1}{3}$$

它的法平面方程为

$$(x-1)+2(y-1)+3(z-1)=0$$

即

$$x+2y+3z=6$$

作为特例，如果空间曲线 Γ 的方程为 $\begin{cases}y=\psi(x)\\z=\omega(x)\end{cases}$，这时取 x 为参数，该曲线就可以表示为参数方程的形式

$$\begin{cases}x=x\\y=\psi(x)\\z=\omega(x)\end{cases}$$

若 $\psi(x),\omega(x)$ 都在 $x=x_0$ 处可导，则曲线的切向量为 $\boldsymbol{T}=\{1,\psi'(x),\omega'(x)\}$，于是曲线在点 $M(x_0,y_0,z_0)$ 处的切线方程为

$$\frac{x-x_0}{1}=\frac{y-y_0}{\psi'(x_0)}=\frac{z-z_0}{\omega'(x_0)} \tag{8.27}$$

在点 $M(x_0,y_0,z_0)$ 处的法平面方程为

$$(x-x_0)+\psi'(x)(y-y_0)+\omega'(x)(z-z_0)=0 \tag{8.28}$$

*例 8.28　求曲线 $x^2+y^2+z^2=6, x+y+z=0$ 在点 $(1,-2,1)$ 处的切线及法平面方程.

解　为了求出变量 y、z 对 x 的导数,将所给方程的两边对 x 求导并移项,得

$$\begin{cases} y\dfrac{dy}{dx}+z\dfrac{dz}{dx}=-x \\ \dfrac{dy}{dx}+\dfrac{dz}{dx}=-1 \end{cases}$$

解方程组得

$$\frac{dy}{dx}=\frac{z-x}{y-z},\quad \frac{dz}{dx}=\frac{x-y}{y-z}$$

从而　$$\left.\frac{dy}{dx}\right|_{(1,-2,1)}=0,\quad \left.\frac{dz}{dx}\right|_{(1,-2,1)}=-1$$

于是,曲线在点 $(1,-2,1)$ 处的切线的方向向量为 $\boldsymbol{T}=\{1,0,-1\}$,故

切线方程　$$\frac{x-1}{1}=\frac{y+2}{0}=\frac{z-1}{-1}$$

法平面方程　$$(x-1)+0\times(y+2)-(z-1)=0$$

即　$$x-z=0$$

8.5.2　曲面的切平面与法线

1. 曲面方程由隐式 $F(x,y,z)=0$ 给出的情形

设曲面 Σ 由下列的隐式方程

$$F(x,y,z)=0 \tag{8.29}$$

给出,$M(x_0,y_0,z_0)$ 是曲面 Σ 上的一点,并设函数 $F(x,y,z)$ 的偏导数在该点连续且不同时为零. 在曲面 Σ 上,通过点 M 任意引一条曲线(见图 8-16),假定曲线的参数方程为

$$x=\varphi(t),\quad y=\psi(t),\quad z=\omega(t) \tag{8.30}$$

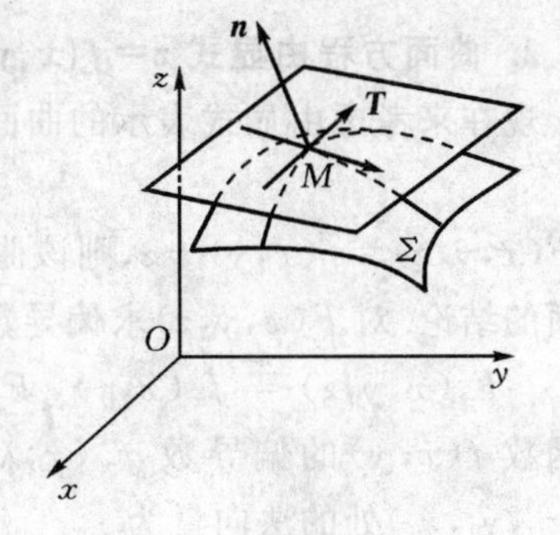

图 8-16

因为 $t=t_0$ 所对应于点 $M(x_0,y_0,z_0)$ 处 $\varphi'(t_0)$、$\psi'(t_0)$、$\omega'(t_0)$ 不全为零,则这曲线的切线方程为

$$\frac{x-x_0}{\varphi'(t_0)}=\frac{y-y_0}{\psi'(t_0)}=\frac{z-z_0}{\omega'(t_0)}$$

现在要证明,在曲面 Σ 上通过点 M 且在点 M 处具有切线的任何曲线,它们在点 M 处的切线都在同一个平面上.

事实上,因为曲线 Γ 完全在曲面 Σ 上,所以有恒等式

$$F[\varphi(t),\psi(t),\omega(t)]\equiv 0$$

又因 $F(x,y,z)$ 在点 (x_0,y_0,z_0) 处有连续偏导数,且 $\varphi'(t_0)$,$\psi'(t_0)$ 和 $\omega'(t_0)$ 存在,所以这恒等式的两端在 $t=t_0$ 处求导,则

$$\frac{\mathrm{d}}{\mathrm{d}t}F[\varphi(t),\psi(t),\omega(t)]\bigg|_{t=t_0}=0$$

等式左端是复合函数的全导数,即有

$$F_x(x_0,y_0,z_0)\varphi'(t_0)+F_y(x_0,y_0,z_0)\psi'(t_0)+F_z(x_0,y_0,z_0)\omega'(t_0)=0 \tag{8.31}$$

引入向量

$$\boldsymbol{n}=\{F_x(x_0,y_0,z_0),F_y(x_0,y_0,z_0),F_z(x_0,y_0,z_0)\}$$

则 $\boldsymbol{n}$ 与曲线(8.30)在点 M 处的切向量 $\boldsymbol{T}=\{\varphi'(t_0),\psi'(t_0),\omega'(t_0)\}$ 垂直. 因为曲线(8.30)是曲面上通过点 M 的任意一条曲线,它们在点 M 的切线都与同一个向量 $\boldsymbol{n}$ 垂直,所以曲面上通过点 M 的一切曲线在点 M 的切线都在同一个平面上. 这个平面称为曲面 Σ 在点 M 的**切平面**. 它的方程为

$$F_x(x_0,y_0,z_0)(x-x_0)+F_y(x_0,y_0,z_0)(y-y_0)+F_z(x_0,y_0,z_0)(z-z_0)=0 \tag{8.32}$$

通过点 $M(x_0,y_0,z_0)$ 而垂直于切平面(8.32)的直线称为曲面在该点的**法线**. 法线方程为

$$\frac{x-x_0}{F_x(x_0,y_0,z_0)}=\frac{y-y_0}{F_y(x_0,y_0,z_0)}=\frac{z-z_0}{F_z(x_0,y_0,z_0)} \tag{8.33}$$

垂直于曲面 Σ 在点 $M(x_0,y_0,z_0)$ 处的切平面的向量就是 $\boldsymbol{n}$,称为**曲面的法向量**,即

$$\boldsymbol{n}=\{F_x(x_0,y_0,z_0),F_y(x_0,y_0,z_0),F_z(x_0,y_0,z_0)\}$$

2. 曲面方程由显式 $z=f(x,y)$ 给出的情形

现在来考虑由显式表示的曲面

$$z=f(x,y) \tag{8.34}$$

令 $F(x,y,z)=f(x,y)-z$,则该曲面的隐式方程为 $F(x,y,z)=0$,于是可以应用上面的结论. 对 $F(x,y,z)$ 求偏导数,

$$F_x(x,y,z)=f_x(x,y),\ F_y(x,y,z)=f_y(x,y),\ F_z(x,y,z)=-1$$

当函数 $f(x,y)$ 的偏导数 $f_x(x,y)$、$f_y(x,y)$ 在点 (x_0,y_0) 连续时,该曲面在点 $M(x_0,y_0,z_0)$ 处的法向量为

$$\boldsymbol{n}=\{f_x(x_0,y_0),f_y(x_0,y_0),-1\}$$

切平面方程为 $f_x(x_0,y_0)(x-x_0)+f_y(x_0,y_0)(y-y_0)-(z-z_0)=0$,

或 $$z-z_0=f_x(x_0,y_0)(x-x_0)+f_y(x_0,y_0)(y-y_0) \tag{8.35}$$

而法线方程为 $$\frac{x-x_0}{f_x(x_0,y_0)}=\frac{y-y_0}{f_y(x_0,y_0)}=\frac{z-z_0}{-1}$$

顺便指出,方程(8.35)显示了全微分的几何意义.由于(8.35)式的右端恰好是函数 $z=(x,y)$ 在点 (x_0,y_0) 的全微分,而左端是切平面上点的竖坐标的增量,因此,函数 $z=f(x,y)$ 在点 (x_0,y_0) 的全微分 $\mathrm{d}z$,在几何上表示曲面 $z=f(x,y)$ 在点 (x_0,y_0,z_0) 处的切平面上点的竖坐标的增量(见图 8-17).

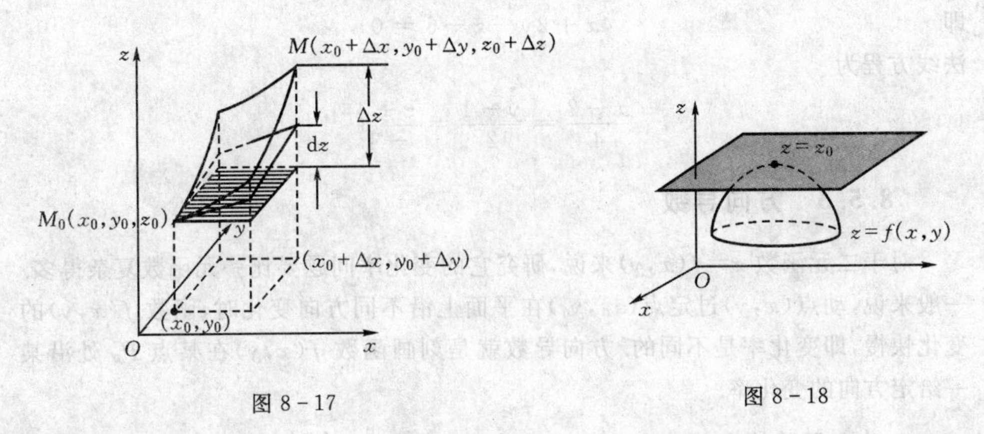

图 8-17　　　　图 8-18

当 $|x-x_0|$ 与 $|y-y_0|$ 充分小时,用全微分 $\mathrm{d}z$ 去近似代替函数的增量 Δz,实际上就是用线性函数

$$f(x_0,y_0)+f_x(x_0,y_0)(x-x_0)+f_y(x_0,y_0)(y-y_0)$$

去近似代替 $f(x,y)$,在几何上就是用曲面在 M_0 的切平面去近似代替曲面.

特别地,当 $f_x(x_0,y_0)=f_y(x_0,y_0)=0$ 时,曲面在点 $M(x_0,y_0,z_0)$ 处的切平面为 $z-z_0=0$,即曲面具有**水平的切平面**(见图 8-18).

例 8.29 求球面 $x^2+y^2+z^2=14$ 在点(1,2,3)处的切平面及法线方程.

解 设 $F(x,y,z)=x^2+y^2+z^2-14$,则

$$\boldsymbol{n}=\{F_x,F_y,F_z\}=\{2x,2y,2z\},\quad \boldsymbol{n}\Big|_{(1,2,3)}=\{2,4,6\}$$

所以,球面在点(1,2,3)处的切平面方程为

$$2(x-1)+4(y-2)+6(z-3)=0$$

即 $$x+2y+3z-14=0$$

法线方程为

$$\frac{x-1}{1}=\frac{y-2}{2}=\frac{z-3}{3}$$

即
$$\frac{x}{1}=\frac{y}{2}=\frac{z}{3}$$

由此可见,该法线经过原点(即球心).

例 8.30 求旋转抛物面 $z=x^2+y^2-1$ 在点(2,1,4)处的切平面及法线方程.

解 设 $f(x,y)=x^2+y^2-1$,则

$$\boldsymbol{n}=\{f_x,f_y,-1\}=\{2x,2y,-1\},\quad \boldsymbol{n}\Big|_{(2,1,4)}=\{4,2,-1\}$$

所以,在点(2,1,4)处的切平面方程为

$$4(x-2)+2(y-1)-(z-4)=0$$

即
$$4x+2y-z-6=0$$

法线方程为

$$\frac{x-2}{4}=\frac{y-1}{2}=\frac{z-4}{-1}$$

*8.5.3 方向导数

对于二元函数 $z=f(x,y)$ 来说,研究它的变化率问题要比一元函数复杂得多.一般来说,动点 (x,y) 过定点 (x_0,y_0) 在平面上沿不同方向变化时,函数 $f(x,y)$ 的变化快慢,即变化率是不同的.方向导数就是刻画函数 $f(x,y)$ 在某点 P_0 处沿某一给定方向的变化率.

1. 方向导数的定义

设函数 $z=f(x,y)$ 在点 $P(x,y)$ 的某一邻域 $U(P)$ 内有定义.自点 P 按一定方向引射线 l(见图 8-19).设 x 轴正向按逆时针方向转到射线 l 的夹角为 φ,并设 $P'(x+\Delta x,y+\Delta y)$ 为 l 上的另一点,且 $P'\in U(P)$.现在考虑函数的增量 $f(x+\Delta x,y+\Delta y)-f(x,y)$ 与 P、P' 两点间的距离 $\rho=\sqrt{(\Delta x)^2+(\Delta y)^2}$ 的比值.若 P' 沿着 l 无限趋于 P 时,这个比值的极限存在,则称这极限值为函数 $f(x,y)$ 在点 P 沿方向 l 的**方向导数**,记作 $\frac{\partial f}{\partial l}$,即

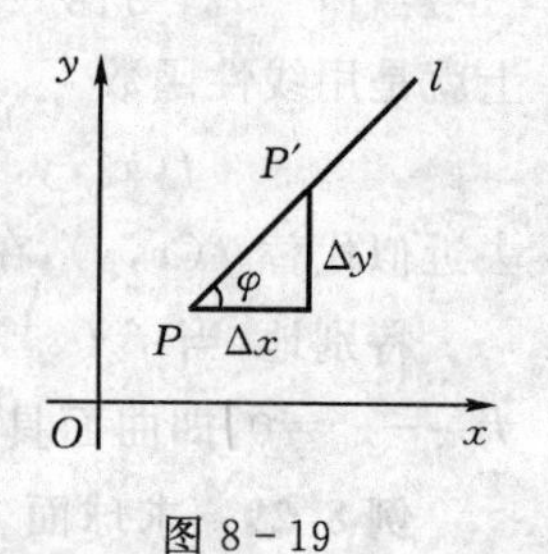

图 8-19

$$\frac{\partial f}{\partial l}=\lim_{\rho\to 0^+}\frac{f(x+\Delta x,y+\Delta y)-f(x,y)}{\rho} \tag{8.36}$$

从定义可知,当函数 $f(x,y)$ 在点 $P(x,y)$ 的偏导数 f_x、f_y 存在时,函数在点 P 沿着 x 轴正向 $\boldsymbol{e}_1=\{1,0\}$、y 轴正向 $\boldsymbol{e}_2=\{0,1\}$ 的方向导数存在且其值依次为 f_x、f_y,函数 $f(x,y)$ 在点 P 沿 x 轴负向 $\boldsymbol{e}'_1=\{-1,0\}$、$y$ 轴负向 $\boldsymbol{e}'_2=\{0,-1\}$ 方向导数也存在且其值依次为 $-f_x$、$-f_y$.

2. 方向导数的存在性条件及计算

函数具备什么条件才能保证在 $P(x,y)$ 点沿任一方向的方向导数存在？它和该点偏导数又有什么关系？有如下定理.

定理 8.9　如果函数 $z=f(x,y)$ 在点 $P(x,y)$ 是可微的，那么函数在该点沿任一方向的方向导数都存在，且有

$$\frac{\partial f}{\partial l}=\frac{\partial f}{\partial x}\cos\varphi+\frac{\partial f}{\partial y}\sin\varphi \tag{8.37}$$

其中 φ 为 x 轴正向到方向 l 的转角(见图 8-19).

证　根据函数 $z=f(x,y)$ 在点 $P(x,y)$ 可微的假定，函数的增量可以表达为

$$f(x+\Delta x,y+\Delta y)-f(x,y)=\frac{\partial f}{\partial x}\Delta x+\frac{\partial f}{\partial y}\Delta y+o(\rho)$$

因此

$$\frac{\partial f}{\partial l}=\lim_{\rho\to 0^+}\frac{f(x+\Delta x,y+\Delta y)-f(x,y)}{\rho}=\frac{\partial f}{\partial x}\cos\varphi+\frac{\partial f}{\partial y}\sin\varphi$$

这就证明了方向导数存在且其值为

$$\frac{\partial f}{\partial l}=\frac{\partial f}{\partial x}\cos\varphi+\frac{\partial f}{\partial y}\sin\varphi$$

例 8.31　求函数 $z=xe^{2y}$ 在点 $P(1,0)$ 处沿从点 $P(1,0)$ 到点 $Q(2,-1)$(见图 8-20)方向的方向导数.

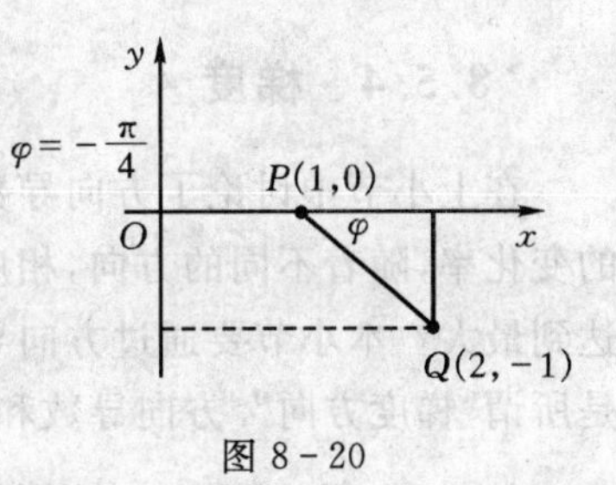

图 8-20

解　图 8-20 中的方向 l 为向量 $\overrightarrow{PQ}=\{1,-1\}$，因此 x 轴正向到方向 l 的转角 $\varphi=-\frac{\pi}{4}$，因为

$$\frac{\partial z}{\partial x}=e^{2y},\quad \frac{\partial z}{\partial y}=2xe^{2y}$$

在点(1,0)处的偏导数为 $\frac{\partial z}{\partial x}=1,\frac{\partial z}{\partial y}=2$. 故所求方向导数为

$$\frac{\partial z}{\partial l}=1\cdot\cos\left(-\frac{\pi}{4}\right)+2\sin\left(-\frac{\pi}{4}\right)=-\frac{\sqrt{2}}{2}$$

对于三元函数 $u=f(x,y,z)$，它在空间一点 $P(x,y,z)$ 沿着方向 l(设方向 l 的方向角为 α、β、γ)的方向导数，同样可以定义为

$$\frac{\partial f}{\partial l}=\lim_{\rho\to 0^+}\frac{f(x+\Delta x,y+\Delta y,z+\Delta z)-f(x,y,z)}{\rho} \tag{8.38}$$

其中 $\rho=\sqrt{(\Delta x)^2+(\Delta y)^2+(\Delta z)^2}$，$\Delta x=\rho\cos\alpha,\Delta y=\rho\cos\beta,\Delta z=\rho\cos\gamma$.

同样可以证明,如果函数在所考虑的点处可微,那么函数在该点沿着方向 l 的方向导数为

$$\frac{\partial f}{\partial l}=\frac{\partial f}{\partial x}\cos\alpha+\frac{\partial f}{\partial y}\cos\beta+\frac{\partial f}{\partial z}\cos\gamma \tag{8.39}$$

例 8.32 求 $f(x,y,z)=xy+yz+zx$ 在点(1,1,2)沿方向 l 的方向导数,其中 l 的方向角分别为$\frac{\pi}{3},\frac{\pi}{4},\frac{\pi}{3}$.

解 与 l 同向的单位向量 $\boldsymbol{e}_1=\left\{\cos\frac{\pi}{3},\cos\frac{\pi}{4},\cos\frac{\pi}{3}\right\}=\left\{\frac{1}{2},\frac{\sqrt{2}}{2},\frac{1}{2}\right\}$,因为函数是可微的,且在点(1,1,2)处的偏导数为

$$f_x(1,1,2)=(y+z)\Big|_{(1,1,2)}=3$$

$$f_y(1,1,2)=(x+z)\Big|_{(1,1,2)}=3$$

$$f_z(1,1,2)=(x+y)\Big|_{(1,1,2)}=2$$

由公式(8.39)得

$$\frac{\partial f}{\partial l}\Big|_{(1,1,2)}=3\times\frac{1}{2}+3\times\frac{\sqrt{2}}{2}+2\times\frac{1}{2}=\frac{1}{2}(5+3\sqrt{2})$$

*8.5.4 梯度

在上小节中讨论了方向导数及其计算法. 方向导数实际上就是沿该方向函数的变化率,随着不同的方向,相应的变化率是不同的. 那么,什么方向函数的变化率达到最大? 本小节要通过方向导数来找出函数的变化率最大的方向,这个方向就是所谓"梯度方向". 方向导数和梯度在工程中有广泛应用.

1. 二元函数梯度的定义

与方向导数有关联的一个概念是函数的梯度. 设二元函数为 $z=f(x,y)$,它在平面区域 D 内具有一阶连续偏导数,则对于每一点 $(x,y)\in D$,都可定义一个向量

$$\frac{\partial f}{\partial x}\boldsymbol{i}+\frac{\partial f}{\partial y}\boldsymbol{j}$$

这向量称为函数 $z=f(x,y)$ 在点 $P(x,y)$ 的**梯度**,记作 $\operatorname{grad}f(x,y)$,即

$$\operatorname{grad}f(x,y)=\frac{\partial f}{\partial x}\boldsymbol{i}+\frac{\partial f}{\partial y}\boldsymbol{j} \tag{8.40}$$

例 8.33 求 $\operatorname{grad}\frac{1}{x^2+y^2}$.

解 设 $f(x,y)=\frac{1}{x^2+y^2}$,因为

$$\frac{\partial f}{\partial x}=-\frac{2x}{(x^2+y^2)^2},\quad \frac{\partial f}{\partial y}=-\frac{2y}{(x^2+y^2)^2}$$

所以
$$\mathrm{grad}\,\frac{1}{x^2+y^2}=-\frac{2x}{(x^2+y^2)^2}\boldsymbol{i}-\frac{2y}{(x^2+y^2)^2}\boldsymbol{j}$$

上面所说的梯度概念可以类似地推广到三元函数的情形.设函数 $u=f(x,y,z)$在空间区域 G 内具有一阶连续偏导数,则对于每一点 $P(x,y,z)\in G$,都可定出一个向量

$$\frac{\partial f}{\partial x}\boldsymbol{i}+\frac{\partial f}{\partial y}\boldsymbol{j}+\frac{\partial f}{\partial z}\boldsymbol{k}$$

这向量称为函数 $u=f(x,y,z)$在点 $P(x,y,z)$的梯度,将它记作 $\mathrm{grad}f(x,y,z)$,即

$$\mathrm{grad}f(x,y,z)=\frac{\partial f}{\partial x}\boldsymbol{i}+\frac{\partial f}{\partial y}\boldsymbol{j}+\frac{\partial f}{\partial z}\boldsymbol{k}$$

例 8.34　设 $f(x,y,z)=x^2+y^2+z^2$,求 $\mathrm{grad}f(1,-1,2)$.

解
$$\mathrm{grad}f=\{f_x,f_y,f_z\}=\{2x,2y,2z\}$$

于是

$$\mathrm{grad}f\{1,-1,2\}=\{2,-2,4\}$$

2. 方向导数与梯度的关系

如果设 $\boldsymbol{e}=\cos\varphi\boldsymbol{i}+\sin\varphi\boldsymbol{j}$ 是与方向 l 同方向的单位向量,则由方向导数的计算公式可知

$$\begin{aligned}\frac{\partial f}{\partial l}&=\frac{\partial f}{\partial x}\cos\varphi+\frac{\partial f}{\partial y}\sin\varphi=\left\{\frac{\partial f}{\partial x},\frac{\partial f}{\partial y}\right\}\cdot\{\cos\varphi,\sin\varphi\}\\&=\mathrm{grad}f(x,y)\cdot\boldsymbol{e}=|\,\mathrm{grad}f(x,y)\,|\cdot\cos\langle\mathrm{grad}f(x,y),\boldsymbol{e}\rangle\end{aligned}$$

这里,$\langle\mathrm{grad}f(x,y),\boldsymbol{e}\rangle$表示向量 $\mathrm{grad}f(x,y)$与 $\boldsymbol{e}$ 的夹角.由此可以看出,方向导数就是梯度在射线 l 上的投影,当方向 l 与梯度的方向一致时,有

$$\cos\langle\mathrm{grad}f(x,y),\boldsymbol{e}\rangle=1$$

从而$\frac{\partial f}{\partial l}$有最大值.所以沿梯度方向的方向导数达到最大值,也就是说,梯度的方向是函数 $f(x,y)$在该点增长最快的方向.因此,我们可以得到如下结论:

函数在某点的梯度是这样一个向量,它的方向与在该点取得最大方向导数的方向一致,而它的模为函数在该点的方向导数的最大值.

由梯度的定义可知,梯度的模为

$$|\,\mathrm{grad}f(x,y)\,|=\sqrt{\left(\frac{\partial f}{\partial x}\right)^2+\left(\frac{\partial f}{\partial y}\right)^2}$$

当$\frac{\partial f}{\partial x}$不为零时,那么 x 轴到梯度方向的转角的正切为

$$\tan\theta = \frac{\partial f}{\partial y}\bigg/\frac{\partial f}{\partial x}$$

与二元函数的情形完全类似的讨论可知，三元函数在某点的梯度也是这样一个向量，它的方向与函数在该点取得最大方向导数的方向一致，而它的模为函数在该点方向导数的最大值.

3. 等高线及其他

我们知道，一般说来二元函数 $z=f(x,y)$ 在几何上表示一个曲面，这曲面被平面 $z=c$(c 是常数)所截得的曲线 l 的方程为

$$\begin{cases} z = f(x,y) \\ z = c \end{cases}$$

这条曲线 l 在 xOy 面上的投影是一条平面曲线 L(见图 8－21(a))，它在 xOy 平面直角坐标系中的方程为

$$f(x,y) = c$$

对于曲线 L 上的任意点，该函数的函数值都是 c，所以我们称平面曲线 L 为函数 $z=f(x,y)$ 的**等高线**.

例如，曲面 $z=\sqrt{1-x^2-y^2}$ 的等高线为 $\sqrt{1-x^2-y^2}=c(0\leqslant c\leqslant 1)$(见图 8－21(b))，这些等高线为同心圆.

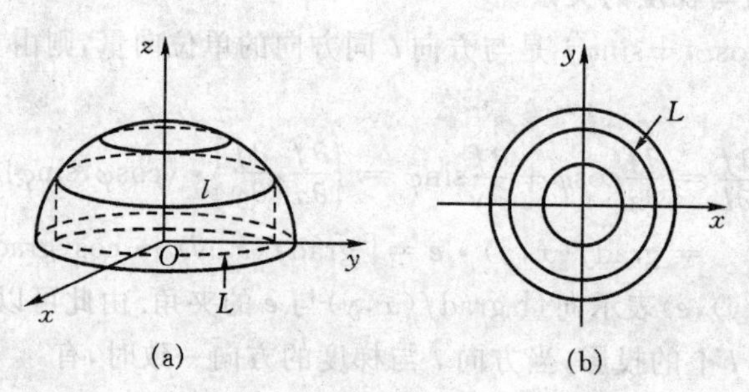

图 8－21

习题 8－5

1. 求曲线 $x=t-\sin t, y=1-\cos t, z=4\sin\frac{t}{2}$ 在点 $(\frac{\pi}{2}-1,1,2\sqrt{2})$ 处的切线及法平面方程.

2. 求曲线 $x=\frac{t}{1+t}, y=\frac{1+t}{t}, z=t^2$ 在对应于 $t=1$ 的点处的切线及法平面方程.

3. 求曲线 $y^2=2mx, z^2=m-x$ 在点 (x_0,y_0,z_0) 处的切线及法平面方程.

4. 求出曲线 $x=t,y=t^2,z=t^3$ 上的点，使该点的切线平行于平面 $x+2y+z=4$.

5. 求曲面 $e^z-z+xy=3$ 在点 $(2,1,0)$ 处的切平面及法线方程.

6. 求曲面 $ax^2+by^2+cz^2=1$ 在点 (x_0,y_0,z_0) 处的切平面及法线方程.

7. 求椭球面 $x^2+2y^2+z^2=1$ 上平行于平面 $x-y+2z=0$ 的切平面方程.

8. 求旋转椭球面 $3x^2+y^2+z^2=16$ 上点 $(-1,-2,3)$ 处的切平面与 xOy 面的夹角的余弦.

9. 试证曲面 $\sqrt{x}+\sqrt{y}+\sqrt{z}=\sqrt{a}(a>0)$ 上任何点处的切平面在各坐标轴上的截距之和等于 a.

***10.** 求函数 $z=x^2+y^2$ 在点 $(1,2)$ 处沿从点 $(1,2)$ 到点 $(2,2+\sqrt{3})$ 方向的方向导数.

***11.** 求函数 $z=\ln(x+y)$ 在抛物线 $y^2=4x$ 上点 $(1,2)$ 处，沿着这抛物线在该点处偏向 x 轴正向的切线方向的方向导数.

***12.** 求函数 $z=1-\left(\dfrac{x^2}{a^2}+\dfrac{y^2}{b^2}\right)$ 在点 $M\left(\dfrac{a}{\sqrt{2}},\dfrac{b}{\sqrt{2}}\right)$ 处沿曲线 $\dfrac{x^2}{a^2}+\dfrac{y^2}{b^2}=1$ 在这点的内法线方向的方向导数.

***13.** 求函数 $u=x^2+y^2+z^2$ 在曲线 $x=t,y=t^2,z=t^3$ 上点 $(1,1,1)$ 处沿曲线在该点的切线正方向(对应于 t 增大的方向)的方向导数.

***14.** 设 $f(x,y,z)=x^2+2y^2+3z^2+xy+3x-2y-6z$，求 $\mathrm{grad}f(0,0,0)$ 及 $\mathrm{grad}f(1,1,1)$.

***15.** 设 u、v 都是 x、y、z 的函数，u、v 的各偏导数都存在且连续，证明

(1) $\mathrm{grad}(u+v)=\mathrm{grad}u+\mathrm{grad}v$　　(2) $\mathrm{grad}(uv)=v\mathrm{grad}u+u\mathrm{grad}v$

***16.** 问函数 $u=xy^2z$ 在点 $P(1,-1,2)$ 处沿什么方向的方向导数最大？并求此方向导数的最大值.

8.6　多元函数的极值及其求法

在实际问题中，往往会遇到求多元函数的最大值、最小值问题. 与一元函数相类似，多元函数的最大值、最小值与极大值、极小值有密切联系，因此我们以二元函数为例，先来讨论多元函数的极值问题.

8.6.1　多元函数的极值

1. 多元函数极值定义

定义 8.6　设函数 $z=f(x,y)$ 在点 (x_0,y_0) 的某个邻域内有定义，如果该邻域

内异于(x_0,y_0)的点都适合不等式

$$f(x,y) < f(x_0,y_0)$$

则称函数在点(x_0,y_0)有**极大值** $f(x_0,y_0)$. 如果都适合不等式

$$f(x,y) > f(x_0,y_0)$$

则称函数在点(x_0,y_0)有**极小值** $f(x_0,y_0)$. 极大值、极小值统称为**极值**. 使函数取得极值的点称为**极值点**.

例 8.35 讨论下述函数在原点(0,0)是否取得极值:

(1) $z=x^2+y^2$ (2) $z=-\sqrt{x^2+y^2}$ (3) $z=xy$

解 它们的几何图形依次如图 8-22(a)、(b)、(c)所示, 由此可知

$z=x^2+y^2$ 是开口向上的旋转抛物面, 在(0,0)取得极小值;

$z=-\sqrt{x^2+y^2}$是开口向下的锥面, 在(0,0)取得极大值;

$z=xy$ 是马鞍面, 在(0,0)不取得极值.

以上关于二元函数的极值概念, 可推广到 n 元函数. 设 n 元函数 $u=f(P)$在点 P_0 的某一邻域内有定义, 如果对于该邻域内异于 P_0 的任何点都适合不等式

$$f(P) < f(P_0) \quad (f(P) > f(P_0))$$

则称函数 $f(P)$在点 P_0 有极大值(极小值)$f(P_0)$.

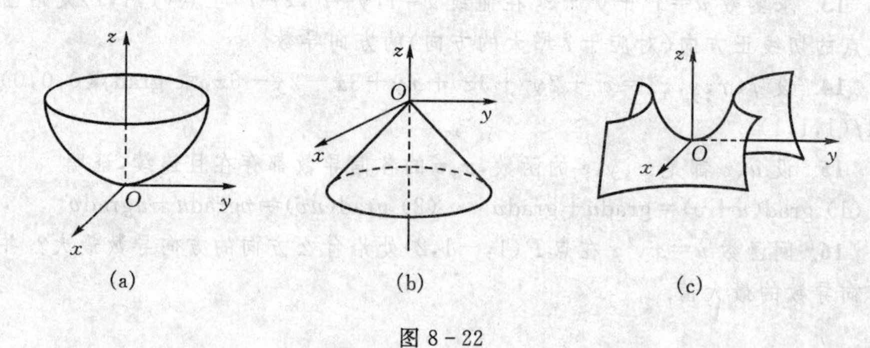

图 8-22

2. 函数取得极值的条件与求法

二元函数的极值问题, 一般可以利用偏导数来解决. 下面两个定理就是这个问题的结论.

定理 8.10(必要条件) 设函数 $z=f(x,y)$在点(x_0,y_0)具有偏导数, 且在点(x_0,y_0)处有极值, 则它在该点的偏导数必然为零

$$f_x(x_0,y_0)=0, \quad f_y(x_0,y_0)=0$$

证 不妨设 $z=f(x,y)$在点(x_0,y_0)处有极大值. 由极大值的定义, 在点(x_0,y_0)的某邻域内异于(x_0,y_0)的点都适合不等式

$$f(x,y) < f(x_0,y_0)$$

特殊地，在该邻域内取 $y=y_0$，而 $x\neq x_0$ 的点，也应适合不等式

$$f(x,y) < f(x_0,y_0)$$

这表明一元函数(x,y_0)在 $x=x_0$ 处取得极大值，因此必有

$$f_x(x_0,y_0) = 0$$

类似地可证

$$f_y(x_0,y_0) = 0$$

从几何上看，如果函数 $z=f(x,y)$在点(x_0,y_0)处取得极值，那么曲面在点$(x_0,y_0f(x_0,y_0))$处有水平的切平面，即切平面

$$z-z_0 = f_x(x_0,y_0)(x-x_0)+f_y(x_0,y_0)(y-y_0)$$

成为平行于 xOy 坐标面的平面 $z-z_0=0$.

类似地可推得，如果三元函数 $u=(x,y,z)$在点(x_0,y_0,z_0)具有偏导数，则它在点(x_0,y_0,z_0)具有极值的必要条件为

$$f_x(x_0,y_0,z_0) = 0,\ f_y(x_0,y_0,z_0) = 0,\ f_z(x_0,y_0,z_0) = 0$$

仿照一元函数，凡是能使 $f_x(x,y)=0, f_y(x,y)=0$ 同时成立的点(x_0,y_0)称为函数 $z=f(x,y)$的**驻点**，从定理 8.10 可知，具有偏导数的函数的极值点必定是驻点. 但是函数的驻点不一定是极值点，如点$(0,0)$是函数 $z=xy$ 的驻点，但是由例 8.35 知函数在该点并无极值.

怎样判定一个驻点是否是极值点呢？下面的定理回答了这个问题.

定理 8.11(充分条件)　设函数 $z=f(x,y)$在点(x_0,y_0)的某邻域内连续且有一阶及二阶连续偏导数，又 $f_x(x_0,y_0)=0, f_y(x_0,y_0)=0$，令

$$f_{xx}(x_0,y_0) = A,\ f_{xy}(x_0,y_0) = B,\ f_{yy}(x_0,y_0) = C$$

则 $f(x,y)$在(x_0,y_0)处是否取得极值的条件如下：

(1) $AC-B^2>0$ 时具有极值，且当 $A<0$ 时有极大值，当 $A>0$ 时有极小值；

(2) $AC-B^2<0$ 时没有极值；

(3) $AC-B^2=0$ 时可能有极值，也可能没有极值，还需另作讨论.

这个定理的证明从略. 利用定理 8.10、8.11，可将具有二阶连续偏导数的函数 $z=f(x,y)$的极值的求法叙述如下.

第一步　解方程组

$$f_x(x,y) = 0,\quad f_y(x,y) = 0$$

求得一切实数解，即可以得到一切驻点；

第二步　对于每一个驻点(x_0,y_0)，求出二阶偏导数的值 A、B 和 C；

第三步　定出 $AC-B^2$ 的符号，按定理 8.11 的结论判定(x_0,y_0)是否是极值，是极大值还是极小值.

例 8.36 求函数 $f(x,y)=x^3-y^3+3x^2+3y^2-9x$ 的极值.

解 先解方程组

$$\begin{cases} f_x(x,y)=3x^2+6x-9=0 \\ f_y(x,y)=-3y^2+6y=0 \end{cases}$$

解得驻点为(1,0),(1,2),(-3,0),(-3,2).

再求出二阶偏导数

$$f_{xx}(x,y)=6x+6,\ f_{xy}(x,y)=0,\ f_{yy}(x,y)=6y+6$$

在点(1,0)处,$AC-B^2=72>0$ 又 $A>0$,所以函数在该点处有极小值,$f(1,0)=-5$;

在点(1,2)处,$AC-B^2=-72<0$,所以(1,2)不是极值点;

在点(-3,0)处,$AC-B^2=-72<0$,所以(-3,0)不是极值点;

在点(-3,2)处,$AC-B^2=72>0$ 又 $A<0$ 所以函数在(-3,2)处有极大值,$f(-3,2)=31$.

讨论函数的极值问题时,如果函数在所讨论的区域内具有偏导数,则由定理8.10可知,极值只可能在驻点处取得.然而,如果函数在个别点处的偏导数不存在,这些点也可能是极值点.例如在例8.35的(2)中,函数 $z=-\sqrt{x^2+y^2}$ 在点(0,0)处的偏导数 $f_x(0,0)=\lim\limits_{x\to 0}\dfrac{f(x,0)-f(0,0)}{x}=\lim\limits_{x\to 0}\dfrac{|x|}{x}$ 不存在,类似地,$f_y(0,0)$ 也不存在.但该函数在点(0,0)处却具有极大值.因此,在考虑函数的极值问题时,除了考虑函数的驻点外,如果有偏导数不存在的点,但函数在该点连续,那么这些点也应当考虑在内.

8.6.2 多元函数的最值

与一元函数相类似,我们可以利用函数的极值来求函数的最大值和最小值.在本章8.1节中已经指出,如果 $f(x,y)$ 在有界闭区域 D 上连续,则 $f(x,y)$ 在 D 上必定能取得最大值和最小值.这种使函数取得最大值或最小值的点既可能在 D 的内部,也可能在 D 的边界上.我们假定,函数在 D 上连续,在 D 内可微且只有有限个驻点,这时如果函数在 D 的内部取得最大值(最小值),那么这个最大值(最小值)也是函数的极大值(极小值).因此,在上述假定下,求函数的最大值和最小值的一般方法是:

(1) 求出在 D 的内部,使 f_x, f_y 同时为零的点及使 f_x 或 f_y 不存在的点;

(2) 计算出 $f(x,y)$ 在 D 的内部的所有(1)中的极值点处的函数值;

(3) 求出 $f(x,y)$ 在 D 的边界上的最值;

(4) 比较上述函数值的大小,最大者便是函数在上的最大值;最小者便是函数在上的最小值.

但上述这种做法，由于要求出 $f(x,y)$ 在 D 的边界上的最大值和最小值，所以往往相当复杂. 在通常遇到的实际问题中，如果根据问题的性质，知道函数 $f(x,y)$ 的最大值(最小值)一定在 D 的内部取得，而函数在 D 内只有一个驻点，那么可以肯定该驻点的函数值就是函数 $f(x,y)$ 在 D 上的最大值(最小值).

例 8.37　求二元函数 $f(x,y)=x+xy-x^2-y^2$ 在矩形区域

$$D:0\leqslant x\leqslant 1,\quad 0\leqslant y\leqslant 2$$

上的最值.

解　在 D 的内部，由

$$\begin{cases} f_x=1+y-2x=0 \\ f_y=x-2y=0 \end{cases}$$

解得驻点 $\left(\dfrac{2}{3},\dfrac{1}{3}\right)$，且 $f\left(\dfrac{2}{3},\dfrac{1}{3}\right)=\dfrac{1}{3}$.

在 D 的边界 $x=0,0\leqslant y\leqslant 2$ 上，$f(0,y)=-y^2$，且 $-4\leqslant f(0,y)\leqslant 0$；

在 D 的边界 $y=0,0\leqslant x\leqslant 1$ 上，$f(x,0)=x-x^2=\dfrac{1}{4}-\left(x-\dfrac{1}{2}\right)^2$，则

$$0\leqslant f(x,0)\leqslant \frac{1}{4}$$

在 D 的边界 $x=1,0\leqslant y\leqslant 2$ 上，$f(1,y)=y-y^2=\dfrac{1}{4}-\left(y-\dfrac{1}{2}\right)^2$，则

$$-2\leqslant f(1,y)\leqslant \frac{1}{4}$$

在 D 的边界 $y=2,0\leqslant x\leqslant 1$ 上，$f(x,2)=3x-x^2-4$，因 $f_x(x,2)=3-2x>0$，故 $f(x,2)$ 单调增加，从而 $-4\leqslant f(x,2)\leqslant -2$.

比较上述讨论，有 $f\left(\dfrac{2}{3},\dfrac{1}{3}\right)=\dfrac{1}{3}$ 为最大值，$f(0,2)=-4$ 为最小值.

例 8.38　某厂要用铁板制成一个体积为 2 m^3 的有盖长方体水箱. 问当长、宽、高各取怎样的尺寸时，才能使用料最省.

解　设水箱的长为 x m，宽为 y m，则其高应为 $\dfrac{2}{xy}$ m，此水箱所用材料的面积

$$A=2\left(xy+y\cdot\frac{2}{xy}+x\cdot\frac{2}{xy}\right)$$

即

$$A=2\left(xy+\frac{2}{x}+\frac{2}{y}\right)\quad (x>0,y>0)$$

可见材料面积 A 是 x 和 y 的二元函数，这就是目标函数，下面求使这函数取得最小值的点 (x,y).

令

$$A_x = 2\left(y - \frac{2}{x^2}\right) = 0$$

$$A_y = 2\left(x - \frac{2}{y^2}\right) = 0$$

解这方程组,得

$$x = \sqrt[3]{2}, \quad y = \sqrt[3]{2}$$

根据题意可知,水箱所用材料面积的最小值一定存在,并在开区域 $D: x>0$, $y>0$内取得. 又函数在 D 内只有唯一的驻点$(\sqrt[3]{2},\sqrt[3]{2})$,因此可断定当 $x=\sqrt[3]{2}, y=\sqrt[3]{2}$ 时,A 取得最小值. 就是说,当水箱的长为$\sqrt[3]{2}$ m,宽为$\sqrt[3]{2}$ m,高为$\dfrac{2}{\sqrt[3]{2}\cdot\sqrt[3]{2}}=\sqrt[3]{2}$ m 时,水箱所用的材料最省.

从这个例子还可看出,在体积一定的长方体中,以立方体的表面积为最小.

8.6.3 条件极值与拉格朗日乘数法

上面所讨论的极值问题,对于函数的自变量,除了限制在函数的定义域内以外,并无其他条件,所以有时候称为**无条件极值**. 但在实际问题中,有时会遇到对函数的自变量还有附加条件的极值问题. 例如,求表面积为 a^2 而体积为最大的长方体的体积问题. 设长方体的三棱的长为 x、y、z,则体积 $V=xyz$. 又因假定表面积为 a^2,所以自变量 x、y、z 还必须满足附加条件 $2(xy+yz+xz)=a^2$. 像这种对自变量有附加条件的极值称为**条件极值**. 对于有些实际问题,可以把条件极值化为无条件极值,然后利用 8.6.1 中的方法加以解决. 例如,上述问题可由条件 $2(xy+yz+xz)=a^2$,将 z 表示成 x,y 的函数

$$z = \frac{a^2 - 2xy}{2(x+y)}$$

再把它代入 $V=xyz$ 中,于是问题就化为求

$$V = \frac{x}{2}\left(\frac{a^2 - 2xy}{x+y}\right)$$

的无条件极值. 但在很多情形下,将条件极值化为无条件极值并不这么简单. 我们另有一种直接寻求条件极值的方法,这就是下面要介绍的拉格朗日乘数法.

拉格朗日乘数法 要找函数 $z=f(x,y)$在附加条件 $\varphi(x,y)=0$ 下的可能极值点,可以先构成辅助函数

$$L(x,y) = f(x,y) + \lambda\varphi(x,y)$$

其中 λ 为某一常数,求其对 x 与 y 的一阶偏导数,并使之为零,然后与方程 $\varphi(x,y)=0$ 联立

$$\begin{cases} f_x(x,y) + \lambda\varphi_x(x,y) = 0 \\ f_y(x,y) + \lambda\varphi_y(x,y) = 0 \\ \varphi(x,y) = 0 \end{cases}$$

由这方程组解出 x、y 及 λ，则其中 x、y 就是函数 $f(x,y)$ 在附加条件下 $\varphi(x,y)=0$ 的可能极值点的坐标.

通常把 $L(x,y)$ 称为**拉格朗日函数**，λ 称为**拉格朗日乘数**.

这方法还可以推广到自变量多于两个而条件多于一个的情形. 例如，要求函数

$$u = f(x,y,z,t)$$

在附加条件

$$\varphi(x,y,z,t) = 0,\ \psi(x,y,z,t) = 0 \tag{8.41}$$

下的极值，可以先构成辅助函数

$$L(x,y,z,t) = f(x,y,z,t) + \lambda_1\varphi(x,y,z,t) + \lambda_2\psi(x,y,z,t)$$

其中 λ_1、λ_2 均为常数，求其一阶偏导数，并使之为零，然后与(8.41)中的两个方程联立起来求解，这样得出的 x、y、z、t 就是函数 $f(x,y,z,t)$ 在附加条件(8.41)下的可能极值点的坐标.

在实际问题中如何确定所求得的点是否极值点，往往要根据问题本身的性质来判定.

例 8.39　求表面积为 a^2 而体积为最大的长方体的体积.

解　设长方体的三棱长为 x、y、z，则问题就是在条件

$$\psi(x,y,z,t) = 2xy + 2yz + 2xz - a^2 = 0 \tag{8.42}$$

下，求函数 $V=xyz(x>0,y>0,z>0)$ 的最大值. 构成辅助函数

$$L(x,y,z) = xyz + \lambda(2xy + 2yz + 2xz - a^2)$$

求其对 x、y、z 的偏导数，并使之为零，得到

$$\begin{cases} yz + 2(y+z) = 0 \\ xz + 2(x+z) = 0 \\ xy + 2(y+z) = 0 \end{cases} \tag{8.43}$$

再与式(8.42)联立求解.

因 x、y、z 都不等于零，所以由式(8.43)可得

$$\frac{x}{y} = \frac{x+z}{y+z}, \quad \frac{y}{z} = \frac{x+y}{x+z}$$

由以上两式解得

$$x = y = z$$

将此代入式(8.42)，便得

$$x = y = z = \frac{\sqrt{6}}{6}a$$

这是唯一可能的极值点. 因为由问题本身可知最大值一定存在,所以最大值就在这个可能的极值点处取得. 也就是说,表面积为 a^2 的长方体中,以棱长为$\frac{\sqrt{6}}{6}a$ 的正方体的体积为最大,最大体积 $V=\frac{\sqrt{6}}{36}a^3$.

习题 8-6

1. 求函数 $f(x,y)=4(x-y)-x^2-y^2$ 的极值.

2. 求函数 $f(x,y)=(6x-x^2)(4y-y^2)$的极值.

3. 求函数 $f(x,y)=e^{2x}(x+y^2+2y)$的极值.

4. 求函数 $z=xy$ 在适合附加条件 $x+y=1$ 下的极大值.

5. 从斜边之长为 l 的一切直角三角形中,求有最大周长的直角三角形.

6. 要造一个容积等于定数 k 的长方体无盖水池,应如何选择水池的尺寸方可使它的表面积最小.

7. 在平面 xOy 上求一点,使它到 $x=0,y=0$ 及 $x+2y-16=0$ 三直线的距离平方之和为最小.

8. 将周长为 $2p$ 的矩形绕它的一边旋转而构成一个圆柱体,问矩形的边长各为多少时才可使圆柱体的体积为最大.

9. 求内接于半径为 a 的球且有最大体积的长方体.

10. 抛物面 $z=x^2+y^2$ 被平面 $x+y+z=1$ 截成一椭圆,求原点到这椭圆的最长与最短距离.

第 9 章　重积分

本章和第 10 章属于多元函数积分学的内容.我们要把建立一元函数定积分的思想和方法推广到定义在区域、曲线及曲面上的多元函数,从而得到重积分、曲线积分和曲面积分的概念.本章介绍重积分的概念、计算方法及其应用.

9.1　二重积分的概念与性质

9.1.1　引例

先看两个例子.

引例 9.1　曲顶柱体的体积

设有一立体,它的底是 xOy 面上的闭区域 D,侧面是以 D 的边界曲线为准线而母线平行于 z 轴的柱面,它的顶是曲面 $z=f(x,y)$,其中 $f(x,y)$ 是定义在 D 上的非负连续函数.我们把这样的立体称为**曲顶柱体**(见图 9-1).下面讨论如何根据“微元法”的思想来计算曲顶柱体的体积.

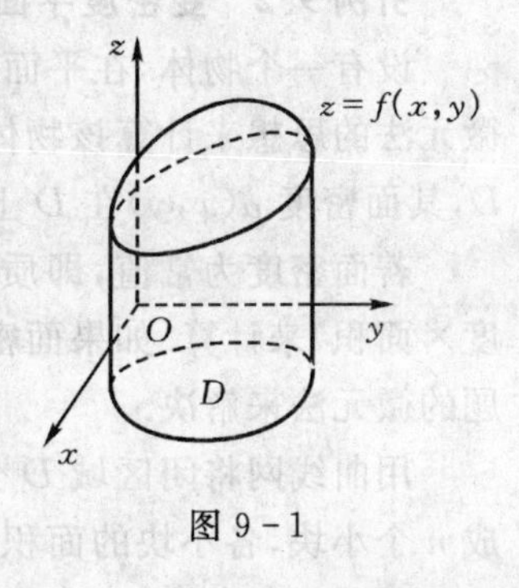

图 9-1

显然,如果函数 $f(x,y)$ 在区域 D 上为常值,则该曲顶柱体就成为一个平顶柱体,而平顶柱体的体积可以用“底面积×高”来计算.当函数 $f(x,y)$ 在区域 D 上为变量时,可以仿照求曲边梯形面积的方法来求曲顶柱体的体积.

为此,将区域 D 分成若干小闭区域,从而将曲顶柱体分割成若干个微小的曲顶柱体,由于曲顶柱体的体积具有“可加性”,因此,可以用“分割、近似、求和、精确”四个步骤来求曲顶柱体的体积.

(1) **分割**　用任意曲线网把区域 D 分成 n 个小区域 $\Delta\sigma_1,\Delta\sigma_2,\cdots,\Delta\sigma_n$,分别以这些小区域的边界曲线为准线,作母线平行于 z 轴的柱面,这些柱面把原来的曲顶柱体分为 n 个细长的小曲顶柱体.记这些小曲顶柱体的体积为 $\Delta V_i\,(i=1,2,\cdots,n)$,则有

$$V = \sum_{i=1}^{n} \Delta V_i$$

(2) **近似**　在每个 $\Delta\sigma_i$（其面积也记为 $\Delta\sigma_i$）上任取一点 (ξ_i, η_i)，则 ΔV_i 近似等于以 $f(\xi_i, \eta_i)$ 为高、$\Delta\sigma_i$ 为底的平顶柱体的体积（见图 9－2），即

$$\Delta V_i \approx f(\xi_i, \eta_i)\Delta\sigma_i \quad (i = 1, 2, \cdots, n)$$

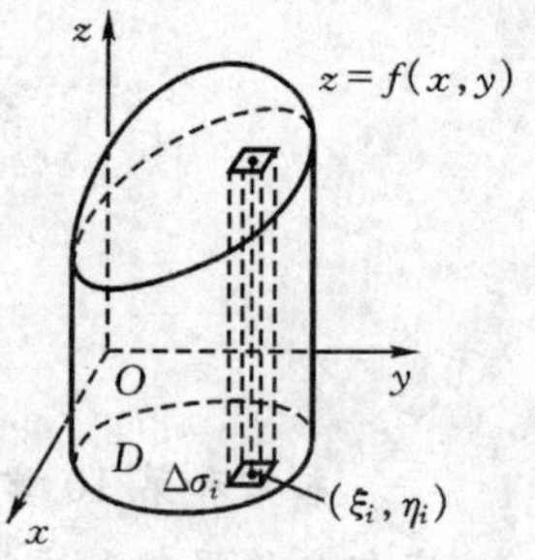

(3) **求和**　将这些小平顶柱体的体积 ΔV_i 对 i 求和，则得曲顶柱体的体积 V 的近似值

图 9－2

$$V = \sum_{i=1}^{n} \Delta V_i \approx \sum_{i=1}^{n} f(\xi_i, \eta_i)\Delta\sigma_i$$

(4) **精确**　当分割越细，和式 $\sum\limits_{i=1}^{n} f(\xi_i, \eta_i)\Delta\sigma_i$ 越接近曲顶柱体的体积 V. 设 λ_i 为各个小闭区域 $\Delta\sigma_i (i=1,2,\cdots,n)$ 直径（直径是指小闭区域内任意两点距离的最大值），记 λ 为所有 λ_i 的最大值，即 $\lambda = \max\limits_i \lambda_i$. 当 $\lambda \to 0$ 时，若该和式的极限存在，那么上述曲顶柱体体积的近似值就转化为所求曲顶柱体体积 V 的精确值，即

$$V = \lim_{\lambda \to 0} \sum_{i=1}^{n} f(\xi_i, \eta_i)\Delta\sigma_i$$

引例 9.2　变密度平面薄片的质量

设有一个物体，在平面或空间上占有闭区域，当其密度函数已知时，仍可应用微元法的思想来计算该物体的质量. 例如，对平面薄板，假设它占据的平面区域为 D，其面密度 $\mu(x, y)$ 在 D 上连续. 现求该薄片的质量 M.

若面密度为常值，即质量在 D 上的分布是均匀时，物体的质量可以用“面密度×面积”来计算. 如果面密度 $\mu(x, y)$ 为变量，此问题仍可用处理曲顶柱体体积问题的微元法来解决.

用曲线网将闭区域 D 分割成 n 个微小区域 $\Delta\sigma_i (i=1,2,\cdots,n)$，因而把薄片分成 n 个小块，各小块的面积也用 $\Delta\sigma_i$ 来表示，记 ΔM_i 为小块 $\Delta\sigma_i$ 的质量，则薄片的质量 $M = \sum\limits_{i=1}^{n} \Delta M_i$.

当每一小块所占的小区域 $\Delta\sigma_i$ 的直径 λ_i 很小时，这些小块上的质量就可以近似地看成是均匀分布的，即密度近似看成是不变的. 因此可用 $\Delta\sigma_i$ 上任意一点 (ξ_i, η_i) 的密度近似代替该小块每一点的密度，于是第 i 个小薄片的质量近似等于 $\mu(\xi_i, \eta_i)\Delta\sigma_i$（见图 9－3），即

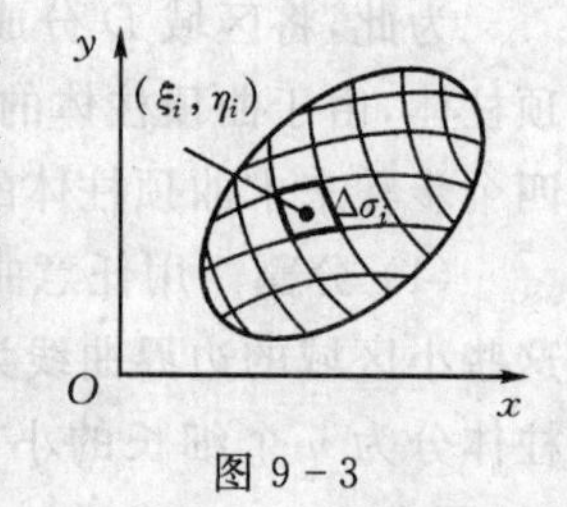

图 9－3

$$\Delta M_i \approx \mu(\xi_i, \eta_i)\Delta\sigma_i \quad (i = 1, 2, \cdots, n)$$

将各小簿片的质量相加可得薄片质量 M 的近似值

$$M = \sum_{i=1}^{n} \Delta M_i \approx \sum_{i=1}^{n} \mu(\xi_i, \mu_i) \Delta\sigma_i$$

令 $\lambda = \max\limits_{i} \lambda_i$. 当 $\lambda \to 0$ 时,若该和式的极限存在,则上述薄片质量的近似值就转化为平面薄板的质量 M,即

$$M = \lim_{\lambda \to 0} \sum_{i=1}^{n} \mu(\xi_i, \mu_i) \Delta\sigma_i$$

从上面的分析过程可以看到,这里所采用的方法同样是微元法,采用了"分割、近似、求和、精确"四个步骤.

9.1.2 二重积分的概念

以上两个实例所分析的曲顶柱体的体积和变密度物体的质量,虽然具有完全不同的实际意义,但是所采用的数学方法是相同的,都是利用了微元法的基本思想,而且最后都归结为一个二元函数的"和式的极限". 在几何、物理和工程技术中还有大量与此类似的问题. 为了更一般地研究这类问题,抛开它们的具体意义,抽象出重积分的概念.

定义 9.1 设 $z = f(x, y)$ 是定义在 xOy 平面上的有界闭区域 D 上的有界函数. 将 D 任意分割成 n 个小区域 $\Delta\sigma_1, \Delta\sigma_2, \cdots, \Delta\sigma_n$,其中 $\Delta\sigma_i$ 表示第 i 个小区域,也表示其面积. 在每个 $\Delta\sigma_i$ 上任取一点 M_i,作乘积 $f(M_i)\Delta\sigma_i (i = 1, 2, \cdots, n)$,并作和式 $\sum\limits_{i=1}^{n} f(M_i)\Delta\sigma_i$. 如果当各个小区域的直径的最大值 λ 趋于零时,该和式的极限存在,则称函数 f 在闭区域 D 上**可积**,并称此极限值为函数 f 在闭区域 D 上的**二重积分**. 记为

$$\iint\limits_{D} f(x, y) \mathrm{d}\sigma = \lim_{\lambda \to 0} \sum_{i=1}^{n} f(\xi_i, \eta_i) \Delta\sigma_i \tag{9.1}$$

在式(9.1)中,$f(x, y)$ 称为**被积函数**,$f(x, y)\mathrm{d}\sigma$ 称为**被积表达式**,$\mathrm{d}\sigma$ 称为**面积微元**,x、y 称为**积分变量**,D 称为**积分区域**.

根据以上定义,引例 9.1 中的曲顶柱体体积可表示为 $V = \iint\limits_{D} f(x, y) \mathrm{d}\sigma$,而引例 9.2 中的平面薄板的质量可表示为 $M = \iint\limits_{D} \mu(x, y) \mathrm{d}\sigma$.

二重积分的几何意义是明显的,即当 $f(x, y) \geqslant 0$ 时,$\iint\limits_{D} f(x, y) \mathrm{d}\sigma$ 表示以 D 为底,以 $z = f(x, y)$ 为顶的曲顶柱体体积. 与一元函数曲边梯形面积的情况类似,当

$f(x,y)\leqslant 0$ 时,曲顶柱体位于 xOy 面的下方,二重积分的值是负的,但二重积分 $\iint\limits_D f(x,y)\mathrm{d}\sigma$ 的绝对值仍等于曲顶柱体的体积;而当 $f(x,y)$ 在积分区域的若干部分是正的,其余部分为负的,则可以把 xOy 面上方的体积取为正的,把 xOy 面下方的体积取为负值,于是,二重积分 $\iint\limits_D f(x,y)\mathrm{d}\sigma$ 就表示这些部分区域上柱体体积的代数和.

二重积分 $\iint\limits_D f(x,y)\mathrm{d}\sigma$ 的物理意义是平面薄片物体的质量,其中被积函数 $f(x,y)$ 表示密度函数.

一个特殊情况是:当被积函数 $f=1$ 时,二重积分 $\iint\limits_D 1\cdot\mathrm{d}\sigma$ 在数值上等于区域 D 的面积.

注 (1) 可以证明,若 f 在区域 D 上连续,则函数 f 在 D 上可积.

(2) 二重积分是确定的数,这个数与区域的分割方法无关.因此在直角坐标系中,通常用平行于坐标轴的直线来分割积分区域.此时除了包含边界点的一些小闭区域外,其余的小区域都是矩形区域,其面积为 $\Delta\sigma_i=\Delta x_j\Delta y_k$,所以在直角坐标系中,把面积微元 $\mathrm{d}\sigma$ 记为 $\mathrm{d}x\mathrm{d}y$,将二重积分记作 $\iint\limits_D f(x,y)\mathrm{d}x\mathrm{d}y$.

9.1.3 二重积分的性质

与定积分的性质和证明方法类似,可由二重积分的定义及极限的运算法则证明二重积分具有如下性质.

性质 1(线性性质)

(1) $\iint\limits_D kf(x,y)\mathrm{d}\sigma=k\iint\limits_D f(x,y)\mathrm{d}\sigma$ (k 为常数);

(2) $\iint\limits_D [f(x,y)\pm g(x,y)]\mathrm{d}\sigma=\iint\limits_D f(x,y)\mathrm{d}\sigma\pm\iint\limits_D g(x,y)\mathrm{d}\sigma$.

性质 2(积分区域的可加性) 如果闭区域 D 被曲线分为两个没有公共内点的子区域 D_1 与 D_2,则

$$\iint\limits_D f(x,y)\mathrm{d}\sigma=\iint\limits_{D_1} f(x,y)\mathrm{d}\sigma+\iint\limits_{D_2} f(x,y)\mathrm{d}\sigma$$

这个性质表明,重积分对积分区域具有可加性.

性质 3(积分不等式)

(1) 如果在闭区域 D 上,$f(x,y)\leqslant g(x,y)$,则 $\iint\limits_D f(x,y)\mathrm{d}\sigma\leqslant\iint\limits_D g(x,y)\mathrm{d}\sigma$;

(2) $\left|\iint\limits_D f(x,y)\mathrm{d}\sigma\right| \leqslant \iint\limits_D |f(x,y)|\mathrm{d}\sigma$；

(3) 若 M、m 分别是 $f(x,y)$ 在闭区域 D 上最大值和最小值，σ 是 D 的面积，则

$$m\sigma \leqslant \iint\limits_D f(x,y)\mathrm{d}\sigma \leqslant M\sigma$$

这个不等式也称为**估值不等式**.

性质 4(中值定理)　设函数 $f(x,y)$ 在闭区域 D 上连续，σ 是 D 的面积，则在 D 上至少存在一点 (ξ,η)，使得 $\iint\limits_D f(x,y)\mathrm{d}\sigma = f(\xi,\eta)\cdot\sigma$.

例 9.1　估计二重积分 $\iint\limits_D \mathrm{e}^{x^2+y^2}\mathrm{d}\sigma$ 的值，其中 D 是环形域：$1\leqslant x^2+y^2\leqslant 2$.

解　容易看出，$f(x,y)=\mathrm{e}^{x^2+y^2}$ 在区域 D 上的最小值和最大值分别为 $m=\mathrm{e}$，$M=\mathrm{e}^2$，区域 D 的面积是 $\sigma=2\pi-\pi=\pi$. 因此，根据估值不等式有

$$\pi\mathrm{e} \leqslant \iint\limits_D \mathrm{e}^{x^2+y^2}\mathrm{d}\sigma \leqslant \pi\mathrm{e}^2$$

例 9.2　比较积分 $\iint\limits_D \ln(x+y)\mathrm{d}\sigma$ 与 $\iint\limits_D [\ln(x+y)]^2\mathrm{d}\sigma$ 的大小，其中积分区域 D 是三角形区域，三角形的三个顶点分别为 $(1,0)$，$(1,1)$，$(2,0)$.

解　如图 9-4 所示，在积分区域 D 内，有

$$1\leqslant x+y\leqslant 2<\mathrm{e}$$

因此 $0\leqslant\ln(x+y)<1$，于是

$$\ln(x+y)>[\ln(x+y)]^2$$

所以根据积分不等式，有

$$\iint\limits_D \ln(x+y)\mathrm{d}\sigma > \iint\limits_D [\ln(x+y)]^2\mathrm{d}\sigma$$

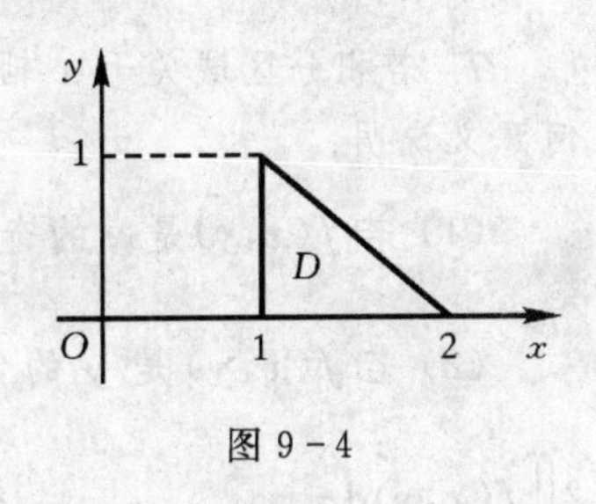

图 9-4

习题 9-1

1. 试说明二重积分和定积分的共同点和不同点.

2. 利用二重积分的定义证明：

(1) $\iint\limits_D \mathrm{d}\sigma=\sigma$（其中 σ 是 D 的面积）；

(2) $\iint\limits_D kf(x,y)\mathrm{d}\sigma = k\iint\limits_D f(x,y)\mathrm{d}\sigma$（其中 k 为常数）.

3. 设 $I_1=\iint\limits_{D_1}(x^2+y^2)^3\mathrm{d}\sigma$，$I_2=\iint\limits_{D_2}(x^2+y^2)^3\mathrm{d}\sigma$，其中 D_1 是矩形闭区域：

$-1\leqslant x\leqslant 1, -2\leqslant y\leqslant 2$；$D_2$ 是矩形闭区域：$0\leqslant x\leqslant 1, 0\leqslant y\leqslant 2$. 试用二重积分的几何意义说明 I_1 与 I_2 之间的关系.

4. 根据二重积分的性质，比较下列积分的大小：

(1) $\iint\limits_D (x+y)^2 \mathrm{d}\sigma$ 与 $\iint\limits_D (x+y)^3 \mathrm{d}\sigma$，其中积分区域 D 由直线 $x=0, y=0, x+y=1$ 所围成；

(2) $\iint\limits_D \ln(x+y)\mathrm{d}\sigma$ 与 $\iint\limits_D [\ln(x+y)]^2 \mathrm{d}\sigma$，其中 D 为矩形闭区域：$3\leqslant x\leqslant 5, 0\leqslant y\leqslant 1$.

5. 估计下列二重积分的值：

(1) $I=\iint\limits_D xy(x+y)\mathrm{d}\sigma$，其中 D 是矩形闭区域：$0\leqslant x\leqslant 2, 0\leqslant y\leqslant 2$；

(2) $I=\iint\limits_D \sin^2 x\sin^2 y\mathrm{d}\sigma$，其中 D 是矩形闭区域：$0\leqslant x\leqslant \pi, 0\leqslant y\leqslant \pi$；

(3) $I=\iint\limits_D (x^2+y^2+9)\mathrm{d}\sigma$，其中 D 是圆形闭区域：$x^2+y^2\leqslant 4$.

6. 利用定义证明二重积分的分域性质：如果闭区域 D 被曲线分为两个没有公共内点的子区域 D_1 与 D_2，则 $\iint\limits_D f(x,y)\mathrm{d}\sigma=\iint\limits_{D_1} f(x,y)\mathrm{d}\sigma+\iint\limits_{D_2} f(x,y)\mathrm{d}\sigma$.

7. 若积分区域关于 x 轴对称，D_1 表示 D 中 $y\geqslant 0$ 的部分，利用二重积分的几何意义说明：

(1) 若 $f(x,y)$ 是 y 的奇函数，即 $f(x,-y)=-f(x,y)$，则 $\iint\limits_D f(x,y)\mathrm{d}\sigma=0$；

(2) 若 $f(x,y)$ 是 y 的偶函数，即 $f(x,-y)=f(x,y)$，则 $\iint\limits_D f(x,y)\mathrm{d}\sigma=2\iint\limits_{D_1} f(x,y)\mathrm{d}\sigma$.

9.2　二重积分的计算

本节讨论二重积分的计算问题，基本思想是将二重积分转化为二次定积分来计算.

9.2.1　利用直角坐标计算二重积分

在直角坐标系下，二重积分 $\iint\limits_D f(x,y)\mathrm{d}\sigma$ 常写成 $\iint\limits_D f(x,y)\mathrm{d}x\mathrm{d}y$，下面从几何的

角度寻求二重积分在直角坐标系下计算方法，分三种情况进行讨论.

（Ⅰ）设积分区域 D 由直线 $x=a, x=b\ (a\leqslant b)$ 及曲线 $y=\varphi_1(x), y=\varphi_2(x)$ $(\varphi_1(x)\leqslant\varphi_2(x))$ 围成，其中 $\varphi_1(x),\varphi_2(x)$ 是区间 $[a,b]$ 上的连续函数. 此时积分区域 D 可由不等式 $\varphi_1(x)\leqslant y\leqslant\varphi_2(x), a\leqslant x\leqslant b$ 表示（见图 9－5）. 这个区域的特点是：过 $[a,b]$ 上任一点，作平行于 y 轴的直线，与 D 的边界至多交于两点. 这种类型的区域称为 **X-型区域**.

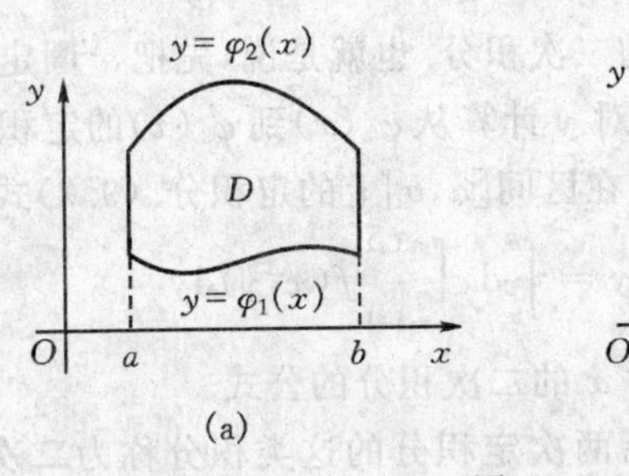

(a)

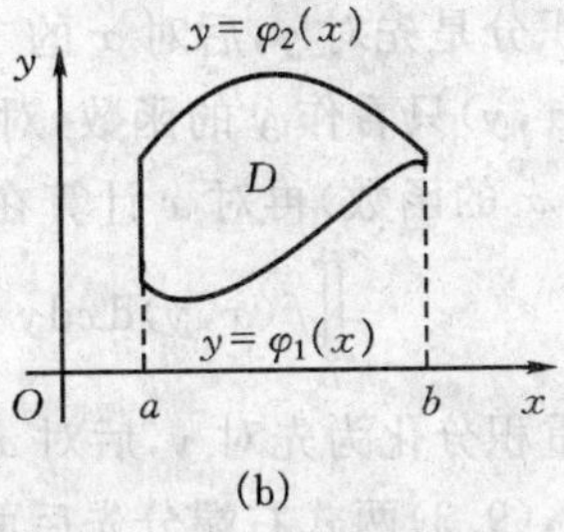

(b)

图 9－5

由二重积分的几何意义知，当 $f(x,y)\geqslant 0$ 时，$\iint\limits_D f(x,y)\mathrm{d}x\mathrm{d}y$ 表示以 D 为底，以曲面 $z=f(x,y)$ 为顶的曲顶柱体的体积 V，即 $V=\iint\limits_D f(x,y)\mathrm{d}x\mathrm{d}y$.

下面根据求“平行截面面积已知的立体体积”的方法来求这个曲顶柱体体积.

先计算截面面积. 不失一般性，设 $f(x,y)\geqslant 0$. 在区间 $[a,b]$ 上任取一点 x_0，作平行于 yOz 面的平面 $x=x_0$. 该平面截曲顶柱体所得截面是一个以区间 $[\varphi_1(x_0),\varphi_2(x_0)]$ 为底，$z=f(x_0,y)$ 为曲边的曲边梯形（图 9－6 中的阴影部分），此截面的面积为

图 9－6

$$A(x_0)=\int_{\varphi_1(x_0)}^{\varphi_2(x_0)} f(x_0,y)\mathrm{d}y$$

一般地，过区间 $[a,b]$ 上任一点 x 且平行于 yOz 面的平面截曲顶柱体所得的截面面积为

$$A(x)=\int_{\varphi_1(x)}^{\varphi_2(x)} f(x,y)\mathrm{d}y$$

于是,应用求平行截面面积已知的立体体积的方法,得曲顶柱体体积为

$$V=\int_a^b A(x)\mathrm{d}x=\int_a^b\left[\int_{\varphi_1(x)}^{\varphi_2(x)} f(x,y)\mathrm{d}y\right]\mathrm{d}x$$

这个体积就是二重积分 $\iint\limits_D f(x,y)\mathrm{d}x\mathrm{d}y$ 的积分值,则有等式

$$\iint\limits_D f(x,y)\mathrm{d}x\mathrm{d}y=\int_a^b\left[\int_{\varphi_1(x)}^{\varphi_2(x)} f(x,y)\mathrm{d}y\right]\mathrm{d}x \tag{9.2}$$

上式右端的积分是先对 y,后对 x 的二次积分. 也就是说,先把 x 固定(即将其看成常数),把 $f(x,y)$只看作 y 的函数,对 y 计算从 $\varphi_1(x)$到 $\varphi_2(x)$的定积分;然后把计算的结果(是 x 的函数)再对 x 计算在区间$[a,b]$上的定积分.(9.2)式也可写成

$$\iint\limits_D f(x,y)\mathrm{d}x\mathrm{d}y=\int_a^b \mathrm{d}x\int_{\varphi_1(x)}^{\varphi_2(x)} f(x,y)\mathrm{d}y \tag{9.3}$$

这就是把二重积分化为先对 y,后对 x 的二次积分的公式.

如(9.2),(9.3)两式右端分先后两次定积分的这类积分称为**二次积分或累次积分**.

(Ⅱ) 若积分区域 D 由 $y=c,y=d$ $(c\leqslant d)$及曲线 $x=\psi_1(y),x=\psi_2(y)$ $(\psi_1(y)\leqslant\psi_2(y))$围成(见图 9-7),此时积分区域 D 可由不等式 $\psi_1(y)\leqslant x\leqslant\psi_2(y),c\leqslant y\leqslant d$ 表示,其中函数 $\psi_1(y),\psi_2(y)$是区间$[c,d]$上的连续函数. 这个区域的特点是:过$[c,d]$上任一点,作平行于 x 轴的直线,与 D 的边界至多交于两点. 这类区域称为 ***Y*-型区域**.

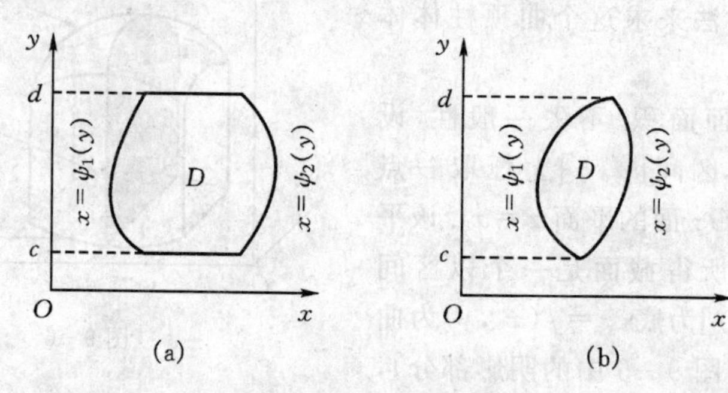

图 9-7

对于 Y-型区域,与(Ⅰ)类似地可得

$$\iint\limits_D f(x,y)\mathrm{d}x\mathrm{d}y=\int_c^d \mathrm{d}y\int_{\psi_1(y)}^{\psi_2(y)} f(x,y)\mathrm{d}x \tag{9.4}$$

(9.4)式就是为把二重积分化为先对 x,后对 y 的二次积分的公式.

(Ⅲ) 如果积分区域既是 X-型区域又是 Y-型区域,即积分区域既可以用不等

式 $\varphi_1(x)\leqslant y\leqslant\varphi_2(x)$，$a\leqslant x\leqslant b$ 表示，又可以用不等式 $\psi_1(y)\leqslant x\leqslant\psi_2(y)$，$c\leqslant y\leqslant d$ 表示，则由(9.3)式和(9.4)式可知

$$\int_a^b \mathrm{d}x\int_{\varphi_1(x)}^{\varphi_2(x)} f(x,y)\mathrm{d}y=\int_c^d \mathrm{d}y\int_{\psi_1(y)}^{\psi_2(y)} f(x,y)\mathrm{d}x$$

这就是说，这两个积分次序不同的二次积分相等，这说明累次积分可以交换积分顺序.一般说来，在交换累次积分的积分顺序时，上下限都将随之改变.因此，在具体计算一个二重积分时，为使计算更为简便，可以有选择地将其化为其中一种次序的二次积分.

注　若积分区域既非 X-型区域也非 Y-型区域，如图 9-8 所示.此时，可将积分区域 D 分成几个部分，使得每一部分都是 X 型区域或 Y 型区域，再分别求出每个部分的二重积分，它们的和就是在区域 D 上的二重积分.

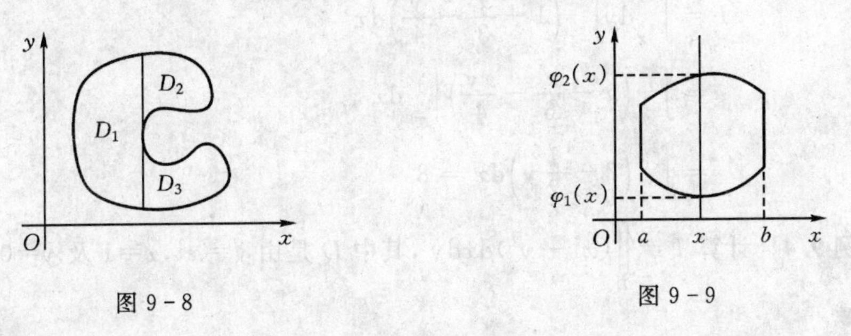

图 9-8　　　　图 9-9

在计算二重积分时，关键是将其化为二次积分，而化为二次积分的关键在于确定积分限.积分限是根据积分区域 D 的形状来确定的，在确定积分限时，应先画出积分区域 D 的图形，将区域 D 表示为一组不等式，进而确定出相应的积分限.以图 9-9 所示的区域为例，该区域是 X-型的，在区间 $[a,b]$ 上任取一点 x，过点 x 作平行于 y 轴的直线穿过积分区域 D，它与 D 的边界交点为 $\varphi_1(x)$ 和 $\varphi_2(x)$，于是对给定的 x，把 $\varphi_1(x)$ 和 $\varphi_2(x)$ 看作是积分变量 y 的下限和上限，而 x 的取值范围就是积分区间 $[a,b]$，因此积分区域 D 可表示为一组不等式：

$$\varphi_1(x)\leqslant y\leqslant\varphi_2(x),\quad a\leqslant x\leqslant b$$

则所求的二重积分即为

$$\iint_D f(x,y)\mathrm{d}x\mathrm{d}y=\int_a^b \mathrm{d}x\int_{\varphi_1(x)}^{\varphi_2(x)} f(x,y)\mathrm{d}y$$

特别地，当积分区域为矩形区域 $a\leqslant x\leqslant b$，$c\leqslant y\leqslant d$ 时，有

$$\iint_D f(x,y)\mathrm{d}x\mathrm{d}y=\int_a^b \mathrm{d}x\int_c^d f(x,y)\mathrm{d}y=\int_c^d \mathrm{d}y\int_a^b f(x,y)\mathrm{d}x$$

下面通过例题来进一步说明二重积分的计算.

例 9.3　求二重积分 $I=\iint\limits_{D}\left(1-\frac{x}{3}-\frac{y}{4}\right)\mathrm{d}x\mathrm{d}y$，其中 $D=\{(x,y)\mid -1\leqslant x\leqslant 1,-2\leqslant y\leqslant 2\}$ 是矩形区域(见图 9-10).

解法 1　把 D 视为 X-型区域，先对 y 后对 x 积分：

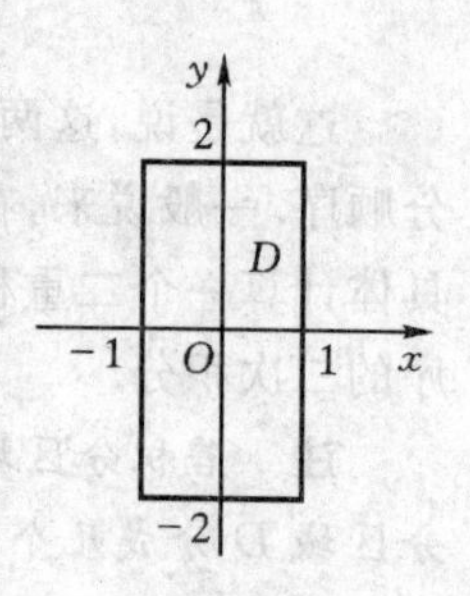

图 9-10

$$
\begin{aligned}
I&=\int_{-1}^{1}\mathrm{d}x\int_{-2}^{2}\left(1-\frac{x}{3}-\frac{y}{4}\right)\mathrm{d}y\\
&=\int_{-1}^{1}\left(y-\frac{xy}{3}-\frac{y^{2}}{8}\right)\Big|_{-2}^{2}\mathrm{d}x\\
&=\int_{-1}^{1}\left(4-\frac{4}{3}x\right)\mathrm{d}x=8
\end{aligned}
$$

解法 2　把 D 视为 Y-型区域，先对 x 后对 y 积分：

$$
\begin{aligned}
I&=\int_{-2}^{2}\mathrm{d}y\int_{-1}^{1}\left(1-\frac{x}{3}-\frac{y}{4}\right)\mathrm{d}x\\
&=\int_{-2}^{2}\left(x-\frac{x^{2}}{6}-\frac{xy}{4}\right)\Big|_{-1}^{1}\mathrm{d}x\\
&=\int_{-2}^{2}\left(2-\frac{1}{2}y\right)\mathrm{d}x=8
\end{aligned}
$$

例 9.4　计算 $I=\iint\limits_{D}(x^{2}+y^{2})\mathrm{d}x\mathrm{d}y$，其中 D 是由 $y=x^{2}$，$x=1$ 及 $y=0$ 围成的闭区域.

解法 1　首先画出积分区域 D 的图形(见图 9-11). 将其视为 X-型区域，则 D 上点的横坐标的变动范围是区间 $[0,1]$. 任取 $x\in[0,1]$，作 x 轴的垂线穿过区域 D，它与区域边界交点的纵坐标分别为 $y=0$ 和 $y=x^{2}$，区域 D 可表示为不等式

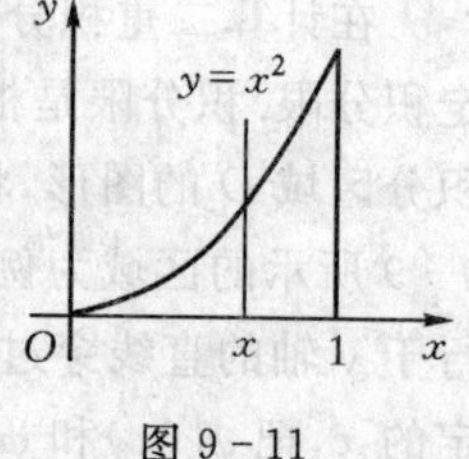

图 9-11

$$0\leqslant y\leqslant x^{2},\quad 0\leqslant x\leqslant 1$$

于是，可将二重积分化为先对 y 后对 x 积分的二次积分，由公式(9.3)得

$$
\begin{aligned}
I&=\int_{0}^{1}\mathrm{d}x\int_{0}^{x^{2}}(x^{2}+y^{2})\mathrm{d}y=\int_{0}^{1}\left(x^{2}y+\frac{1}{3}y^{3}\right)\Big|_{0}^{x^{2}}\mathrm{d}x\\
&=\int_{0}^{1}\left(x^{4}+\frac{1}{3}x^{6}\right)\mathrm{d}x=\left(\frac{1}{5}x^{5}+\frac{1}{21}x^{7}\right)\Big|_{0}^{1}=\frac{26}{105}
\end{aligned}
$$

解法 2　如图 9-12 所示，将积分区域 D 视为 Y-型区域，则 D 上点的纵坐标 y 的变动范围是区间 $[0,1]$. 任取 $y\in[0,1]$，作 y 轴的垂线穿过区域 D，它与区域边界交点的横坐标分别为 $x=\sqrt{y}$ 和 $x=1$，区域 D 可表示为不等式：

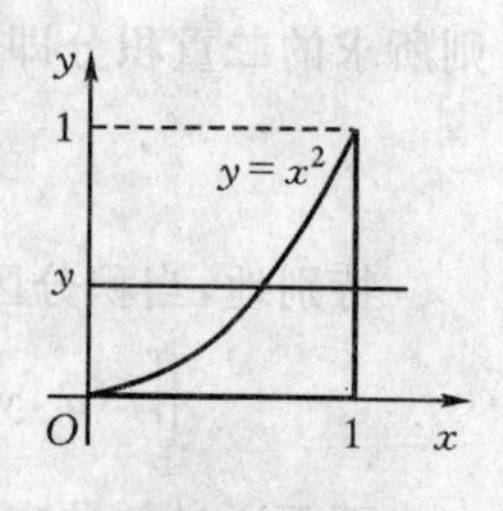

图 9-12

$$\sqrt{y} \leqslant x \leqslant 1, \quad 0 \leqslant y \leqslant 1$$

于是,可将二重积分化为先对 x 后对 y 积分的二次积分,由公式(9.4)得

$$I = \int_0^1 \mathrm{d}y \int_{\sqrt{y}}^1 (x^2 + y^2)\mathrm{d}x = \int_0^1 \left(\frac{1}{3}x^3 + xy^2\right)\Big|_{\sqrt{y}}^1 \mathrm{d}y$$

$$= \int_0^1 \left(\frac{1}{3} + y^2 - \frac{1}{3}y^{3/2} - y^{5/2}\right)\mathrm{d}y = \frac{26}{105}$$

例 9.5　计算 $I = \iint\limits_D xy\,\mathrm{d}x\mathrm{d}y$,其中 D 是由抛物线 $x = y^2$ 和直线 $y = x - 2$ 所围成的闭区域.

解法 1　画出积分区域 D 的图形(见图 9-13). 若将 D 看作 Y-型区域,则区域 D 可由下列不等式组表示

$$y^2 \leqslant x \leqslant y + 2, \quad -1 \leqslant y \leqslant 2$$

所以,利用公式(9.4),先对 x 后对 y 积分,得

$$I = \int_{-1}^2 \mathrm{d}y \int_{y^2}^{y+2} xy\,\mathrm{d}x = \int_{-1}^2 \left(\frac{1}{2}x^2 y\right)\Big|_{y^2}^{y+2} \mathrm{d}y = \frac{1}{2}\int_{-1}^2 [y(y+2)^2 - y^5]\mathrm{d}y$$

$$= \frac{1}{2}\left(\frac{y^4}{4} + \frac{4}{3}y^3 + 2y^2 - \frac{1}{6}y^6\right)\Big|_{-1}^2 = \frac{45}{8}$$

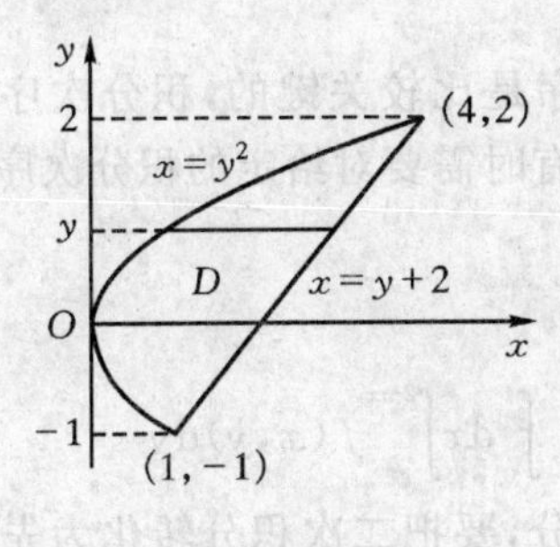

图 9-13

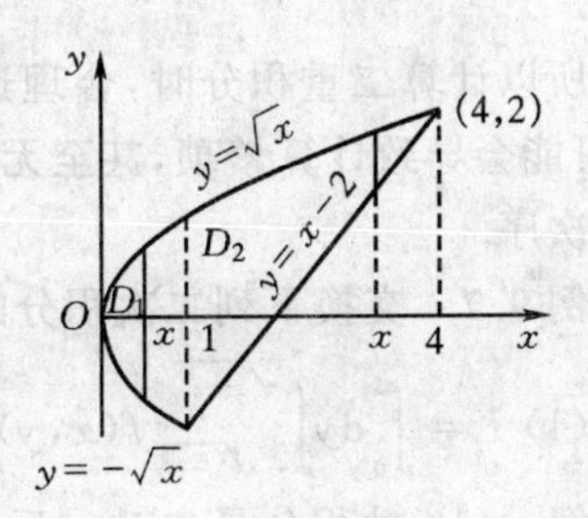

图 9-14

解法 2　若将 D 看作 X-型区域,则区域 D 应分成 D_1 和 D_2 两个部分(见图 9-14),D_1 可由不等式组 $-\sqrt{x} \leqslant y \leqslant \sqrt{x}$,$0 \leqslant x \leqslant 1$ 表示,D_2 可由不等式组 $x - 2 \leqslant y \leqslant \sqrt{x}$,$1 \leqslant x \leqslant 4$ 表示,可利用公式(9.3),先对 y 后对 x 积分,分别求在 D_1 和 D_2 两个区域上的积分,然后根据二重积分的分域性质,有

$$I = \iint\limits_D xy\,\mathrm{d}x\mathrm{d}y = \iint\limits_{D_1} xy\,\mathrm{d}x\mathrm{d}y + \iint\limits_{D_2} xy\,\mathrm{d}x\mathrm{d}y = \int_0^1 \mathrm{d}x \int_{-\sqrt{x}}^{\sqrt{x}} xy\,\mathrm{d}y + \int_1^4 \mathrm{d}x \int_{x-2}^{\sqrt{x}} xy\,\mathrm{d}y$$

显然,这里的计算比前面要麻烦一些. 因此,对本题应选择解法 1,先对 x 后对 y 的积分次序.

例 9.6 计算 $I=\iint\limits_{D}\mathrm{e}^{y^2}\mathrm{d}x\mathrm{d}y$,其中 D 由 $y=x,y=1,x=0$ 所围成.

解 画出积分区域 D 的图形(见图 9-15). 可以看出,D 既是 X-型区域也是 Y-型区域,如果将其视为 X-型区域,则需先对 y 后对 x 积分,区域 D 可由不等式组 $x\leqslant y\leqslant 1$, $0\leqslant x\leqslant 1$ 表示,从而

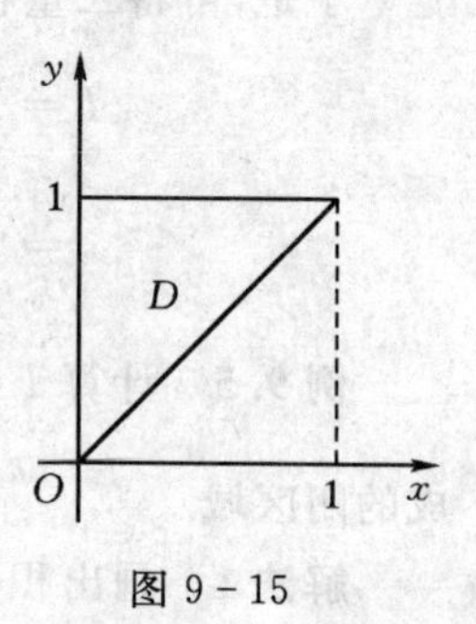

图 9-15

$$I=\iint\limits_{D}\mathrm{e}^{y^2}\mathrm{d}x\mathrm{d}y=\int_0^1\mathrm{d}x\int_x^1\mathrm{e}^{y^2}\mathrm{d}y$$

这里遇到的积分 $\int\mathrm{e}^{y^2}\mathrm{d}y$ 不能用初等函数的形式来表示,因此先对 y 后对 x 积分是行不通的.

现将 D 视为 Y-型区域,先对 x 后对 y 积分,则区域 D 可由不等式组 $0\leqslant x\leqslant y$, $0\leqslant y\leqslant 1$ 表示,则有

$$I=\int_0^1\mathrm{d}y\int_0^y\mathrm{e}^{y^2}\mathrm{d}x=\int_0^1 y\mathrm{e}^{y^2}\mathrm{d}y=\frac{1}{2}\int_0^1\mathrm{e}^{y^2}\mathrm{d}(y^2)=\frac{1}{2}(\mathrm{e}-1)$$

由此例可见,将二重积分化为二次积分时,先对 y 后对 x 积分还是先对 x 后对 y 积分是需要注意的. 不但要考虑积分区域的形状,还应该考虑被积函数的形式.

所以计算二重积分时,合理选择积分的次序是比较关键的,积分次序选择不当,可能会导致计算繁琐,甚至无法求解. 因此,有时需要对给定的积分次序交换其积分次序.

例 9.7 交换下列二次积分的积分次序:

(1) $I=\int_0^1\mathrm{d}y\int_{-\sqrt{1-y^2}}^{\sqrt{1-y^2}}f(x,y)\mathrm{d}x$, (2) $I=\int_0^1\mathrm{d}x\int_x^{2-x}f(x,y)\mathrm{d}y$

解 (1) 此积分是先对 x 后对 y 的二次积分,要把二次积分转化为先对 y 后对 x 的积分,需要根据题设的二次积分的积分限画出积分区域 D 的图形. 因为对 x 积分的下、上限分别为 $-\sqrt{1-y^2}$ 和 $\sqrt{1-y^2}$,对 y 积分的区间是 $[0,1]$,所以积分域 D 可表示为不等式组

$$-\sqrt{1-y^2}\leqslant x\leqslant\sqrt{1-y^2},\quad 0\leqslant y\leqslant 1$$

根据上面的不等式组画出积分域 D 的图形(见图 9-16),再将积分区域 D 表示为另一个不等式组

$$0\leqslant y\leqslant\sqrt{1-x^2},\quad -1\leqslant x\leqslant 1$$

于是交换积分次序后的二次积分为

$$I=\int_{-1}^1\mathrm{d}x\int_0^{\sqrt{1-x^2}}f(x,y)\mathrm{d}y$$

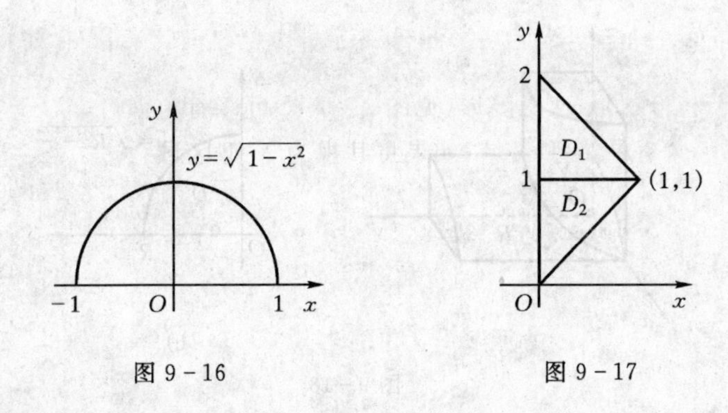

图 9－16　　　　　　　　　图 9－17

(2) 此积分是先对 y 后对 x 的二次积分，要化为先对 x 后对 y 的二次积分. 同样要先画出积分域 D 的图形. 根据题设的二次积分的下限和上限将积分区域 D 表示为不等式组

$$x \leqslant y \leqslant 2-x,\ 0 \leqslant x \leqslant 1$$

画出积分区域 D 的图形(见图 9－17). 可以看出，若先对 x 后对 y 的积分，需要将区域 D 分成两个区域 D_1 和 D_2，并分别写出这两个区域所对应的不等式组

$$D_1: 0 \leqslant x \leqslant y,\ 0 \leqslant y \leqslant 1,\quad D_2: 0 \leqslant x \leqslant 2-y,\ 1 \leqslant y \leqslant 2$$

于是交换积分次序后的二次积分为

$$I = \int_0^1 \mathrm{d}y \int_0^y f(x,y)\mathrm{d}x + \int_1^2 \mathrm{d}y \int_0^{2-y} f(x,y)\mathrm{d}x$$

例 9.8　求两个轴心交于原点，底圆半径都等于 R 的直交圆柱面所围成的立体的体积.

解　设这两个圆柱面的方程分别为

$$x^2 + y^2 = R^2 \quad 及 \quad x^2 + z^2 = R^2$$

利用立体关于坐标面的对称性，只要算出它在第一卦限部分(见图 9－18(a))的体积 V_1，然后乘以 8 就可以了.

所求立体在第一卦限的部分可以看成是一个曲顶柱体，它的底为平面闭区域 D：$0 \leqslant y \leqslant \sqrt{R^2-x^2}$，$0 \leqslant x \leqslant R$(见图 9－18(b))，它的顶是柱面 $z=\sqrt{R^2-x^2}$，所以

$$V_1 = \iint_D \sqrt{R^2-x^2}\ \mathrm{d}x\mathrm{d}y = \int_0^R \mathrm{d}x \int_0^{\sqrt{R^2-x^2}} \sqrt{R^2-x^2}\ \mathrm{d}y$$

$$= \int_0^R \left(\sqrt{R^2-x^2} \cdot y\right)\Big|_0^{\sqrt{R^2-x^2}} \mathrm{d}x = \int_0^R (R^2-x^2)\mathrm{d}x = \frac{2}{3}R^3$$

从而所求立体体积为

$$V = 8V_1 = \frac{16}{3}R^3$$

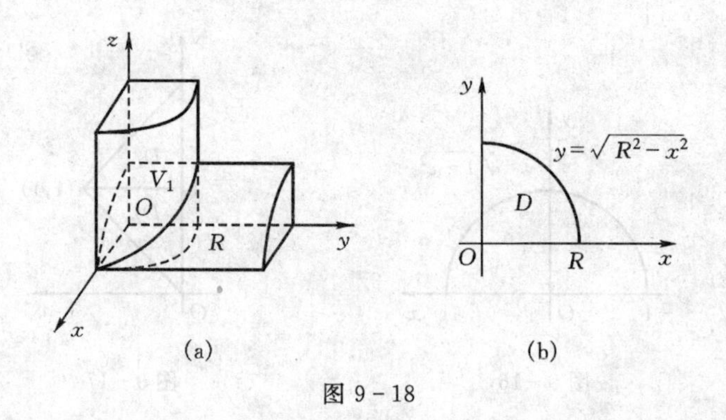

图 9-18

9.2.2 利用极坐标计算二重积分

有些二重积分,其积分区域 D 的边界曲线用极坐标方程表示比较方便,并且被积函数用极坐标变量 r、θ 表示比较简单. 在这种情况下,就可以考虑用极坐标来计算.

在直角坐标系中引入极坐标,使极点与原点重合,极轴与 x 轴的正方向重合(见图 9-19). 若点 P 在直角坐标系中的坐标为 $P(x,y)$,在极坐标系中的坐标为 $P(r,\theta)$,则它们之间的关系为

$$x=r\cos\theta,\quad y=r\sin\theta$$

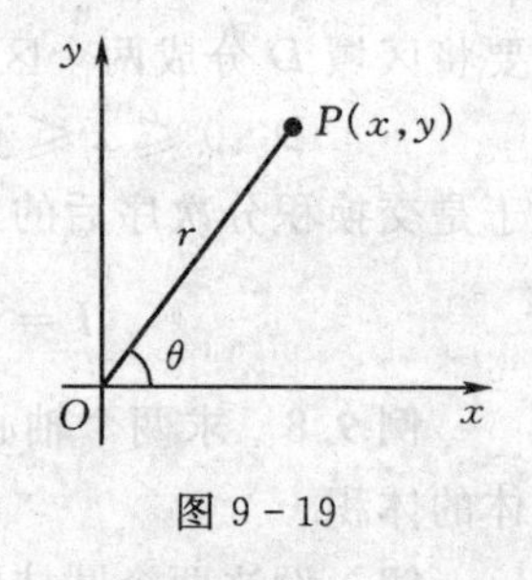

图 9-19

在极坐标系中,$r=$常数($r\geqslant 0$)表示以极点为圆心,以 r 为半径的圆周;$\theta=$常数($0\leqslant\theta\leqslant 2\pi$)表示从极点出发的射线. 有些平面区域用极坐标表示很简单,例如:圆心在极点半径为 R 的圆域用极坐标系表示为 $r\leqslant R$ $(0\leqslant\theta\leqslant 2\pi)$;圆心在 $(a/2,0)$ 半径为 $a/2$ 的圆域用极坐标系表示为 $r\leqslant a\cos\theta$ $(-\pi/2\leqslant\theta\leqslant\pi/2)$.

下面讨论在极坐标系下二重积分 $\iint\limits_D f(x,y)\mathrm{d}\sigma$ 的计算问题.

假设从极点 O 出发且穿过闭区域 D 内部的射线与 D 的边界曲线的交点不多于两个,函数 $f(x,y)$ 在区域 D 上连续. 用以极点 O 为中心的一组同心圆($r=$常数)和从极点 O 出发的射线($\theta=$常数),把 D 分成 n 个小区域(见图 9-20). 设其中的一个典型小闭区域 $\Delta\sigma$(其面积也用 $\Delta\sigma$ 表示)是由

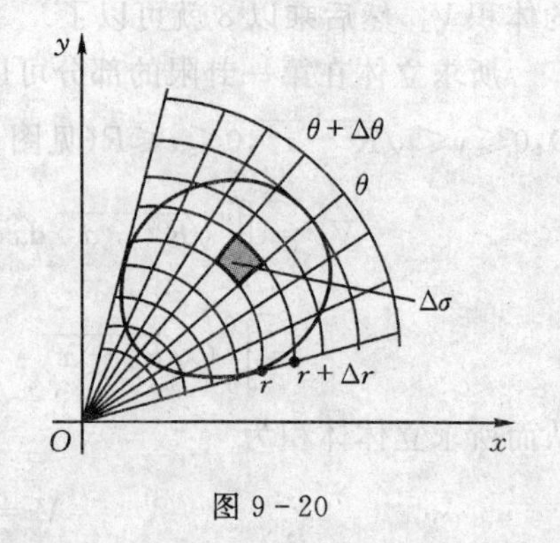

图 9-20

半径分别为 $r, r+\Delta r$ 的同心圆和极角分别为 $\theta, \theta+\Delta\theta$ 的射线围成，因此它的面积为

$$\begin{aligned}\Delta\sigma &= \frac{1}{2}(r+\Delta r)^2\Delta\theta - \frac{1}{2}r^2\Delta\theta \\ &= r\Delta r\Delta\theta + \frac{1}{2}(\Delta r)^2\Delta\theta\end{aligned}$$

当 Δr 和 $\Delta\theta$ 均充分小时，略去高阶项 $\frac{1}{2}(\Delta r)^2\Delta\theta$，则有

$$\Delta\sigma \approx r\Delta r\Delta\theta$$

从而根据微元法得到**极坐标下的面积微元**

$$\mathrm{d}\sigma = r\mathrm{d}r\mathrm{d}\theta$$

注意到直角坐标与极坐标之间的转换关系 $x=r\cos\theta, y=r\sin\theta$，从而得到在直角坐标系与极坐标系下二重积分的转换公式为

$$\iint\limits_D f(x,y)\mathrm{d}x\mathrm{d}y = \iint\limits_D f(r\cos\theta, r\sin\theta)r\mathrm{d}r\mathrm{d}\theta \tag{9.5}$$

式(9.5)表明，要把二重积分中的变量从直角坐标变成极坐标，只需将被积函数中的 x, y 分别换成 $r\cos\theta, r\sin\theta$，并把直角坐标中的面积微元 $\mathrm{d}x\mathrm{d}y$ 换成极坐标中的面积微元 $r\mathrm{d}r\mathrm{d}\theta$ 即可.

极坐标系下的二重积分同样要化为二次积分来计算. 下面分几种情况来讨论.

(1) 极点 O 在积分区域 D 之外. 设积分区域介于两条射线 $\theta=\alpha, \theta=\beta$ 之间，对 D 内的任一点 (r,θ)，其极径总是介于曲线 $r=\varphi_1(\theta), r=\varphi_2(\theta)$ 之间(见图 9-21). 此时 D 可用不等式组表示为

$$\varphi_1(\theta) \leqslant r \leqslant \varphi_2(\theta),\ \alpha \leqslant \theta \leqslant \beta$$

于是 $$\iint\limits_D f(r\cos\theta, r\sin\theta)r\mathrm{d}r\mathrm{d}\theta = \int_\alpha^\beta \mathrm{d}\theta\int_{\varphi_1(\theta)}^{\varphi_2(\theta)} f(r\cos\theta, r\sin\theta)r\mathrm{d}r$$

在具体计算时，利用“穿线”的方法，从极点出发在区间 (α,β) 上任意作一条极角为 θ 的射线穿过区域(见图 9-21)，则穿入点和穿出点的极径 $\varphi_1(\theta), \varphi_2(\theta)$ 就分别是对其积分时所对应的下限和上限.

(2) 极点 O 在积分区域 D 的边界上，如图 9-22 所示. 此时可将其看成是第一种情况中 $\varphi_1(\theta)=0, \varphi_2(\theta)=\varphi(\theta)$ 时的特例，那么区域 D 可用不等式组表示为

$$0 \leqslant r \leqslant \varphi(\theta),\ \alpha \leqslant \theta \leqslant \beta$$

于是有

$$\iint\limits_D f(r\cos\theta, r\sin\theta)r\mathrm{d}r\mathrm{d}\theta = \int_\alpha^\beta \mathrm{d}\theta\int_0^{\varphi(\theta)} f(r\cos\theta, r\sin\theta)r\mathrm{d}r$$

(3) 极点 O 在 D 的内部，如图 9-23 所示. 此时可将其看成是第二种情况中 $\alpha=0, \beta=2\pi$ 时的特例，那么区域 D 可用不等式组表示为

$$0\leqslant r\leqslant\varphi(\theta),\ 0\leqslant\theta\leqslant 2\pi$$

于是有

$$\iint_D f(r\cos\theta,r\sin\theta)r\mathrm{d}r\mathrm{d}\theta=\int_0^{2\pi}\mathrm{d}\theta\int_0^{\varphi(\theta)}f(r\cos\theta,r\sin\theta)r\mathrm{d}r$$

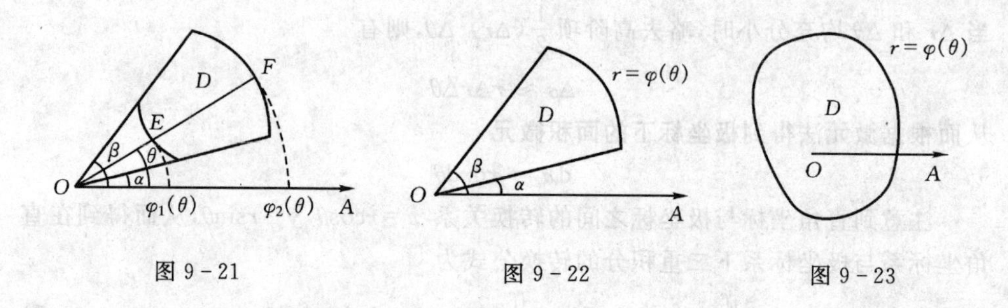

图 9-21　　图 9-22　　图 9-23

在计算二重积分时,若积分区域 D 是圆域或部分圆域,或者积分区域 D 的边界曲线方程用极坐标表示比较简单,或者被积函数为 $f(x^2+y^2)$,$f\left(\dfrac{y}{x}\right)$,$f\left(\dfrac{x}{y}\right)$等形式时,应用极坐标计算二重积分较为方便.

例 9.9　计算 $I=\iint\limits_D \mathrm{e}^{-x^2-y^2}\,\mathrm{d}x\mathrm{d}y$,其中 D 是由圆$x^2+y^2=R^2$所围成的闭区域.

解　在极坐标系中,积分区域 D(见图 9-24)用不等式组可表示为

$$D:0\leqslant r\leqslant R,\ 0\leqslant\theta\leqslant 2\pi$$

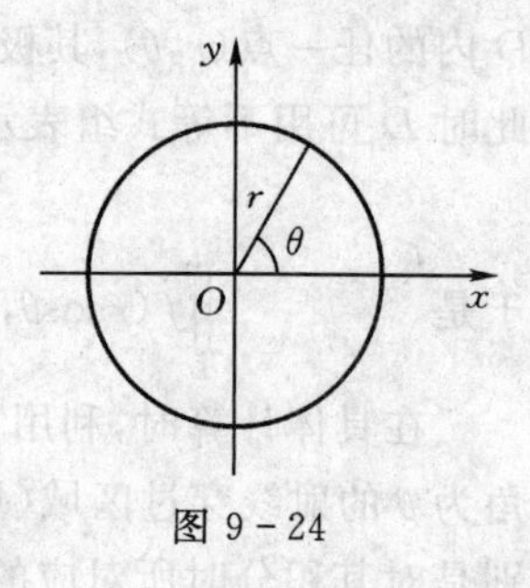

图 9-24

于是

$$\begin{aligned}I&=\iint_D \mathrm{e}^{-r^2}r\mathrm{d}r\mathrm{d}\theta=\int_0^{2\pi}\mathrm{d}\theta\int_0^R\mathrm{e}^{-r^2}r\mathrm{d}r\\&=2\pi\int_0^R\mathrm{e}^{-r^2}r\mathrm{d}r=-\pi\int_0^R\mathrm{e}^{-r^2}\mathrm{d}(-r^2)\\&=-\pi\mathrm{e}^{-r^2}\Big|_0^R=\pi(1-\mathrm{e}^{-R^2})\end{aligned}$$

下面利用上面的结果来计算工程上常用的概率积分 $\int_0^{+\infty}\mathrm{e}^{-x^2}\,\mathrm{d}x$. 这是一个广义积分,由于不定积分 $\int\mathrm{e}^{-x^2}\,\mathrm{d}x$ 不能用初等函数表示. 但是可以利用二重积分来算出这个概率积分.

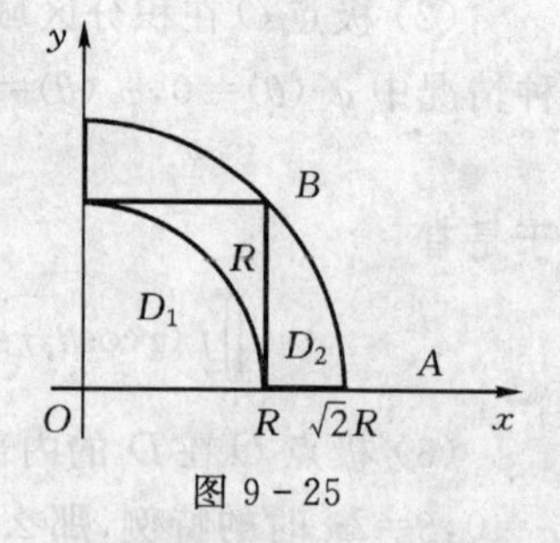

图 9-25

为此,设区域 D 为正方形区域 $0\leqslant x\leqslant R,0\leqslant y\leqslant R$,区域 D_1、D_2 分别表示圆域 $x^2+y^2\leqslant R^2$ 和 $x^2+y^2\leqslant 2R^2$位于第一象限的两个扇形,如图 9-25 所示.

显然$D_1 \subset D \subset D_2$. 由于 $\mathrm{e}^{-x^2-y^2}>0$,从而有不等式

$$\iint\limits_{D_1}\mathrm{e}^{-x^2-y^2}\,\mathrm{d}x\mathrm{d}y<\iint\limits_{D}\mathrm{e}^{-x^2-y^2}\,\mathrm{d}x\mathrm{d}y<\iint\limits_{D_2}\mathrm{e}^{-x^2-y^2}\,\mathrm{d}x\mathrm{d}y$$

由例 9.9 的计算结果得

$$\iint\limits_{D_1}\mathrm{e}^{-x^2-y^2}\,\mathrm{d}x\mathrm{d}y=\frac{\pi}{4}(1-\mathrm{e}^{-R^2})$$

$$\iint\limits_{D_2}\mathrm{e}^{-x^2-y^2}\,\mathrm{d}x\mathrm{d}y=\frac{\pi}{4}(1-\mathrm{e}^{-2R^2})$$

而

$$\iint\limits_{D}\mathrm{e}^{-x^2-y^2}\,\mathrm{d}x\mathrm{d}y=\int_0^R\mathrm{e}^{-x^2}\,\mathrm{d}x\cdot\int_0^R\mathrm{e}^{-y^2}\,\mathrm{d}y=\left(\int_0^R\mathrm{e}^{-x^2}\,\mathrm{d}x\right)^2$$

所以上面的不等式可写成

$$\frac{\pi}{4}(1-\mathrm{e}^{-R^2})<\left(\int_0^R\mathrm{e}^{-x^2}\,\mathrm{d}x\right)^2<\frac{\pi}{4}(1-\mathrm{e}^{-2R^2})$$

令 $R\to+\infty$,上式两端趋于同一极限$\frac{\pi}{4}$,从而得到

$$\int_0^{+\infty}\mathrm{e}^{-x^2}\,\mathrm{d}x=\frac{\sqrt{\pi}}{2}$$

例 9.10　计算 $I=\iint\limits_{D}\frac{\sin\pi\sqrt{x^2+y^2}}{\sqrt{x^2+y^2}}\mathrm{d}x\mathrm{d}y$,其中积分区域 D 为由 $4\leqslant x^2+y^2\leqslant 9$ 所确定的环形域.

解　因为被积函数中含有 x^2+y^2,且积分区域为环形域,故用极坐标求解较为方便. 积分区域 D 如图 9-26 所示,由于积分区域和被积函数均关于原点对称,所以只需计算在积分区域 D 位于第一象限的部分 D_1 上的值,再乘以 4 即可. 而在极坐标下,D_1 可用不等式组表示为 $D_1: 2\leqslant r\leqslant 3, 0\leqslant\theta\leqslant\pi/2$,于是有

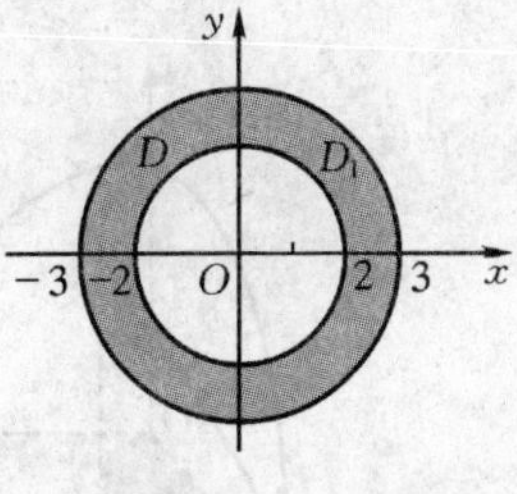

图 9-26

$$I=4\iint\limits_{D_1}\frac{\sin\pi\sqrt{x^2+y^2}}{\sqrt{x^2+y^2}}\mathrm{d}x\mathrm{d}y$$

$$=4\int_0^{\frac{\pi}{2}}\mathrm{d}\theta\int_2^3\frac{\sin\pi r}{r}r\,\mathrm{d}r=4\cdot\frac{\pi}{2}\int_2^3\sin\pi r\mathrm{d}r=-2\cos\pi r\Big|_2^3=4$$

例 9.11　计算 $I=\iint\limits_{D}\frac{y^2}{x^2}\mathrm{d}x\mathrm{d}y$,其中积分区域 D 为由 $x^2+y^2=2x$ 所围成的圆形区域.

解 因为被积函数中含有$\frac{y}{x}$,且积分区域为圆域,故可用极坐标求解.积分区域D如图 9-27 所示,其边界曲线的极坐标方程为$r=2\cos\theta$,用不等式组将它表示为

$$D:0\leqslant r\leqslant 2\cos\theta,\ -\frac{\pi}{2}\leqslant\theta\leqslant\frac{\pi}{2}$$

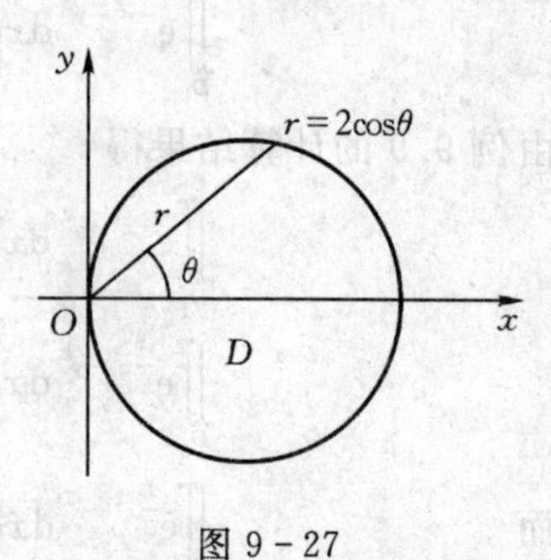

图 9-27

所以

$$I=\iint\limits_{D}\frac{y^2}{x^2}\mathrm{d}x\mathrm{d}y=\int_{-\frac{\pi}{2}}^{\frac{\pi}{2}}\mathrm{d}\theta\int_{0}^{2\cos\theta}\frac{\sin^2\theta}{\cos^2\theta}r\,\mathrm{d}r$$

$$=\int_{-\frac{\pi}{2}}^{\frac{\pi}{2}}2\sin^2\theta\mathrm{d}\theta=\pi$$

例 9.12 求球体$x^2+y^2+z^2\leqslant 4a^2$被圆柱面$x^2+y^2=2ax(a>0)$所截得的(含在圆柱面内的部分)立体的体积(见图 9-28).

解 根据二重积分的几何意义,并考虑到对称性,有

$$V=4\iint\limits_{D}\sqrt{4a^2-x^2-y^2}\,\mathrm{d}x\mathrm{d}y$$

其中D为半圆周$y=\sqrt{2ax-x^2}$及x轴围成的闭区域,如图 9-29 所示,在极坐标系中闭区域D可由不等式组表示为

$$D:0\leqslant r\leqslant 2a\cos\theta,\ 0\leqslant\theta\leqslant\frac{\pi}{2}$$

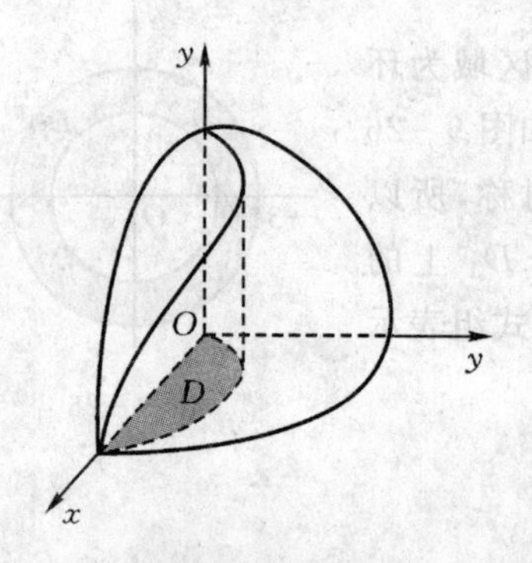

图 9-28

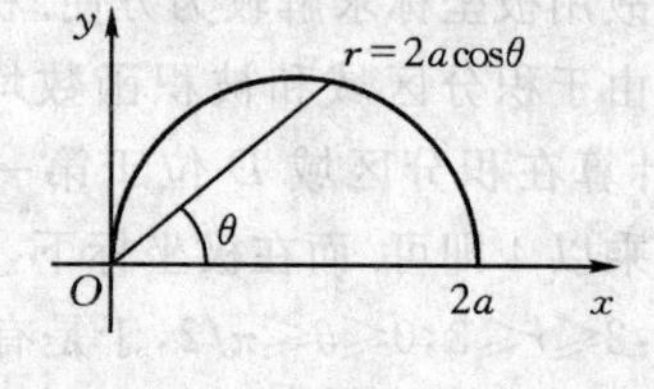

图 9-29

因此 $$V=4\iint\limits_{D}r\sqrt{4a^2-r^2}\,\mathrm{d}r\mathrm{d}\theta=4\int_{0}^{\frac{\pi}{2}}\mathrm{d}\theta\int_{0}^{2a\cos\theta}r\sqrt{4a^2-r^2}\,\mathrm{d}r$$

$$=-2\int_{0}^{\frac{\pi}{2}}\mathrm{d}\theta\int_{0}^{2a\cos\theta}\sqrt{4a^2-r^2}\,\mathrm{d}(4a^2-r^2)$$

$$=-2\int_0^{\frac{\pi}{2}}\left[\frac{2}{3}(4a^2-r^2)^{\frac{3}{2}}\right]\Big|_0^{2a\cos\theta}\mathrm{d}\theta$$

$$=-\frac{4}{3}\int_0^{\frac{\pi}{2}}(8a^3\sin^3\theta-8a^3)\mathrm{d}\theta$$

$$=\frac{32}{3}a^3\int_0^{\frac{\pi}{2}}(1-\sin^3\theta)\mathrm{d}\theta=\frac{32}{3}a^3\left(\frac{\pi}{2}-\frac{2}{3}\right)$$

习题 9-2

1. 化二重积分 $I=\iint\limits_D f(x,y)\mathrm{d}\sigma$ 为二次积分(分别列出对两个积分次序不同的二次积分),其中积分区域 D 是:

(1) 由 x 轴及半圆周 $x^2+y^2=r^2(y\geqslant 0)$ 所围成的闭区域;

(2) 由直线 $y=x$ 及抛物线 $y^2=4x$ 所围成的闭区域.

2. 计算下列二重积分:

(1) $\iint\limits_D (x^2+y^2)\mathrm{d}\sigma$,其中 D:$|x|\leqslant 1,|y|\leqslant 1$;

(2) $\iint\limits_D (3x+2y)\mathrm{d}\sigma$,其中 D 是由两坐标轴及直线 $x+y=2$ 所围成的闭区域;

(3) $\iint\limits_D x\sqrt{y}\,\mathrm{d}\sigma$,其中 D 是由两条抛物线 $y=\sqrt{x},y=x^2$ 所围成的闭区域;

(4) $\iint\limits_D \frac{\sin x}{x}\mathrm{d}\sigma$,其中 D 是由 $y=x,y=\frac{x}{2},x=2$ 所围成的闭区域;

(5) $I=\iint\limits_D \ln(1+x^2+y^2)\mathrm{d}\sigma$,其中 D 为圆域 $x^2+y^2\leqslant 1$;

(6) $\iint\limits_D \mathrm{e}^{x+y}\mathrm{d}\sigma$,其中 D 是由 $|x|+|y|\leqslant 1$ 所确定的闭区域;

(7) $\iint\limits_D y\sqrt{1+x^2-y^2}\,\mathrm{d}\sigma$,其中 D 是由直线 $y=x,x=-1$ 和 $y=1$ 所围成的闭区域;

(8) $I=\iint\limits_D (x^2+y^2-x)\mathrm{d}\sigma$,其中 D 由 $x=2,y=x,y=2x$ 所围成.

3. 设 $f(x,y)$ 在 D 上连续,其中 D 是由直线 $y=x,y=a,x=b\ (b>0)$ 所围成的闭区域,证明

$$\int_a^b\mathrm{d}x\int_a^x f(x,y)\mathrm{d}y=\int_a^b\mathrm{d}y\int_y^b f(x,y)\mathrm{d}x$$

4. 改变下列二次积分的积分次序:

(1) $\int_0^1 \mathrm{d}y\int_0^y f(x,y)\mathrm{d}x$　　(2) $\int_0^2 \mathrm{d}y\int_{y^2}^{2y} f(x,y)\mathrm{d}x$

(3) $\int_0^1 \mathrm{d}y\int_{-\sqrt{1-y^2}}^{\sqrt{1-y^2}} f(x,y)\mathrm{d}x$　　(4) $\int_1^{\mathrm{e}} \mathrm{d}x\int_0^{\ln x} f(x,y)\mathrm{d}y$

5. 设平面薄片所占的闭区域 D 由直线 $x+y=2$，$y=x$ 和 x 轴所围成，它的面密度 $\rho(x,y)=x^2+y^2$，求该薄片的质量.

6. 用二重积分表示由平面 $z=0$，$x+y+z=1$ 和曲面 $x^2+y^2=1$ 所围成的立体的体积.

7. 求由平面 $x=0$，$y=0$，$x+y=1$ 所围成的柱体被平面 $z=0$ 及抛物面 $x^2+y^2=6-z$ 截得的立体的体积.

8. 求由曲面 $z=x^2+2y^2$ 及 $z=6-2x^2-y^2$ 围成的立体的体积.

9. 把积分 $\iint\limits_D f(x,y)\mathrm{d}x\mathrm{d}y$ 表示为极坐标形式的二次积分，其中积分区域 D 是：

(1) $x^2+y^2\leqslant 2ax$　　(2) $a^2\leqslant x^2+y^2\leqslant b^2$，其中 $0<a<b$

10. 把下列积分化为极坐标形式，并计算积分值：

(1) $\int_0^{2a}\mathrm{d}x\int_0^{\sqrt{2ax-x^2}}(x^2+y^2)\mathrm{d}y$　　(2) $\int_0^{2a}\mathrm{d}y\int_{-\sqrt{2ay-y^2}}^{\sqrt{2ay-y^2}}\sqrt{x^2+y^2}\,\mathrm{d}x$

11. 利用极坐标计算下列各题：

(1) $\iint\limits_D \mathrm{e}^{x^2+y^2}\mathrm{d}\sigma$，其中 D 是由圆周 $x^2+y^2=4$ 围成的闭区域；

(2) $\iint\limits_D xy\mathrm{d}\sigma$，其中 D 为第一象限的扇形 AOB，A 的坐标为 $(4,0)$，B 的坐标为 $(2\sqrt{2},2\sqrt{2})$；

(3) $\iint\limits_D \arctan\dfrac{y}{x}\mathrm{d}\sigma$，其中 D 是由圆周 $x^2+y^2=4$，$x^2+y^2=1$ 及直线 $y=0$，$y=x$ 所围成的在第一象限内的闭区域；

(4) $\iint\limits_D (x^2+y^2)\mathrm{d}\sigma$，其中 D 是位于两圆 $x^2+y^2=2x$ 及 $x^2+y^2=4x$ 之间的闭区域.

12. 选用适当的坐标计算下列各题：

(1) $\iint\limits_D \dfrac{x^2}{y^2}\mathrm{d}\sigma$，其中 D 是由直线 $x=2$，$y=x$ 及曲线 $xy=1$ 所围成的闭区域；

(2) $\iint\limits_D \sqrt{\dfrac{1-x^2-y^2}{1+x^2+y^2}}\,\mathrm{d}\sigma$，其中 D 是由圆周 $x^2+y^2=1$ 及坐标轴所围成的在第一象限内的闭区域；

(3) $\iint\limits_D \sqrt{x^2+y^2}\,\mathrm{d}\sigma$，其中 D 是圆环形闭区域：$a^2 \leqslant x^2+y^2 \leqslant b^2$.

13. 设平面薄片所占的闭区域 D 由螺线 $r=2\theta$ 上一段弧（$0 \leqslant \theta \leqslant \frac{\pi}{2}$）与直线 $\theta=\frac{\pi}{2}$ 所围成，它的面密度为 $\rho(x,y)=x^2+y^2$，求这个薄片的质量.

14. 求由平面 $y=0, y=kx(k>0), z=0$ 及球心在原点、半径为 R 的上半球面所围成的立体位于第一卦限内的部分的体积.

9.3　三重积分的概念及计算

三重积分的概念及性质与二重积分的概念及性质十分相似，主要的差别是被积函数从二元函数变为三元函数，相应的积分区域从平面区域变为空间区域.

9.3.1　三重积分的概念

定义 9.2　设 $f(x,y,z)$ 是空间上的有界闭区域 Ω 的有界函数. 将 Ω 任意分成 n 个小区域 $\Delta v_1, \Delta v_2, \cdots, \Delta v_n$，其中 Δv_i 表示第 i 个小区域，也表示其体积. 在每个 Δv_i 上任取一点 $M_i(\xi_i, \eta_i, \zeta_i)$，作乘积 $f(\xi_i, \eta_i, \zeta_i)\Delta v_i\ (i=1,2,\cdots,n)$，并作和式 $\sum\limits_{i=1}^{n} f(\xi_i, \eta_i, \zeta_i)\Delta v_i$. 如果当各个小区域直径的最大值 λ 趋于零时，该和式的极限存在，则称函数 f 在闭区域 Ω 上**可积**，并称此极限值为函数 f 在闭区域 Ω 上的**三重积分**. 记为 $\iiint\limits_\Omega f(x,y,z)\mathrm{d}v$，即

$$\iiint\limits_\Omega f(x,y,z)\mathrm{d}v = \lim_{\lambda \to 0}\sum_{i=1}^{n} f(\xi_i, \eta_i, \zeta_i)\Delta v_i \tag{9.6}$$

在式(9.6)中，f 称为**被积函数**，$f(x,y,z)\mathrm{d}v$ 称为**被积表达式**，$\mathrm{d}v$ 称为**体积微元**，x、y、z 分别称为**积分变量**，Ω 称为**积分区域**.

三重积分的性质与二重积分的性质完全类似，即三重积分具有相应的线性性质、积分区域的可加性、积分不等式及中值定理，这里就不再重述了.

9.3.2　利用直角坐标计算三重积分

因为三重积分的积分区域是空间区域，所以三重积分要化为三次定积分来计算，下面仅介绍化三重积分为三次定积分的方法. 读者可根据微元法的思想来理解这种求解方法.

设空间闭区域 Ω 在 xOy 平面上的投影为 D，穿过 Ω 内部平行于 z 轴的直线

与Ω的边界曲面S的交点不多于两个(见图 9-30). 以D的边界曲线为准线作母线平行于z轴的柱面,这个柱面与曲面S的交线从S中分出上、下两个部分,它们的方程分别为

$$S_1: z = z_1(x,y), \quad S_2: z = z_2(x,y)$$

其中$z_1(x,y)$与$z_2(x,y)$都在D上连续,且$z_1(x,y) \leqslant z_2(x,y)$. 设$P(x,y)$是$D$内任一点,过点$P$作平行于$z$轴的直线,该直线通过曲面$S_1$穿入$\Omega$,通过曲面$S_2$穿出$\Omega$,穿入点与穿出点的竖坐标分别为$z_1(x,y)$与$z_2(x,y)$. 这样,积分区域$\Omega$就可表示为

$$\Omega: z_1(x,y) \leqslant z \leqslant z_2(x,y), \quad (x,y) \in D$$

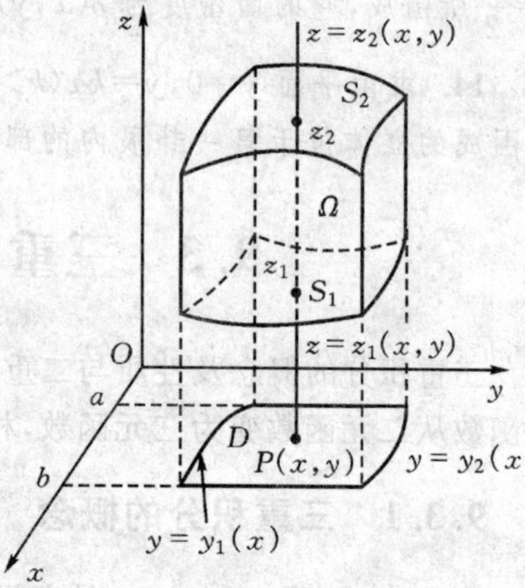

图 9-30

先将x,y看作常数,把$f(x,y,z)$看作z的函数,在区间$[z_1(x,y),z_2(x,y)]$上对z积分,积分结果是x,y的函数,记为$F(x,y)$,即

$$F(x,y) = \int_{z_1(x,y)}^{z_2(x,y)} f(x,y,z)\mathrm{d}z$$

然后计算$F(x,y)$在闭区域D上的二重积分

$$\iint_D F(x,y)\mathrm{d}\sigma = \iint_D \mathrm{d}\sigma \int_{z_1(x,y)}^{z_2(x,y)} f(x,y,z)\mathrm{d}z$$

所以

$$\iiint_\Omega f(x,y,z)\mathrm{d}x\mathrm{d}y\mathrm{d}z = \iint_D \mathrm{d}\sigma \int_{z_1(x,y)}^{z_2(x,y)} f(x,y,z)\mathrm{d}z \tag{9.7}$$

式(9.7)右边是先对z求定积分后再对x,y求二重积分,也把这种方法称为**"先单后重法"**或**"投影法"**.

假如区域D可写成不等式组

$$D: y_1(x) \leqslant y \leqslant y_2(x),\ a \leqslant x \leqslant b$$

此时,积分域Ω可进一步表示为不等式组

$$\Omega: z_1(x,y) \leqslant z \leqslant z_2(x,y),\ y_1(x) \leqslant y \leqslant y_2(x),\ a \leqslant x \leqslant b$$

则(9.7)式右边的二重积分还可化为二次积分,于是得到三重积分的计算公式

$$\iiint_\Omega f(x,y,z)\mathrm{d}v = \int_a^b \mathrm{d}x \int_{y_1(x)}^{y_2(x)} \mathrm{d}y \int_{z_1(x,y)}^{z_2(x,y)} f(x,y,z)\mathrm{d}z$$

这样就把三重积分化成了先对z,再对y,最后对x的三次积分.

类似地,也可将区域Ω向xOz平面(或yOz平面)投影,当穿过Ω内部平行于y轴(或x轴)的直线与Ω的边界曲面S的交点不多于两个时,就可把三重积分化为先对y的定积分后再对z、x的二重积分(或先对x的定积分后再对y、z的二重

积分)，这里不再赘述.

如果平行于坐标轴且穿过闭区域Ω内部的直线与Ω的边界曲面S的交点多于两个，这时就要把Ω分成几个部分，因而Ω上的三重积分化为每个部分上的三重积分之和.

例 9.13　计算三重积分$I=\iiint\limits_{\Omega} x\mathrm{d}v$，其中$\Omega$是由平面$x=0,y=0,z=0$及$x+y+z=1$所围成的区域.

解　作积分域Ω如图9-31所示.将Ω投影到xOy平面上，所得的投影域D为三角形区域OAB.用不等式组表示该区域为

$$D: 0 \leqslant y \leqslant 1-x, 0 \leqslant x \leqslant 1$$

在D内任取一点$P(x,y)$，过此点作平行于z轴的直线，该直线通过平面$z=0$穿入Ω，通过平面$z=1-x-y$穿出Ω.即$0\leqslant z\leqslant 1-x-y$，于是

$$\begin{aligned} I &= \int_0^1 \mathrm{d}x \int_0^{1-x} \mathrm{d}y \int_0^{1-x-y} x \mathrm{d}z \\ &= \int_0^1 x\mathrm{d}x \int_0^{1-x} (1-x-y)\mathrm{d}y \\ &= \frac{1}{2}\int_0^1 x(1-x)^2 \mathrm{d}x \\ &= \frac{1}{2}\int_0^1 (x-2x^2+x^3)\mathrm{d}x \\ &= \frac{1}{24} \end{aligned}$$

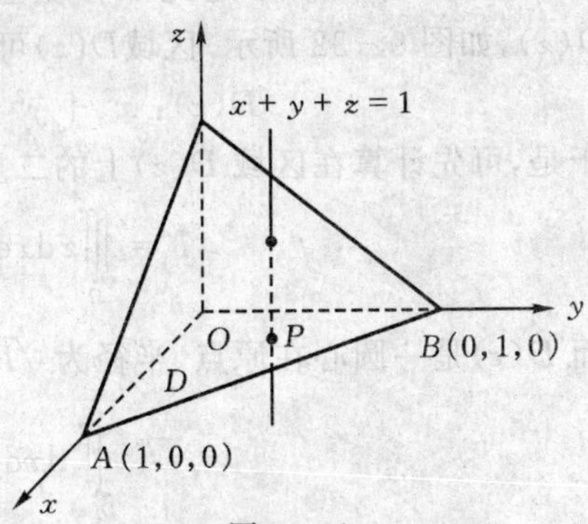

图 9-31

计算三重积分有时也可以化为先计算一个二重积分，再计算一个定积分，即所谓的"**先重后单**"法.

例 9.14　求三重积分$\iiint\limits_{\Omega} z\mathrm{d}v$，其中$\Omega$是第一卦限由$x=0,y=0,z=0$及球面$x^2+y^2+z^2=R^2$所围成的区域.

解法 1　作积分域Ω如图9-32所示.将Ω投影到xOy平面的投影区域D是扇形，在D内任取一点$P(x,y)$，过此点作平行于z轴的直线，该直线通过平面$z=0$穿入Ω，通过球面$z=\sqrt{R^2-x^2-y^2}$穿出Ω.所以有

$$0 \leqslant y \leqslant \sqrt{R^2-x^2-y^2}$$

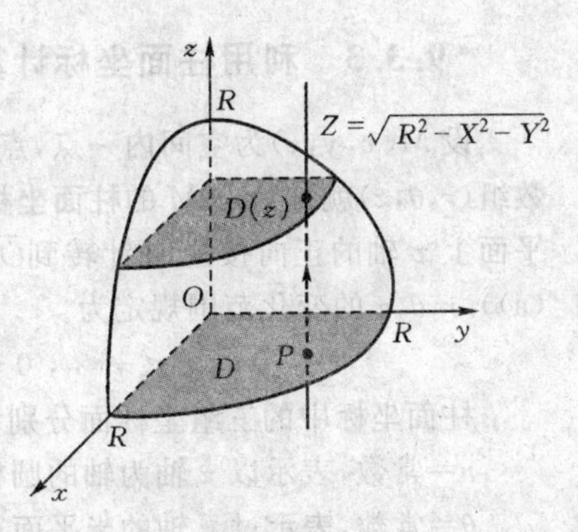

图 9-32

于是

$$I=\iint_D \mathrm{d}x\mathrm{d}y\int_0^{\sqrt{R^2-x^2-y^2}} z\mathrm{d}z=\frac{1}{2}\iint_D (R^2-x^2-y^2)\mathrm{d}x\mathrm{d}y$$

由于二重积分$\iint_D (R^2-x^2-y^2)\mathrm{d}x\mathrm{d}y$中的被积函数具有$f(x^2+y^2)$的形式,且积分域$D$是扇形,因此,用极坐标较为方便.在极坐标系下$D$可表示为

$$D:\ 0\leqslant r\leqslant R,\ 0\leqslant \theta\leqslant \frac{\pi}{2}$$

从而有

$$I=\frac{1}{2}\iint_D r(R^2-r^2)\mathrm{d}r\mathrm{d}\theta=\frac{1}{2}\int_0^{\pi/2}\mathrm{d}\theta\int_0^R r(R^2-r^2)\mathrm{d}r$$

$$=\frac{\pi}{4}\int_0^R r(R^2-r^2)\mathrm{d}r=-\frac{\pi}{16}(R^2-r^2)^2\Big|_0^R=\frac{\pi R^4}{16}$$

***解法 2** 采用"先重后单".积分域Ω中,变量z的变化区间为$[0,R]$,在$[0,R]$内任取一点z,过此点作垂直于z轴的平面,该平面截Ω为一平面区域$D(z)$,如图 9-32 所示.区域$D(z)$可表示为

$$D(z):\ x^2+y^2\leqslant R^2-z^2,\ x\geqslant 0, y\geqslant 0$$

于是,可先计算在区域$D(z)$上的二重积分,然后再对z求定积分,即

$$I=\iiint_\Omega z\mathrm{d}x\mathrm{d}y\mathrm{d}z=\int_0^R z\mathrm{d}z\iint_{D(z)}\mathrm{d}x\mathrm{d}y$$

而$D(z)$是一圆心在原点、半径为$\sqrt{R^2-z^2}$的扇形,其面积为于$\frac{\pi}{4}(R^2-z^2)$.因此

$$\iint_{D(z)}\mathrm{d}x\mathrm{d}y=\frac{\pi}{4}(R^2-z^2)$$

所以

$$I=\frac{\pi}{4}\int_0^R z(R^2-z^2)\mathrm{d}z=\frac{\pi}{4}\left(\frac{1}{2}R^2z^2-\frac{1}{4}z^4\right)\Big|_0^R=\frac{\pi R^4}{16}$$

解法 2 中所采用的方法即是所谓的"先重后单"法,也称为**截面法**.

*9.3.3 利用柱面坐标计算三重积分

设$M(x,y,z)$为空间内一点,点M在xOy面上的投影P的极坐标为(r,θ),则数组(r,θ,z)就称为点M的**柱面坐标**.这里r表示点M到z轴的距离,θ表示xOy平面上x轴的正向按逆时针转到$\overrightarrow{OP}$的夹角,z表示点M的竖坐标(见图 9-33(a)).r,θ,z的变化范围规定为

$$0\leqslant r<+\infty,\ 0\leqslant\theta\leqslant 2\pi,\ -\infty<z<+\infty$$

柱面坐标中的三组坐标面分别为:

$r=$常数,表示以z轴为轴的圆柱面;

$\theta=$常数,表示过z轴的半平面;

$z=$常数,表示与xOy面平行的平面.

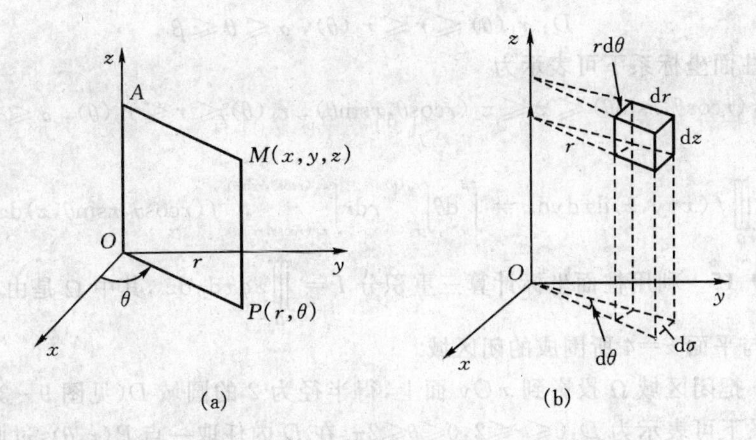

图 9-33

空间点 M 的直角坐标 (x,y,z) 与柱面坐标 (r,θ,z) 之间有如下关系：

$$x = r\cos\theta,\ y = r\sin\theta,\ z = z$$

下面来讨论利用柱面坐标计算三重积分 $\iiint\limits_{\Omega} f(x,y,z)\mathrm{d}v$ 的方法. 实际上，只需将被积函数中的 x、y、z 替换成 r、θ、z，并把体积微元 $\mathrm{d}v$ 用 $\mathrm{d}r$、$\mathrm{d}\theta$、$\mathrm{d}z$ 来表达即可.

如图 9-33(b)所示，在柱面坐标系中，xOy 平面上是以极坐标的形式出现的，所以其面积微元为 $\mathrm{d}\sigma = r\mathrm{d}r\mathrm{d}\theta$，再将它乘上 z 轴方向的 $\mathrm{d}z$ 就是体积微元

$$\mathrm{d}v = r\mathrm{d}r\mathrm{d}\theta\mathrm{d}z$$

再注意到直角坐标 (x,y,z) 与柱面坐标 (r,θ,z) 之间的关系式，就有把直角坐标系下的三重积分化为柱面坐标下的三重积分的变换公式

$$\iiint\limits_{\Omega} f(x,y,z)\mathrm{d}x\mathrm{d}y\mathrm{d}z = \iiint\limits_{\Omega} f(r\cos\theta, r\sin\theta, z) r\mathrm{d}r\mathrm{d}\theta\mathrm{d}z$$

注　在计算三重积分 $\iiint\limits_{\Omega} f(x,y,z)\mathrm{d}x\mathrm{d}y\mathrm{d}z$ 时，如果积分区域 Ω 是圆柱体、部分圆柱体或者其投影区域为圆域、部分圆域、圆环域等，或者被积函数 $f(x,y,z)$ 中含有 x^2+y^2，应用柱面坐标可以简化计算.

在柱面坐标下计算三重积分时，也需要将其化为三次积分，首先要用 $r\cos\theta$、$r\sin\theta$、z 代换被积函数中的 x、y、z，用 $r\mathrm{d}r\mathrm{d}\theta\mathrm{d}z$ 替换体积元素 $\mathrm{d}x\mathrm{d}y\mathrm{d}z$；然后确定积分限，将三重积分化为三次积分.

如果积分域 Ω 在 xOy 平面上的投影区域为 D，Ω 在直角坐标系下表示为

$$\Omega:\ z_1(x,y) \leqslant z \leqslant z_2(x,y),\ (x,y) \in D$$

而 D 在极坐标系下表示为

$$D: r_1(\theta) \leqslant r \leqslant r_2(\theta),\ \alpha \leqslant \theta \leqslant \beta$$

则 Ω 在柱面坐标系下可表示为

$$\Omega: z_1(r\cos\theta, r\sin\theta) \leqslant z \leqslant z_2(r\cos\theta, r\sin\theta),\ r_1(\theta) \leqslant r \leqslant r_2(\theta),\ \alpha \leqslant \theta \leqslant \beta$$

于是

$$\iiint\limits_{\Omega} f(x,y,z)\mathrm{d}x\mathrm{d}y\mathrm{d}z = \int_{\alpha}^{\beta}\mathrm{d}\theta\int_{r_1(\theta)}^{r_2(\theta)} r\mathrm{d}r\int_{z_1(r\cos\theta, r\sin\theta)}^{z_2(r\cos\theta, r\sin\theta)} f(r\cos\theta, r\sin\theta, z)\mathrm{d}z$$

例 9.15　利用柱面坐标计算三重积分 $I = \iiint\limits_{\Omega} z\mathrm{d}x\mathrm{d}y\mathrm{d}z$，其中 Ω 是由曲面 $z = x^2 + y^2$ 与平面 $z=4$ 所围成的闭区域.

解　把闭区域 Ω 投影到 xOy 面上，得半径为 2 的圆域 D(见图 9-34)，它在极坐标系下可表示为 D：$0\leqslant r\leqslant 2$，$0\leqslant\theta\leqslant 2\pi$. 在 D 内任取一点 $P(r,\theta)$，过此点作平行于 z 轴的直线，此直线通过曲面 $z=x^2+y^2$(柱面坐标系下方程为 $z=r^2$)穿入 Ω，通过平面 $z=4$ 穿出 Ω. 因此闭区域 Ω 在柱面坐标系下可表示为

$$\Omega: r^2 \leqslant z \leqslant 4,\ 0 \leqslant r \leqslant 2,\ 0 \leqslant \theta \leqslant 2\pi$$

于是

$$\begin{aligned} I &= \iiint\limits_{\Omega} zr\mathrm{d}r\mathrm{d}\theta\mathrm{d}z \\ &= \int_0^{2\pi}\mathrm{d}\theta\int_0^2 r\mathrm{d}r\int_{r^2}^4 z\mathrm{d}z \\ &= \frac{1}{2}\int_0^{2\pi}\mathrm{d}\theta\int_0^2 r(16-r^4)\mathrm{d}r \\ &= \pi\left(8r^2 - \frac{1}{6}r^6\right)\Big|_0^2 \\ &= \frac{64}{3}\pi \end{aligned}$$

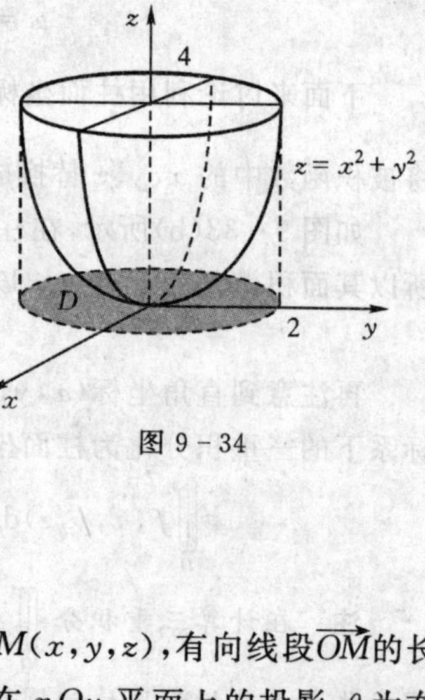

图 9-34

* 9.3.4　利用球面坐标计算三重积分

设 M 是空间的一点，在直角坐标系中的坐标为 $M(x,y,z)$，有向线段 $\overrightarrow{OM}$ 的长度为 ρ，φ 为 $\overrightarrow{OM}$ 与 z 轴正向的夹角，又设 P 为点 M 在 xOy 平面上的投影，θ 为在 xOy 平面上 x 轴的正向按逆时针转到 $\overrightarrow{OP}$ 的夹角(见图 9-35(a))，那么 M 的位置也可用 ρ、φ、θ 这三个有序数来确定，(ρ,φ,θ) 就称为点 M 的**球面坐标**. ρ、φ、θ 的变化范围规定为

$$0 \leqslant \rho < +\infty,\ 0 \leqslant \varphi \leqslant \pi,\ 0 \leqslant \theta \leqslant 2\pi$$

球面坐标中三组坐标面分别为：

$\rho=$ 常数，表示以原点为心的球面；

$\varphi=$ 常数，表示以原点为顶点，z 轴为轴的圆锥面；

$\theta=$常数，表示过 z 轴的半平面.

显然，M 点的直角坐标与球面坐标之间有如下的关系

$$x=\rho\sin\varphi\cos\theta,\ y=\rho\sin\varphi\sin\theta,\ z=\rho\cos\varphi$$

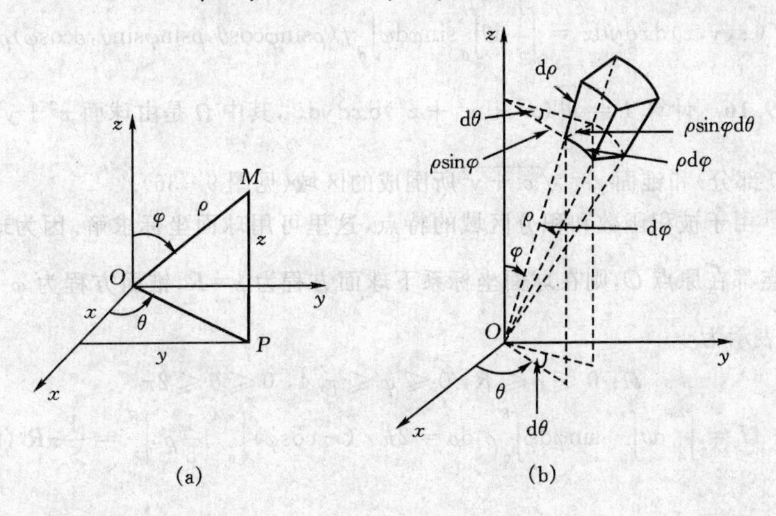

图 9 - 35

为了把三重积分中的变量从直角坐标变换为球面坐标，用三组坐标面 $\rho=$常数，$\varphi=$常数，$\theta=$常数把积分区域 Ω 分成许多小闭区域. 考虑由 ρ、φ、θ 各取得微小增量 $\mathrm{d}\rho$、$\mathrm{d}\varphi$、$\mathrm{d}\theta$ 所成的六面体的体积(见图 9 - 35(b)). 不计高阶无穷小，可将这个六面体看作长方体，其经线方向的长为 $\rho\mathrm{d}\varphi$，纬线方向的宽为 $\rho\sin\varphi\mathrm{d}\theta$，向径方向的高为 $\mathrm{d}\rho$，于是得在球面坐标系中的体积元素为

$$\mathrm{d}v=\rho^2\sin\varphi\mathrm{d}\rho\mathrm{d}\varphi\mathrm{d}\theta$$

因此，可得把直角坐标系下的三重积分化为球面坐标系下的三重积分的变换公式

$$I=\iiint\limits_{\Omega}f(x,y,z)\mathrm{d}x\mathrm{d}y\mathrm{d}z=\iiint\limits_{\Omega}f(\rho\sin\varphi\cos\theta,\rho\sin\varphi\sin\theta,\rho\cos\varphi)\rho^2\sin\varphi\mathrm{d}\rho\mathrm{d}\varphi\mathrm{d}\theta$$

注　如果积分域 Ω 是球体、部分球体或者由球面及锥面围成的立体，或者被积函数中含有 $x^2+y^2+z^2$，用球面坐标较为方便.

利用球面坐标计算三重积分的方法与柱面坐标的情况类似，首先用 $\rho\sin\varphi\cos\theta$、$\rho\sin\varphi\sin\theta$、$\rho\cos\varphi$ 分别代换被积函数中的 x、y、z，用 $\rho^2\sin\varphi\mathrm{d}\rho\mathrm{d}\varphi\mathrm{d}\theta$ 替换体积元素 $\mathrm{d}x\mathrm{d}y\mathrm{d}z$；然后确定积分限，化三重积分为三次积分，一般，习惯上常把它化为先对 ρ、次对 φ、后对 θ 的三次积分.

若积分区域 Ω 的边界曲面是一个包围原点在内的闭曲面，其球面坐标方程为 $\rho=\rho(\varphi,\theta)$，则

$$\iiint\limits_{\Omega} f(x,y,z)\mathrm{d}x\mathrm{d}y\mathrm{d}z = \int_0^{2\pi}\mathrm{d}\theta\int_0^{\pi}\sin\varphi\mathrm{d}\varphi\int_0^{\rho(\varphi,\theta)} f(\rho\sin\varphi\cos\theta,\rho\sin\varphi\sin\theta,\rho\cos\varphi)\rho^2\mathrm{d}\rho$$

特别地,当积分区域 Ω 为球面 $\rho=a$ 所围成时,有

$$\iiint\limits_{\Omega} f(x,y,z)\mathrm{d}x\mathrm{d}y\mathrm{d}z = \int_0^{2\pi}\mathrm{d}\theta\int_0^{\pi}\sin\varphi\mathrm{d}\varphi\int_0^{a} f(\rho\sin\varphi\cos\theta,\rho\sin\varphi\sin\theta,\rho\cos\varphi)\rho^2\mathrm{d}\rho$$

例 9.16 计算 $I=\iiint\limits_{\Omega}(x^2+y^2+z^2)\mathrm{d}x\mathrm{d}y\mathrm{d}z$,其中 Ω 是由球面 $x^2+y^2+z^2=R^2$($z\geqslant 0$ 部分)和锥面 $z=\sqrt{x^2+y^2}$ 所围成的区域(见图 9-36).

解 由于被积函数和积分区域的特点,这里可用球面坐标求解. 因为球心、锥面的顶点都在原点 O,则在球面坐标系下球面方程为 $\rho=R$,锥面方程为 $\varphi=\dfrac{\pi}{4}$,因而 Ω 可表示为

$$\Omega:\ 0\leqslant\rho\leqslant R,\ 0\leqslant\varphi\leqslant\pi/4,\ 0\leqslant\theta\leqslant 2\pi$$

于是 $$I=\int_0^{2\pi}\mathrm{d}\theta\int_0^{\pi/4}\sin\varphi\mathrm{d}\varphi\int_0^{R}\rho^4\mathrm{d}\rho = 2\pi\cdot(-\cos\varphi)\Big|_0^{\pi/4}\frac{1}{5}\rho^5\Big|_0^{R}=\frac{1}{5}\pi R^5(2-\sqrt{2})$$

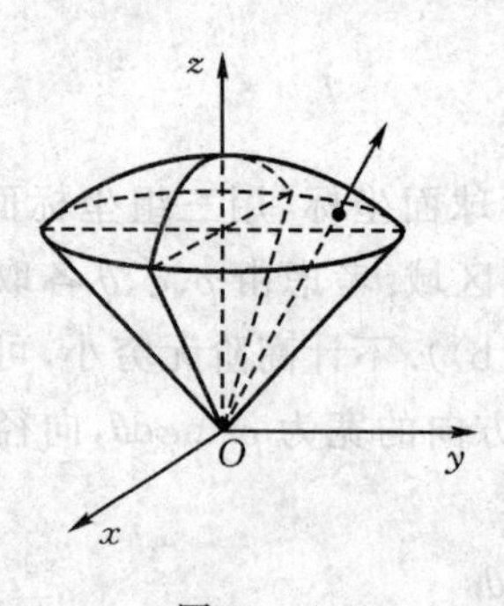

图 9-36

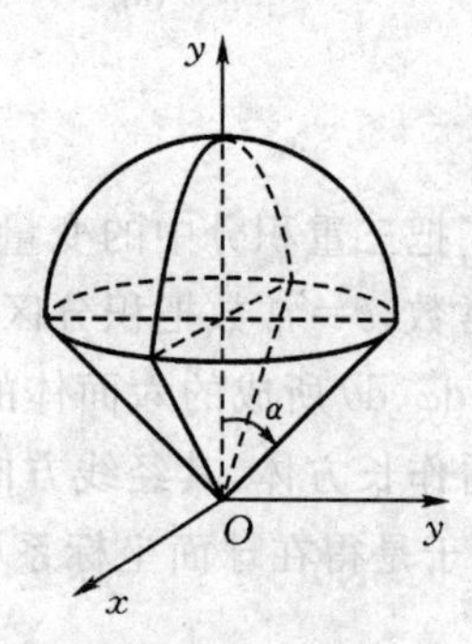

图 9-37

例 9.17 求球面 $x^2+y^2+z^2=2az$ 和以原点为顶点,z 轴为轴,顶角为 2α 的锥面所围成立体(见图 9-37)的体积.

解 在球坐标系中,所给球面的方程为 $\rho=2a\cos\varphi$,锥面方程为 $\varphi=\alpha$. 因此 Ω 可表示为

$$\Omega:\ 0\leqslant\rho\leqslant 2a\cos\varphi,\ 0\leqslant\varphi\leqslant\alpha,\ 0\leqslant\theta\leqslant 2\pi$$

所以

$$V=\iiint\limits_{\Omega}\mathrm{d}v=\int_0^{2\pi}\mathrm{d}\theta\int_0^{\alpha}\sin\varphi\mathrm{d}\varphi\int_0^{2a\cos\varphi}\rho^2\mathrm{d}\rho = 2\pi\int_0^{\alpha}\sin\varphi\mathrm{d}\varphi\int_0^{2a\cos\varphi}\rho^2\mathrm{d}\rho$$

$$=\frac{16\pi a^3}{3}\int_0^{\alpha}\cos^3\varphi\sin\varphi\mathrm{d}\varphi=\frac{4\pi a^3}{3}(1-\cos^4\alpha)$$

习题 9-3

1. 设有一物体，占有空间区域 Ω：$0\leqslant x\leqslant 1,0\leqslant y\leqslant 1,0\leqslant z\leqslant 1$，在点 (x,y,z) 处的密度为 $\mu(x,y,z)=x+y+z$，计算该物体的质量.

2. 化三重积分 $I=\iiint\limits_{\Omega}f(x,y,z)\mathrm{d}x\mathrm{d}y\mathrm{d}z$ 为三次积分，其中积分区域 Ω 分别是：

(1) 由双曲抛物面 $xy=z$ 及平面 $x+y-1=0,z=0$ 所围成的闭区域；

(2) 由曲面 $z=x^2+y^2$ 及平面 $z=1$ 所围成的闭区域.

3. 计算 $I=\iiint\limits_{\Omega}xy\sin z\mathrm{d}x\mathrm{d}y\mathrm{d}z$，其中 Ω 是长方体：$0\leqslant z\leqslant\dfrac{\pi}{2},0\leqslant y\leqslant 1,0\leqslant x\leqslant 2$.

4. 计算 $\iiint\limits_{\Omega}xyz\mathrm{d}x\mathrm{d}y\mathrm{d}z$，其中 Ω 为球面 $x^2+y^2+z^2=1$ 及三个坐标面所围成的在第一卦限内的闭区域.

5. 计算 $\iiint\limits_{\Omega}\dfrac{\mathrm{d}x\mathrm{d}y\mathrm{d}z}{(1+x+y+z)^3}$，其中 Ω 为平面 $x=0,y=0,z=0,x+y+z=1$ 所围成的四面体.

***6.** 利用柱面坐标计算下列三重积分：

(1) $\iiint\limits_{\Omega}xy\mathrm{d}v$，其中 Ω 是由柱面 $x^2+y^2=1$ 与平面 $z=0,z=1,x=0,y=0$ 所围成的第一卦限内的区域；

(2) $I=\iiint\limits_{\Omega}(x^2+y^2)\mathrm{d}v$，其中 Ω 是球体：$x^2+y^2+z^2\leqslant 2z$；

(3) 计算 $I=\iiint\limits_{\Omega}z\sqrt{x^2+y^2}\,\mathrm{d}x\mathrm{d}y\mathrm{d}z$，其中 Ω 是由柱面 $x^2+y^2=4$，平面 $z=0$，$y+z=2$ 所围成的区域.

***7.** 利用球面坐标计算下列三重积分：

(1) $\iiint\limits_{\Omega}(x^2+y^2+z^2)\mathrm{d}v$，其中 Ω 是由球面 $x^2+y^2+z^2=1$ 所围成的闭区域；

(2) $\iiint\limits_{\Omega}z\mathrm{d}v$，其中 Ω 是由不等式 $x^2+y^2+z^2\leqslant R^2,z\geqslant 0$ 所确定.

***8.** 选用适当的坐标计算下列三重积分：

(1) $\iiint\limits_{\Omega}xy\mathrm{d}v$，其中 Ω 为柱面 $x^2+y^2=1$ 及平面 $z=1,z=0,x=0,y=0$ 所围成的在第一卦限内的闭区域；

(2) $\iiint\limits_{\Omega}(x^2+y^2+z^2)\mathrm{d}v$，其中 Ω 是由球面 $x^2+y^2+z^2=2z$ 所围成的闭区域.

*9. 利用三重积分计算下列由曲面 $z=6-x^2-y^2$ 及 $z=\sqrt{x^2+y^2}$ 所围成的立体的体积.

10. 球心在原点，半径为 R 的球体，在其上任意一点的密度的大小与这点到球心的距离成正比，求该球体的质量.

9.4　重积分的应用

与定积分一样，重积分也有着比较广泛的应用. 在应用重积分解决实际问题时，所采用的方法仍然是微元法. 如果实际问题中所要求的量 Q 满足条件：

(1) Q 是在区域 Ω 上非均匀连续分布的量；

(2) Q 对于闭区域 Ω 具有可加性，即当闭区域 Ω 分成若干个小闭区域，每个小区域上的部分量之和等于所求量 Q；

(3) 在闭区域 Ω 内任取一个直径很小的闭区域 $\mathrm{d}\Omega$，相应的局部量为 ΔQ，如果能找到它的线性部分(即 Q 的微元)作为近似值，则 Q 可以由重积分求得. 这里 Ω 可能是平面区域，也可能是空间区域，根据区域所在空间的维数不同，分别采用二重积分和三重积分来计算.

本节介绍重积分在几何、物理等方面的几个典型应用.

9.4.1　曲面的面积

设曲面 S 的方程为 $z=f(x,y)$，D 为曲面 S 在 xOy 平面的投影区域，函数 $f(x,y)$ 在 D 上具有连续偏导数 $f_x(x,y)$ 和 $f_y(x,y)$，现在来计算曲面 S 的面积 A.

用微元法的思想，区域 D 内任取直径很小的闭区域 $\mathrm{d}\sigma$(其面积也用 $\mathrm{d}\sigma$ 表示).

在 $\mathrm{d}\sigma$ 内任取一点 $P(x,y)$，对应地曲面 S 上有一点 $M(x,y,f(x,y))$，曲面 S 在点 M 处的切平面记为 T(见图 9－38). 以 $\mathrm{d}\sigma$ 的边界曲线为准线，作母线平行于 z 轴的柱面，该柱面在曲面 S 上截下一小片 $\mathrm{d}S$，在切平面 T 上截下一小片平面 $\mathrm{d}A$，因为 $\mathrm{d}\sigma$ 的直径都很小，所以可用 $\mathrm{d}A$ 近似代替 $\mathrm{d}S$，即 $\mathrm{d}A$ 为曲面 S 的**面积微元**.

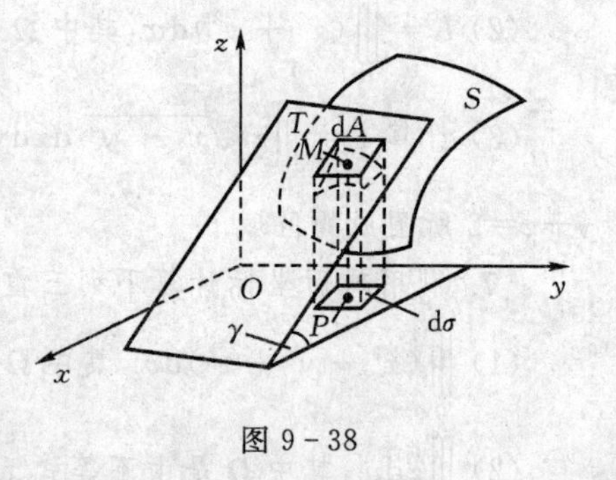

图 9－38

设点 M 处曲面 S 的法线(指向朝上)与 z 轴所成的角为 γ(即切平面 T 与 xOy

平面的夹角为 γ，如图 9－38 所示)，则有

$$dA = \frac{d\sigma}{\cos\gamma}$$

因为

$$\cos\gamma = \frac{1}{\sqrt{1 + f_x^2(x,y) + f_y^2(x,y)}}$$

所以

$$dA = \sqrt{1 + f_x^2(x,y) + f_y^2(x,y)}\, d\sigma$$

将面积微元作为被积表达式在闭区域 D 上积分，便得曲面 S 的面积

$$A = \iint_D dA = \iint_D \sqrt{1 + f_x^2(x,y) + f_y^2(x,y)}\, d\sigma$$

此式也可写成

$$A = \iint_D \sqrt{1 + \left(\frac{\partial z}{\partial x}\right)^2 + \left(\frac{\partial z}{\partial y}\right)^2}\, dxdy$$

这就是曲面面积的计算公式.

同理，如果曲面 S 的方程为 $y = y(z,x)$ 或 $y = y(z,x)$，可分别把曲面投影到 yOz 面上(投影区域记为 D_{yz})或 xOz 面上(投影区域记为 D_{xz})，类似地可以得到

$$A = \iint_{D_{yz}} \sqrt{1 + \left(\frac{\partial x}{\partial y}\right)^2 + \left(\frac{\partial x}{\partial z}\right)^2}\, dydz$$

或

$$A = \iint_{D_{xz}} \sqrt{1 + \left(\frac{\partial y}{\partial x}\right)^2 + \left(\frac{\partial y}{\partial z}\right)^2}\, dxdz$$

例 9.18　求半径为 a 的球的表面积.

解　设球面方程为 $x^2 + y^2 + z^2 = a^2$，由于曲面的对称性，只需计算上半球面的面积. 其方程为 $z = \sqrt{a^2 - x^2 - y^2}$，它在 xOy 面上的投影区域 D 可表示为 $x^2 + y^2 \leqslant a^2$. 由

$$\frac{\partial z}{\partial x} = \frac{-x}{\sqrt{a^2 - x^2 - y^2}}, \quad \frac{\partial z}{\partial y} = \frac{-y}{\sqrt{a^2 - x^2 - y^2}}$$

得面积微元

$$dA = \sqrt{1 + \left(\frac{\partial z}{\partial x}\right)^2 + \left(\frac{\partial z}{\partial y}\right)^2}\, dxdy = \frac{a}{\sqrt{a^2 - x^2 - y^2}} dxdy$$

因为被积函数在闭区域 D 上是无界的，不能直接应用曲面面积公式. 所以先取闭区域 $D_1: x^2 + y^2 \leqslant b^2 \ (0 < b < a)$ 为积分区域，算出相应于 D_1 上的球面面积 A_1 后，令 $b \to a$ 取极限(这个极限就是函数 $\dfrac{a}{\sqrt{a^2 - x^2 - y^2}}$ 在区域 D 上的所谓广义积分)就得上半球面的面积

$$A_1=\iint\limits_{D_1}\frac{a}{\sqrt{a^2-x^2-y^2}}\mathrm{d}x\mathrm{d}y$$

利用极坐标，得

$$A_1=\iint\limits_{D_1}\frac{a}{\sqrt{a^2-r^2}}r\mathrm{d}r\mathrm{d}\theta=a\int_0^{2\pi}\mathrm{d}\theta\int_0^b\frac{r\mathrm{d}r}{\sqrt{a^2-r^2}}$$

$$=2\pi a\int_0^b\frac{r\mathrm{d}r}{\sqrt{a^2-r^2}}=2\pi a(a-\sqrt{a^2-b^2})$$

取极限　　$$\lim_{b\to a}A_1=\lim_{b\to a}2\pi a(a-\sqrt{a^2-b^2})=2\pi a^2$$

即上半个球面的面积为 $2\pi a^2$，因此整个球面的面积为 $A=4\pi a^2$.

例 9.19　求锥面 $z=\sqrt{x^2+y^2}$ 被柱面 $x^2+y^2=2x$ 所截下部分曲面的面积.

解　曲面的边界在 xOy 平面的投影为 $x^2+y^2=2x$，即 $(x-1)^2+y^2=1$. 故投影区域 D 为圆域：$(x-1)^2+y^2\leqslant 1$，如图 9-39 所示.

由于 $$\frac{\partial z}{\partial x}=\frac{x}{\sqrt{x^2+y^2}},\ \frac{\partial z}{\partial y}=\frac{y}{\sqrt{x^2+y^2}}$$

所以

$$\mathrm{d}A=\sqrt{1+\left(\frac{\partial z^2}{\partial x}+\frac{\partial z^2}{\partial y}\right)}\,\mathrm{d}x\mathrm{d}y$$

$$=\sqrt{1+\frac{x^2}{x^2+y^2}+\frac{y^2}{x^2+y^2}}\,\mathrm{d}x\mathrm{d}y$$

$$=\sqrt{2}\,\mathrm{d}x\mathrm{d}y$$

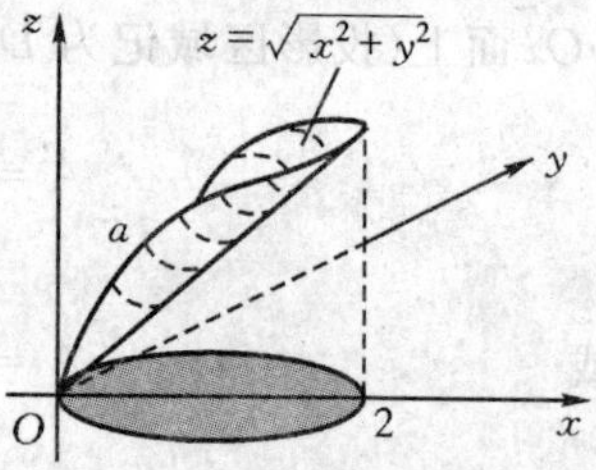

图 9-39

而 D 是半径为 1 的圆，其面积为 π，于是

$$A=\iint\limits_D\mathrm{d}A=\iint\limits_D\sqrt{2}\,\mathrm{d}x\mathrm{d}y=\sqrt{2}\pi$$

*9.4.2　物体的质心

设有 n 个质点构成的离散质点系，它们分别位于 $(x_1,y_1,z_1),(x_2,y_2,z_2),\cdots,(x_n,y_n,z_n)$ 处，其质量分别为 $m_1,m_2,\cdots,m_n$，由物理学知道，该质点系的质心的坐标为

$$\bar{x}=\frac{\sum\limits_{i=1}^n m_ix_i}{\sum\limits_{i=1}^n m_i}=\frac{\sum\limits_{i=1}^n m_ix_i}{M},\quad \bar{y}=\frac{\sum\limits_{i=1}^n m_iy_i}{\sum\limits_{i=1}^n m_i}=\frac{\sum\limits_{i=1}^n m_iy_i}{M},\quad \bar{z}=\frac{\sum\limits_{i=1}^n m_iz_i}{\sum\limits_{i=1}^n m_i}=\frac{\sum\limits_{i=1}^n m_iz_i}{M}$$

其中，$M=\sum\limits_{i=1}^n m_i$ 为质点系的总质量.

设有一物质分布非均匀的物体，在空间上占有闭区域 Ω，密度函数为 $\mu(x,y,z)$，将闭区域 Ω 分割成 n 个直径很小的闭区域 $\Delta v_i(i=1,2,\cdots,n)$，在 Δv_i 上任取一点 $P(x_i,y_i,z_i)$，Δv_i 部分的质量近似等于 $\Delta m_i\approx\mu(x_i,y_i,z_i)\Delta v_i$，于是

$$\bar{x}\approx\frac{\sum_{i=1}^{n}x_i\mu(x_i,y_i,z_i)\Delta v_i}{\sum_{i=1}^{n}\mu(x_i,y_i,z_i)\Delta v_i}$$

设所有小闭区域的直径最大值趋近于零时取极限，根据三重积分的定义，即有

$$\bar{x}=\frac{\iiint\limits_{\Omega}x\mu(x,y,z)\mathrm{d}v}{\iiint\limits_{\Omega}\mu(x,y,z)\mathrm{d}v}=\frac{1}{M}\iiint\limits_{\Omega}x\mu(x,y,z)\mathrm{d}v$$

同理，有

$$\bar{y}=\frac{1}{M}\iiint\limits_{\Omega}y\mu(x,y,z)\mathrm{d}v,\ \bar{z}=\frac{1}{M}\iiint\limits_{\Omega}z\mu(x,y,z)\mathrm{d}v$$

如果物体是均匀的，即密度 $\mu(x,y,z)=\mu$ 为常量，则在重心公式中可将 μ 提到积分号外面，并从分子、分母中约去，这样便得均质物体的重心坐标公式

$$\bar{x}=\frac{1}{V}\iiint\limits_{\Omega}x\mathrm{d}v,\ \bar{y}=\frac{1}{V}\iiint\limits_{\Omega}y\mathrm{d}v,\ \bar{z}=\frac{1}{V}\iiint\limits_{\Omega}z\mathrm{d}v$$

上式也是空间图形的**形心坐标公式**. 其中 $V=\iiint\limits_{\Omega}\mathrm{d}v$ 为闭区域 Ω 的体积. 这时物体质心完全由闭区域 D 的形状所决定. 所以物质均匀分布(即 $\mu=$ 常数)物体的质心与其形心是重合的.

对于平面薄片，可得其质心坐标公式为

$$\bar{x}=\frac{1}{M}\iint\limits_{D}x\mu(x,y)\mathrm{d}\sigma,\quad\bar{y}=\frac{1}{M}\iint\limits_{D}y\mu(x,y)\mathrm{d}\sigma$$

平面图形 D 的形心坐标公式为

$$\bar{x}=\frac{1}{A}\iint\limits_{D}x\mathrm{d}\sigma,\quad\bar{y}=\frac{1}{A}\iint\limits_{D}y\mathrm{d}\sigma$$

其中 $A=\iint\limits_{D}\mathrm{d}\sigma$ 为平面图形 D 的面积.

比较离散质点系和连续物体的质心公式不难发现，计算质量连续分布物体的质心坐标，只要在离散质点系的质心坐标公式中，将质点的坐标 x_i、y_i、z_i 换成 x、y、z；将该质点的质量 m_i 换成质量微元 $\mathrm{d}m=\mu(x,y)\mathrm{d}\sigma$；再将求和的符号换成相应区域上的积分就可以了. 这种处理问题的方法在应用重积分解决其他领域的实际问题同样是可行的，希望读者通过以上推导质心公式的过程充分体会应用积分解

决问题的方法.

例 9.20 求半径为 a 的半圆的形心坐标.

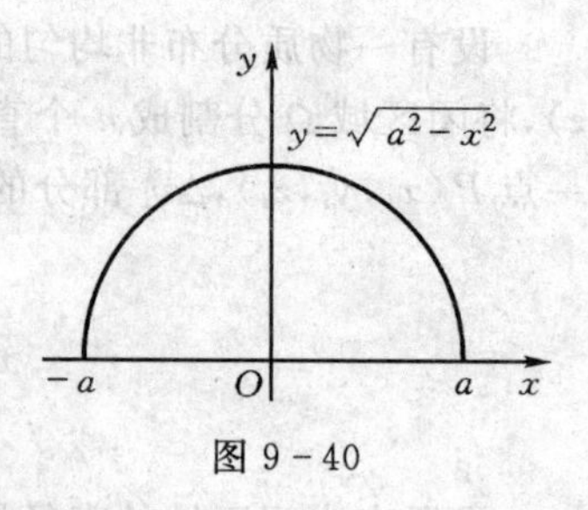

图 9-40

解 设半圆 D 的直径是 x 轴,半圆位于 x 轴上方,如图 9-40 所示. D 可表示为

$$D:0 \leqslant y \leqslant \sqrt{a^2-x^2},\ -a \leqslant x \leqslant a$$

因为 D 关于 y 轴对称,则形心的横坐标 $\bar{x}=0$,因此只需计算 $\bar{y}$.

$$\iint_D y\,\mathrm{d}\sigma = \int_{-a}^{a}\mathrm{d}x\int_0^{\sqrt{a^2-x^2}} y\mathrm{d}y = \int_{-a}^{a}\frac{a^2-x^2}{2}\mathrm{d}x = \frac{2}{3}a^3$$

因为 $A=\frac{1}{2}\pi a^2$,所以

$$\bar{y} = \frac{1}{A}\iint_D y\,\mathrm{d}\sigma = \frac{2a^3/3}{\pi a^2/2} = \frac{4}{3\pi}a$$

所以形心坐标为$(0,4a/3\pi)$.

例 9.21 求半径为 a 的质量均匀分布的半球体的质心.

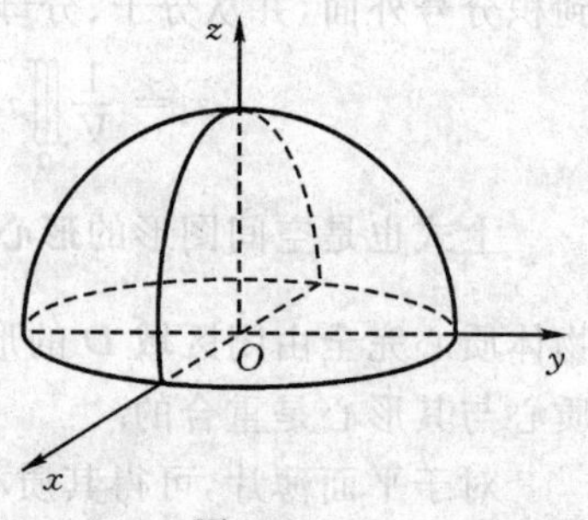

图 9-41

解 建立如图 9-41 所示的坐标系. 由于半球体关于 z 轴对称,因此其质心在 z 轴上,故 $\bar{x}=\bar{y}=0$.

$$\bar{z} = \frac{1}{M}\iiint_\Omega z\mu\,\mathrm{d}v = \frac{1}{V}\iiint_\Omega z\,\mathrm{d}v$$

其中 $V=\frac{2}{3}\pi a^3$ 为半球体的体积. 用球面坐标求解上式中的三重积分,Ω 在球坐标系中可表示为

$$\Omega:0 \leqslant \rho \leqslant a,\ 0 \leqslant \varphi \leqslant \pi/2,\ 0 \leqslant \theta \leqslant 2\pi$$

故有

$$\begin{aligned}\iiint_\Omega z\,\mathrm{d}v &= \iiint_\Omega \rho\cos\varphi \cdot \rho^2\sin\varphi\mathrm{d}\rho\mathrm{d}\varphi\mathrm{d}\theta \\ &= \int_0^{2\pi}\mathrm{d}\theta\int_0^{\pi/2}\cos\varphi\cdot\sin\varphi\mathrm{d}\varphi\int_0^a\rho^3\mathrm{d}\rho \\ &= 2\pi\cdot\frac{1}{2}\sin^2\varphi\Big|_0^{\pi/2}\cdot\frac{1}{4}\rho^4\Big|_0^a \\ &= \frac{\pi a^4}{4}\end{aligned}$$

所以,$\bar{z}=\dfrac{\pi a^4/4}{2\pi a^4/3}=\dfrac{3}{8}a$,即重心坐标为$\left(0,0,\dfrac{3}{8}a\right)$.

*9.4.3　物体的转动惯量

设有 n 个质点构成的离散质点系，它们分别位于(x_1,y_1,z_1)，(x_2,y_2,z_2)，…，(x_n,y_n,z_n)处，其质量分别为 $m_1,m_2,\cdots,m_n$，由物理学知道，该质点系对于 l 轴的转动惯量为

$$I_l=\sum_{i=1}^{n}m_ir_i^2$$

其中 r_i 是点(x_i,y_i,z_i)到轴 l 的距离. 特别地，该质点系对于 x 轴、y 轴和 z 轴的转动惯量分别为

$$I_x=\sum_{i=1}^{n}m_i(y_i^2+z_i^2),\ I_y=\sum_{i=1}^{n}m_i(x_i^2+z_i^2),\ I_z=\sum_{i=1}^{n}m_i(x_i^2+y_i^2)$$

设有一物体，在空间上占有闭区域 Ω，密度函数为 $\mu(x,y,z)$，现应用微元法来求物体的转动惯量：在 Ω 上任取一闭区域 $\mathrm{d}v$，当 $\mathrm{d}v$ 的直径很小，且 $\mu(x,y,z)$在 Ω 上连续时，$\mu(x,y,z)$在 $\mathrm{d}v$ 上变化很小，在 $\mathrm{d}v$ 上任取一点(x,y,z)，$\mathrm{d}v$ 的质量近似等于 $\mu(x,y,z)\mathrm{d}v$，并且可以近似看作物质集中在点(x,y,z)处，于是对于 x 轴、y 轴和 z 轴的转动惯量微元为

$$\mathrm{d}I_x=(y^2+z^2)\mu\mathrm{d}v,\ \mathrm{d}I_y=(z^2+x^2)\mu\mathrm{d}v,\ \mathrm{d}I_z=(x^2+y^2)\mu\mathrm{d}v$$

分别在 Ω 上求三重积分，则得物体对于 x 轴、y 轴和 z 轴的转动惯量为

$$I_x=\iiint\limits_{\Omega}(y^2+z^2)\mu\mathrm{d}v,\ I_y=\iiint\limits_{\Omega}(z^2+x^2)\mu\mathrm{d}v,\ I_z=\iiint\limits_{\Omega}(x^2+y^2)\mu\mathrm{d}v$$

特别地，对于平面薄片，若其占据的平面区域为 D，密度函数为 $\mu(x,y)$，则其对于 x 轴及 y 轴的转动惯量为

$$I_x=\iint\limits_{D}y^2\mu(x,y)\mathrm{d}\sigma,\quad I_y=\iint\limits_{D}x^2\mu(x,y)\mathrm{d}\sigma$$

例 9.22　求半径为 R 的均质半圆薄片对其直径的转动惯量.

解　取坐标系如图 9-42 所示，则薄片所占闭区域 D 可表示为

$$D:\ x^2+y^2\leqslant a^2,\ y\geqslant 0$$

由于薄片为均质的，则其面密度为 $\mu=$常量，于是该半圆薄片对于 x 轴的转动惯量为

$$I_x=\iint\limits_{D}\mu y^2\mathrm{d}\sigma=\mu\iint\limits_{D}r^3\sin^2\theta\mathrm{d}r\mathrm{d}\theta$$

$$=\mu\int_0^{\pi}\mathrm{d}\theta\int_0^{a}r^3\sin^2\theta\mathrm{d}r=\mu\cdot\frac{a^4}{4}\int_0^{\pi}\sin^2 2\theta\mathrm{d}\theta$$

$$=\frac{1}{4}\mu a^4\cdot\frac{\pi}{2}=\frac{1}{4}Ma^2$$

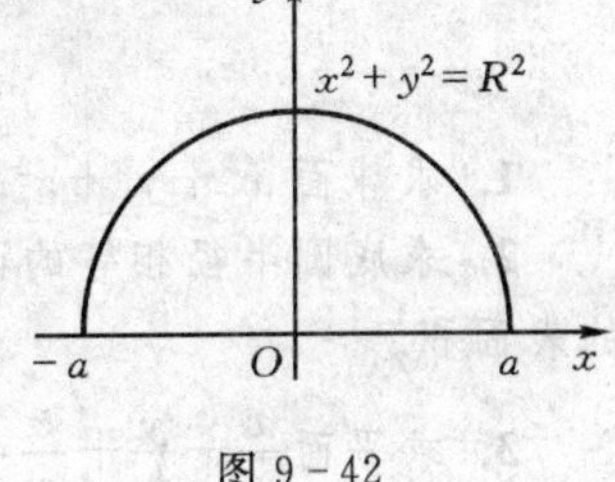

图 9-42

其中，$M=\frac{1}{2}\pi a^2\mu$ 为半圆薄片的质量.

例 9.23 求图 9-43 所示的高为 $2h$、半径为 R 的均质正圆柱体对于 x 轴和 z 轴的转动惯量.

解 由于圆柱体是均质的，则其密度 $\mu=$常量，于是圆柱体对 x 轴的转动惯量为

$$I_x=\iiint\limits_{\Omega}(y^2+z^2)\mu \mathrm{d}v$$

用柱面坐标求解此积分，则有

$$\begin{aligned}
I_x&=\mu\iiint\limits_{\Omega}(r^2\sin^2\theta+z^2)r\mathrm{d}r\mathrm{d}\theta\mathrm{d}z\\
&=\mu\int_0^{2\pi}\mathrm{d}\theta\int_0^R r\mathrm{d}r\int_{-h}^{h}(r^2\sin^2\theta+z^2)\mathrm{d}z\\
&=\mu\int_0^{2\pi}\mathrm{d}\theta\int_0^R\left(2hr^2\sin^2\theta+\frac{2h^3}{3}\right)r\mathrm{d}r\\
&=\mu\int_0^{2\pi}\left(\frac{2hR^4}{4}\sin^2\theta+\frac{2h^3}{3}\cdot\frac{R^2}{2}\right)\mathrm{d}\theta\\
&=\mu\left(\frac{hR^4}{2}\pi+\frac{2h^3R^2}{3}\pi\right)\\
&=\frac{1}{6}\mu\pi hR^2(3R^2+4h^3)\\
&=\frac{1}{12}M(3R^2+4h^3)
\end{aligned}$$

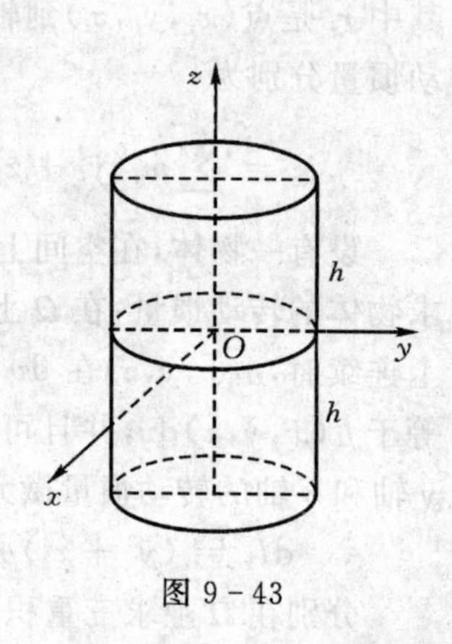

图 9-43

圆柱体对 z 轴的转动惯量为

$$I_z=\iiint\limits_{\Omega}(x^2+y^2)\mu \mathrm{d}v$$

用柱面坐标求解此积分，则有

$$I_z=\mu\iiint\limits_{\Omega}r^2\cdot r\mathrm{d}r\mathrm{d}\theta\mathrm{d}z=\mu\int_0^{2\pi}\mathrm{d}\theta\int_0^R r^3\mathrm{d}r\int_{-h}^{h}\mathrm{d}z=\pi\mu R^4h=\frac{1}{2}MR^2$$

其中，$M=2\pi\mu R^2h$ 为圆柱体的质量.

习题 9-4

1. 求球面 $x^2+y^2+z^2=a^2$ 含在圆柱面 $x^2+y^2=ax$ 内部的那部分面积.

2. 求底圆半径相等的两个直交圆柱面 $x^2+y^2=R^2$ 及 $x^2+z^2=R^2$ 所围立体的表面积.

3. 求平面 $\frac{x}{a}+\frac{y}{b}+\frac{z}{c}=1$ 被三坐标面所割出的有限部分的面积.

*4. 设薄片所占的闭区域 D 由 $y=\sqrt{2px}$，$x=x_0$，$y=0$ 所围成，求均匀薄片的重心.

*5. 设有一等腰直角三角形薄片，腰长为 a，各点处的面密度等于该点到直角顶点的距离的平方，求这薄片的重心.

*6. 利用三重积分计算由曲面 $z=x^2+y^2$，$z=1$ 所围立体的重心（设密度 $\mu=1$）.

*7. 球体 $x^2+y^2+z^2\leqslant 2Rz$ 内，各处的密度的大小等于该点到坐标原点的距离的平方. 试求这球体的重心.

*8. 设均匀薄片（面密度 $\mu=1$）所占闭区域 D 由抛物线 $y^2=\frac{9}{2}x$ 与直线 $x=2$ 所围成，求转动惯量 I_x 和 I_y.

*9. 求底半径为 R，高为 H，质量为 M 的均质圆柱体对其底的直径的转动惯量.

第 10 章　曲线积分与曲面积分

在第 9 章，已经把积分的积分区域从数轴上的区间推广到了平面和空间的区域，从而给出了重积分的概念. 本章将进一步的把积分区域推广到一段曲线弧或一块曲面的情形，相应的积分称为曲线积分和曲面积分. 它是多元函数积分学的又一个重要组成部分.

10.1　第一类曲线积分

10.1.1　引例

设有一曲线形构件所占的位置为 xOy 面内的一段曲线弧 L（见图 10－1），它的线密度为 $\mu(x,y)$，试求此构件的质量 M.

如果构件的线密度为常量，那么构件的质量 M 就等于该构件线密度 μ 与其长度 s 的乘积，即 $M=\mu\times s$.

如果构件的线密度是点 (x,y) 的连续函数，就不能直接用上述方法计算. 但由于曲线型构件的质量具有可加性，因此可以利用与第 9 章中求平面薄板质量类似的方法求该构件的质量.

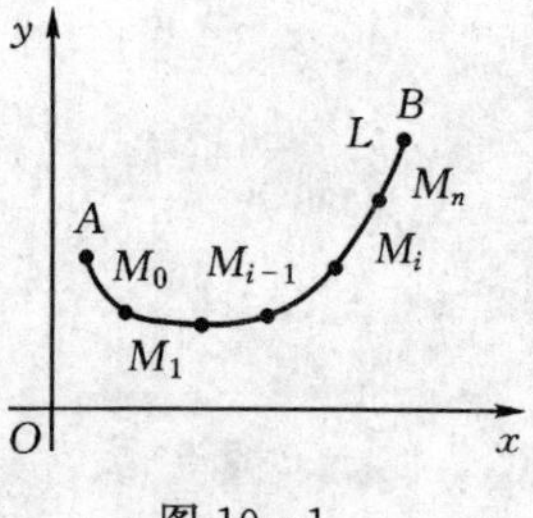

图 10－1

将 L 分成 n 个小段，记第 i 个小段的长度为 Δs_i，在该小段上任取一点 (ξ_i,η_i)，则这小段的质量可以近似表示为 $\Delta M_i\approx\mu(\xi_i,\eta_i)\Delta s_i$，于是，整个曲线形构件质量可近似表示为

$$M=\sum_{i=1}^{n}\Delta M_i\approx\sum_{i=1}^{n}\mu(\xi_i,\eta_i)\Delta s_i$$

记 $\lambda=\max\limits_{1\leqslant i\leqslant n}(\Delta s_i)$，则可得该构件质量的精确值

$$M=\lim_{\lambda\to 0}\sum_{i=1}^{n}\mu(\xi_i,\eta_i)\Delta s_i \tag{10.1}$$

如果不考虑该问题具体的物理意义，抽象出其数学本质，即可引入第一类曲线积分的概念.

10.1.2　第一类曲线积分的定义与性质

定义 10.1　设 $L=\overset{\frown}{AB}$ 为 xOy 面内的一条分段光滑曲线[①]，函数 $f(x,y)$ 在 L 上有界. 在 L 上的任取分点 $A=M_0,M_1,M_2,\cdots,M_{n-1},M_n=B$，把 L 分成 n 个小段. 设第 i 个小段的长度为 Δs_i，在其上任取一点 (ξ_i,η_i)，作乘积 $f(\xi_i,\eta_i)\Delta s_i(i=1,2,\cdots,n)$，并作和式 $\sum\limits_{i=1}^{n}f(\xi_i,\eta_i)\Delta s_i$，记 $\lambda=\max\limits_{1\leqslant i\leqslant n}(\Delta s_i)$，若极限 $\lim\limits_{\lambda\to 0}\sum\limits_{i=1}^{n}f(\xi_i,\eta_i)\Delta s_i$ 存在，则把此极限称为函数 $f(x,y)$ 在曲线弧 L 上的**第一类曲线积分**或**对弧长的曲线积分**，记作 $\int_L f(x,y)\mathrm{d}s$，即

$$\int_L f(x,y)\mathrm{d}s=\lim_{\lambda\to 0}\sum_{i=1}^{n}f(\xi_i,\eta_i)\Delta s_i \tag{10.2}$$

其中，$f(x,y)$ 称为**被积函数**，L 称为**积分路径**.

可以证明，式(10.2)中和式极限存在的一个充分条件是函数 $f(x,y)$ 在曲线 L 上连续. 因此，以后总假定函数 $f(x,y)$ 在曲线 L 上连续，此时，第一类曲线积分 $\int_L f(x,y)\mathrm{d}s$ 总是存在的.

当曲线弧 L 为封闭曲线时，第一类曲线积分常写成 $\oint_L f(x,y)\mathrm{d}s$.

根据定义，若被积函数 $f(x,y)=1$，则显然有

$$\int_L 1\cdot\mathrm{d}s=\int_L \mathrm{d}s=s \tag{10.3}$$

它就是积分路径 L 的弧长 s.

第一类曲线积分有着明显的物理意义与几何意义.

物理意义：当 $\mu=f(x,y)$ 是分布在光滑曲线 L 上的连续密度函数时，第一类曲线积分 $M=\int_L f(x,y)\mathrm{d}s$ 表示曲线形构件的质量.

几何意义：若 $z=f(x,y)$ 是定义在平面光滑曲线 L 上的正值连续函数，则 $\int_L f(x,y)\mathrm{d}s$ 表示以 L 为准线，母线平行 z 轴，以 $z=f(x,y)$ 为顶，底面在 xOy 上的柱面的侧面积(见图10-2).

第一类曲线积分具有与定积分类似的性质，常用的有

---

① 如果连续曲线 $y=f(x)$ 上处处都有切线，当切点连续变化时，切线也连续转动，此时就称该曲线为光滑曲线. 所谓分段光滑是指，曲线可以分为有限段，而每一段都是光滑的. 以后我们总是假定曲线是光滑或分段光滑的.

性质1 设 k 为常数,

$$\int_L kf(x,y)\mathrm{d}s = k\int_L f(x,y)\mathrm{d}s;$$

性质2 $\int_L [f(x,y) \pm g(x,y)]\mathrm{d}s$

$$= \int_L f(x,y)\mathrm{d}s \pm \int_L g(x,y)\mathrm{d}s;$$

性质3 若曲线 L 由两段光滑曲线 L_1 和 L_2 组成,即 $L=L_1+L_2$,则

$$\int_L f(x,y)\mathrm{d}s = \int_{L_1} f(x,y)\mathrm{d}s + \int_{L_2} f(x,y)\mathrm{d}s.$$

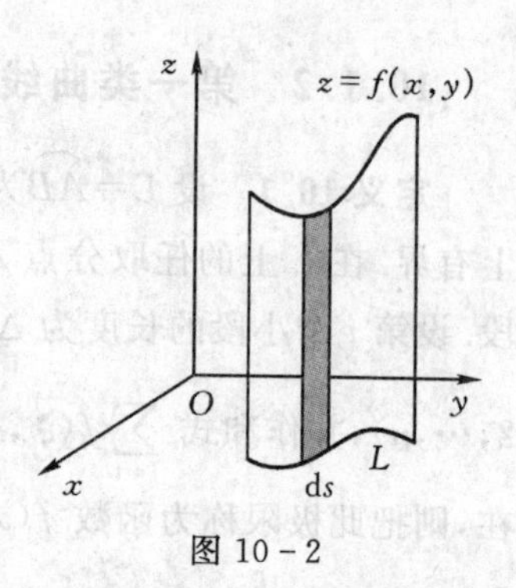

图 10-2

10.1.3 第一类曲线积分的计算

设函数 $f(x,y)$ 在平面简单[1]光滑曲线弧 L 上连续,它可用参数方程表示为

$$x=\varphi(t),\quad y=\psi(t)\quad (\alpha\leqslant t\leqslant \beta)$$

其中 $\varphi(t)$、$\psi(t)$ 在 $[\alpha,\beta]$ 上具有一阶连续导数,且 $\varphi'^2(t)+\psi'^2(t)\neq 0$. 将曲线 L 的弧微分公式

$$\mathrm{d}s = \sqrt{\varphi'^2(t)+\psi'^2(t)}\,\mathrm{d}t$$

及参数方程 $x=\varphi(t)$, $y=\psi(t)$ 代入定义式(10.2),即得

$$\int_L f(x,y)\mathrm{d}s = \int_\alpha^\beta f[\varphi(t),\psi(t)]\sqrt{\varphi'^2(t)+\psi'^2(t)}\,\mathrm{d}t \tag{10.4}$$

注 (1) 公式(10.4)表明,可以把 $\int_L f(x,y)\mathrm{d}s$ 中的弧长微元 $\mathrm{d}s$ 看作弧微分,把弧微分公式和曲线 L 的参数方程代入被积表达式中,然后去计算所得的定积分;

(2) 由于弧微分 $\mathrm{d}s$ 总是正的,所以将第一类曲线积分化为定积分计算时,上限 β 必须大于下限 α.

如果曲线 L 由方程 $y=y(x)$ $(a\leqslant x\leqslant b)$ 表示,此时 L 的方程可看成特殊的参数方程

$$x=x,\ y=y(x)\quad (a\leqslant x\leqslant b)$$

从而由(10.4)式可得

$$\int_L f(x,y)\mathrm{d}s = \int_a^b f[x,y(x)]\sqrt{1+y'^2(x)}\,\mathrm{d}x\quad (a<b)$$

类似地,如果曲线 L 由方程 $x=x(y)$ $(c\leqslant y\leqslant d)$ 表示,则有

① 自身不相交的曲线为简单曲线.

$$\int_L f(x,y)\mathrm{d}s = \int_c^d f[x(y),y]\sqrt{1+x'^2(y)}\,\mathrm{d}y \quad (c<d)$$

第一类曲线积分可以推广到积分曲线为空间曲线 Γ 的情形. 设 Γ 由参数方程

$$x=\varphi(t),\ y=\psi(t),\ z=\omega(t) \quad (\alpha\leqslant t\leqslant\beta)$$

则有

$$\int_\Gamma f(x,y,z)\mathrm{d}s = \int_\alpha^\beta f[\varphi(t),\psi(t),\omega(t)]\sqrt{\varphi'^2(t)+\psi'^2(t)+\omega'^2(t)}\,\mathrm{d}t \quad (\alpha<\beta)$$

例 10.1　计算曲线积分 $I=\int_L (x^2+y^2)\mathrm{d}s$，其中 L 是以原点为圆心，R 为半径的上半圆周(见图 10－3).

解　由于上半圆周的参数方程为

$$x=R\cos t,\ y=R\sin t,\ t\in[0,\pi]$$

$$\mathrm{d}s=\sqrt{x'^2(t)+y'^2(t)}\,\mathrm{d}t=\sqrt{(-R\sin t)^2+(R\cos t)^2}\,\mathrm{d}t=R\mathrm{d}t$$

所以

$$I=\int_0^\pi R^2\cdot R\mathrm{d}t=R^3\int_0^\pi \mathrm{d}t=\pi R^3$$

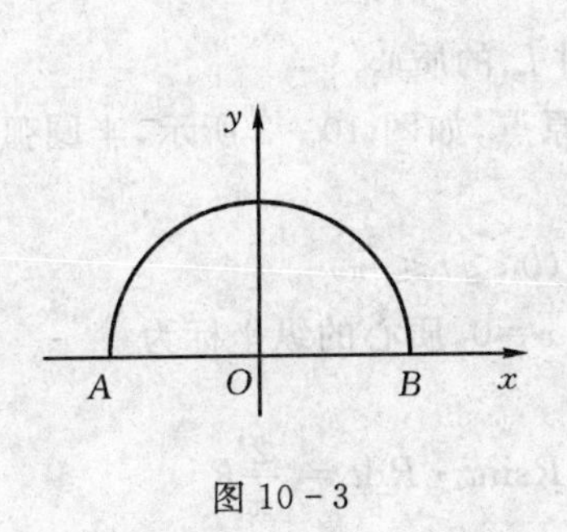

图 10－3

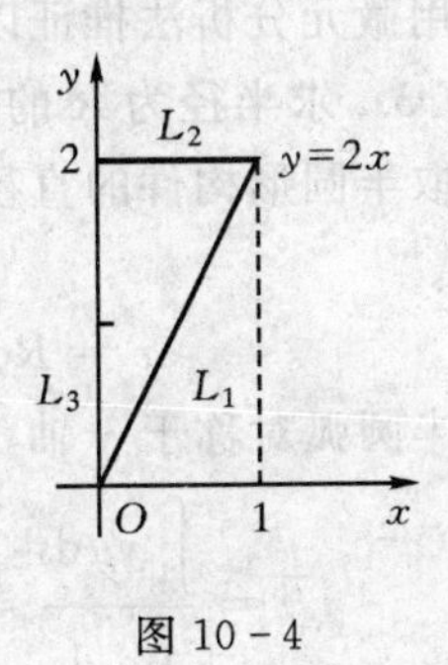

图 10－4

例 10.2　计算曲线积分 $I=\oint_L (x+y)\mathrm{d}s$，其中 L 是由直线 $y=2x$，$y=2$ 及 $x=0$所围成的三角形区域的边界曲线.

解　如图 10－4 所示，L 由 L_1、L_2、L_3 三条直线组成，即 $L=L_1+L_2+L_3$，由第一类曲线积分的性质 3

$$I=\int_{L_1}(x+y)\mathrm{d}s+\int_{L_2}(x+y)\mathrm{d}s+\int_{L_3}(x+y)\mathrm{d}s$$

由于

$$L_1: y=2x \quad (0\leqslant x\leqslant 1),\ \mathrm{d}s=\sqrt{5}\,\mathrm{d}x$$

$$L_2: y=2 \quad (0\leqslant x\leqslant 1),\ \mathrm{d}s=\mathrm{d}x$$

$$L_3: x=0 \quad (0\leqslant y\leqslant 2),\ \mathrm{d}s=\mathrm{d}y$$

则
$$\int_{L_1}(x+y)\mathrm{d}s=\int_0^1(x+2x)\sqrt{5}\,\mathrm{d}x=\frac{3}{2}\sqrt{5}$$
$$\int_{L_2}(x+y)\mathrm{d}s=\int_0^1(x+2)\mathrm{d}x=\frac{5}{2}$$
$$\int_{L_3}(x+y)\mathrm{d}s=\int_0^2 y\mathrm{d}y=2$$
所以
$$I=\frac{3}{2}\sqrt{5}+\frac{5}{2}+2=\frac{3}{2}(3+\sqrt{5})$$

10.1.4 第一类曲线积分的应用

设在 xOy 平面内有一条分布着质量的分段光滑曲线弧 L,在点(x,y)处的线密度为连续函数 $\mu(x,y)$,不难推出以下各计算公式:

质量 $\quad m=\int_L\mu(x,y)\mathrm{d}s$

质心坐标 $\quad \bar{x}=\frac{1}{m}\int_L x\mu(x,y)\mathrm{d}s,\quad \bar{y}=\frac{1}{m}\int_L y\mu(x,y)\mathrm{d}s$

请读者利用微元分析法推证以上各式.

例 10.3 求半径为 R 的均匀半圆弧形构件 L 的质心.

解 取半圆形构件的直径为 x 轴,圆心在原点,如图 10-3 所示,半圆弧的参数方程为
$$x=R\cos t,\ y=R\sin t\quad(0\leqslant t\leqslant\pi)$$
由于均匀半圆弧对称于 y 轴,故质心的横坐标 $\bar{x}=0$,质心的纵坐标为
$$\bar{y}=\frac{\int_L y\mu\,\mathrm{d}s}{\int_L\mu\,\mathrm{d}s}=\frac{\mu\int_L y\,\mathrm{d}s}{\pi R\mu}=\frac{1}{\pi R}\int_0^\pi R\sin t\cdot R\mathrm{d}t=\frac{2}{\pi}R$$
所以半圆弧形构件 L 的质心坐标为$(0,\frac{2}{\pi}R)$.

***例 10.4** 计算半径为 R、中心角为 2α 的圆弧 L 对于它的对称轴的转动惯量 I(设线密度 $\mu=1$).

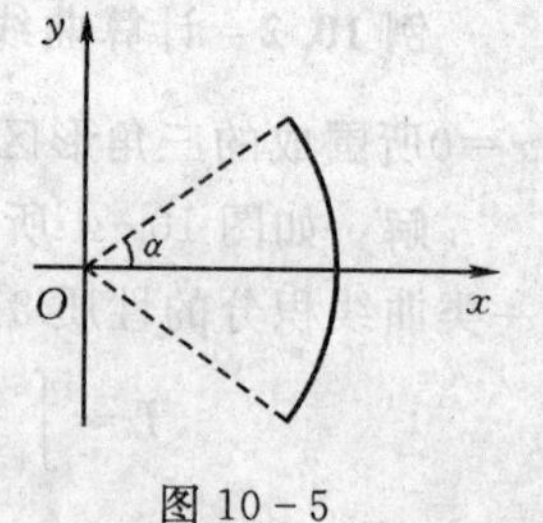

图 10-5

解 取坐标系如图 10-5 所示,则 $I=\int_L y^2\mathrm{d}s$,由于 L 的参数方程为
$$x=R\cos t,\ y=R\sin t\quad(-\alpha\leqslant t\leqslant\alpha)$$
所以
$$I=\int_L y^2\mathrm{d}s=\int_{-\alpha}^{\alpha}R^2\sin^2 t\sqrt{(-R\sin t)^2+(R\cos t)^2}\,\mathrm{d}t$$

$$= R^3\int_{-\alpha}^{\alpha}\sin^2 t\mathrm{d}t = \frac{R^3}{2}\left(t-\frac{\sin 2t}{2}\right)\Big|_{-\alpha}^{\alpha} = R^3(\alpha-\sin\alpha\cos\alpha)$$

习题 10－1

1. 计算$\oint_L (x^2+y^2)^n \mathrm{d}s$，其中 L 为圆周 $x=a\cos t, y=a\sin t(0\leqslant t\leqslant 2\pi)$.

2. 计算$\int_L (x+y)\mathrm{d}s$，其中 L 为连接(1,0)及(0,1)两点的直线段.

3. 计算$\oint_L x\mathrm{d}s$，其中 L 为由直线 $y=x$ 及抛物线 $y=x^2$ 所围成的区域的整个边界.

4. 计算$\oint_L \mathrm{e}^{\sqrt{x^2+y^2}}\mathrm{d}s$，其中 L 为圆周 $x^2+y^2=a^2$，直线 $y=x$ 及 x 轴在第一象限内所围成的扇形的整个边界.

5. 计算$\int_\Gamma \frac{1}{x^2+y^2+z^2}\mathrm{d}s$，其中 Γ 为曲线 $x=\mathrm{e}^t\cos t, y=\mathrm{e}^t\sin t, z=\mathrm{e}^t$ 上相应于 t 从 0 变到 2 的这段弧.

6. 计算$\int_L (x^2+y^2)\mathrm{d}s$，其中 L 为曲线 $x=a(\cos t+t\sin t), y=a(\sin t-t\cos t)$ $(0\leqslant t\leqslant 2\pi)$.

7. 设在 xOy 面内分布着曲线弧 L，在点 (x,y) 处其线密度为 $\mu(x,y)$，用第一类曲线积分分别表示：

(1) 该曲线弧的质心坐标；

(2) 这个曲线弧关于 x 轴和 y 轴的转动惯量.

8. 求曲线：$L\begin{cases}x^2+z=4\\4x+3y=12\end{cases}$ 由点 $M_1(0,4,4)$ 至点 $\left(2,\frac{4}{3},0\right)$ 的长度.

9. 求半径为 a、中心角为 2φ 的均匀圆弧(线密度 $\mu=1$)的质心.

10.2　第二类曲线积分

10.2.1　引例

设有一质点在 xOy 平面内从点 A 沿光滑曲线弧 L 移动到点 B，在移动过程中，该质点受到变力

$$\boldsymbol{F}(x,y) = P(x,y)\boldsymbol{i}+Q(x,y)\boldsymbol{j}$$

的作用，其中函数 $P(x,y)$，$Q(x,y)$ 在 L 上连续. 试求在上述移动过程中变力所做

的功(见图 10-6).

由物理学知,若 $\boldsymbol{F}$ 是常力,则当质点沿直线从 A 点移动到 B 点时,常力 $\boldsymbol{F}$ 所做的功 W 为向量 $\boldsymbol{F}$ 与向量 $\overrightarrow{AB}$ 的数量积,即

$$W=\boldsymbol{F}\cdot\overrightarrow{AB}$$

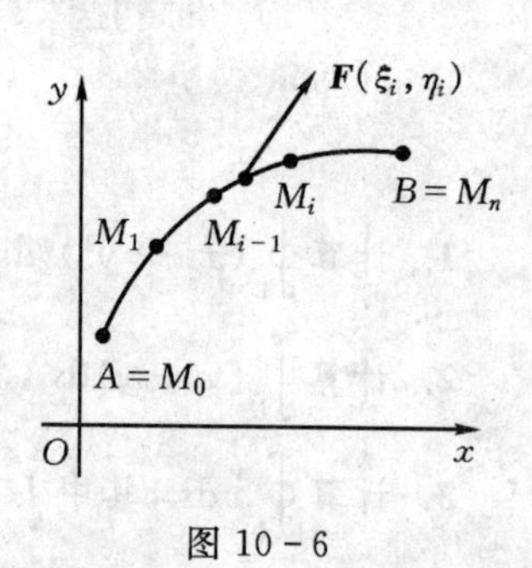

图 10-6

本例的 $\boldsymbol{F}(x,y)$ 是变力,而且质点是在曲线 L 上移动,所以变力 $\boldsymbol{F}(x,y)$ 沿曲线 L 所做的功 W 就不能直接按上述的公式来计算.

但是,如果把曲线 L 划分为若干小弧段,在每一个小弧段上将变力近似看作常力,把曲线段看作直线段,因而仍然可以按上述公式来表达变力沿小弧段所做功的近似值,于是自然会想到利用"分割,近似,求和,精确"的方法来分析和解决这类问题.

为此,将有向曲线弧 L 分成 n 个小段(见图 10-6),任取一个有向小弧段 $\overset{\frown}{M_{i-1}M_i}$,并在其上任取一点 (ξ_i,η_i),用常力 $\boldsymbol{F}(\xi_i,\eta_i)$ 近似代替变力,用有向线段 $\Delta\boldsymbol{s}_i=\overrightarrow{M_{i-1}M_i}$ 近似代替 $\overset{\frown}{M_{i-1}M_i}$,于是得到 $\Delta W=\boldsymbol{F}(\xi_i,\eta_i)\cdot\Delta\boldsymbol{s}_i$,因而变力 $\boldsymbol{F}(x,y)$ 沿曲线 L 所做功的精确值可表示为

$$W=\lim_{\lambda\to 0}\sum_{i=1}^{n}\boldsymbol{F}(\xi_i,\eta_i)\cdot\Delta\boldsymbol{s}_i$$

其中 $\lambda=\max\limits_{1\leqslant i\leqslant n}|\Delta\boldsymbol{s}_i|$.

10.2.2 第二类曲线积分的定义与性质

定义 10.2 设 L 为 xOy 面内从点 A 到点 B 的一段光滑曲线,函数 $P(x,y)$、$Q(x,y)$ 在 L 上有界. 在 L 上从 A 到 B 依次取一系列分点

$A=M_0(x_0,y_0),M_1(x_1,y_1),\cdots,M_{i-1}(x_{i-1},y_{i-1}),M_i(x_i,y_i),\cdots,M_n(x_n,y_n)=B$

将 L 分成 n 个有向小弧段 $\overset{\frown}{M_{i-1}M_i}(i=1,2,\cdots,n)$,小弧段 $\overset{\frown}{M_{i-1}M_i}$ 的长度记为 Δs_i,在 $\overset{\frown}{M_{i-1}M_i}$ 上任取一点 (ξ_i,η_i),记为

$$\boldsymbol{F}(\xi_i,\eta_i)=P(\xi_i,\eta_i)\boldsymbol{i}+Q(\xi_i,\eta_i)\boldsymbol{j}$$

$$\overrightarrow{M_{i-1}M_i}=\Delta x_i\boldsymbol{i}+\Delta y_i\boldsymbol{j}=(x_i-x_{i-1})\boldsymbol{i}+(y_i-y_{i-1})\boldsymbol{j}$$

求和式

$$\sum_{i=1}^{n}\boldsymbol{F}(\xi_i,\eta_i)\cdot\overrightarrow{M_{i-1}M_i}=\sum_{i=1}^{n}[P(\xi_i,\eta_i)\Delta x_i+Q(\xi_i,\eta_i)\Delta y_i]$$

记 $\lambda=\max\limits_{1\leqslant i\leqslant n}(\Delta s_i)$,如果极限 $\lim\limits_{\lambda\to 0}\sum\limits_{i=1}^{n}[P(\xi_i,\eta_i)\Delta x_i+Q(\xi_i,\eta_i)\Delta y_i]$ 存在,则称此极限为函数 $P(x,y)$、$Q(x,y)$ 沿有向曲线 L 的**第二类曲线积分**(**或对坐标的曲线积**

分),记作 $\int_L P(x,y)\mathrm{d}x+Q(x,y)\mathrm{d}y$,即

$$\int_L P(x,y)\mathrm{d}x+Q(x,y)\mathrm{d}y=\lim_{\lambda\to 0}\sum_{i=1}^{n}[P(\xi_i,\eta_i)\Delta x_i+Q(\xi_i,\eta_i)\Delta y_i] \tag{10.5}$$

其中 $P(x,y)$、$Q(x,y)$ 称为**被积函数**,L 称为**积分路径**.

根据以上定义,引例中所求的功可以表示为

$$W=\int_L P(x,y)\mathrm{d}x+Q(x,y)\mathrm{d}y$$

由定义 10.2 易知,第二类曲线积分也有与定积分类似的下列性质:

性质 1　设 L 是有向曲线弧,$-L$ 是与 L 方向相反的有向曲线弧,则

$$\int_{-L} P(x,y)\mathrm{d}x+Q(x,y)\mathrm{d}y=-\int_L P(x,y)\mathrm{d}x+Q(x,y)\mathrm{d}y$$

性质 1 说明,当积分路径的方向改变时,对坐标的曲线积分要改变符号.因此在计算第二类曲线积分时,必须注意积分路径的方向.这是对坐标的曲线积分与对弧长的曲线积分的主要差别.

性质 2　设 L 由同向的有向曲线 L_1 和 L_2 组成,则有

$$\int_L P(x,y)\mathrm{d}x+Q(x,y)\mathrm{d}y=\int_{L_1} P(x,y)\mathrm{d}x+Q(x,y)\mathrm{d}y+\int_{L_2} P(x,y)\mathrm{d}x+Q(x,y)\mathrm{d}y$$

10.2.3　第二类曲线积分的计算

设有向光滑曲线 L 的参数方程为 $x=\varphi(t)$、$y=\psi(t)$,其中 $\varphi(t)$、$\psi(t)$ 在以 α 及 β 为端点的闭区间上具有一阶连续导数,且 $\varphi'^2(t)+\psi'^2(t)\neq 0$,当参数 t 单调地由 α 变到 β 时,点 $M(x,y)$ 从 L 的起点 A 沿 L 移动到终点 B,则有

$$\int_L P(x,y)\mathrm{d}x+Q(x,y)\mathrm{d}y=\int_\alpha^\beta\{P[\varphi(t),\psi(t)]\varphi'(t)+Q[\varphi(t),\psi(t)]\psi'(t)\}\mathrm{d}t \tag{10.6}$$

注　在计算第二类曲线积分时要注意:

(1) 将积分路径 L 的参数表达式 $x=\varphi(t)$、$y=\psi(t)$ 代入被积式,即将 $P(x,y)$、$Q(x,y)$ 中的 x、y 依次"代以"$\varphi(t)$、$\psi(t)$,相应地将 $\mathrm{d}x$、$\mathrm{d}y$ 分别"替换"为 $\varphi'(t)\mathrm{d}t$、$\psi'(t)\mathrm{d}t$;

(2) 将第二类曲线积分化为定积分计算时,先要确定积分限,如果曲线 L 的方程为参数方程:$x=\varphi(t)$、$y=\psi(t)$ $(\alpha\leqslant t\leqslant\beta$ 或 $\beta\leqslant t\leqslant\alpha)$,一定要根据积分路径 L 的起点与终点,分别确定积分的下限 α 与上限 β.

这里必须注意,积分下限 α 对应于 L 的起点,积分上限 β 对应于 L 的终点,α 不一定小于 β.

如果 L 由方程 $y=g(x)$ 给出,L 的方程可以看作特殊的参数方程 $x=x$、$y=$

$g(x)$,L 的起点和终点分别对应于 $x=a$ 和 $x=b$,则公式(10.6)成为

$$\int_L P(x,y)\mathrm{d}x + Q(x,y)\mathrm{d}y = \int_a^b \{P[x,g(x)] + Q[x,g(x)]g'(x)\}\mathrm{d}x \quad (10.7)$$

例 10.5 计算曲线积分 $I=\oint_L x\mathrm{d}x+y\mathrm{d}y$,其中 L 是圆周 $x^2+y^2=a^2$,取逆时针方向(见图 10-7).

解 L 的参数方程为

$$x = a\cos t,\ y = a\sin t\ (0 \leqslant t \leqslant 2\pi)$$

其中 $t=0$ 对应于起点 $A(a,0)$,$t=2\pi$ 对应终点 $B(a,0)$. 于是

$$I = \int_0^{2\pi} [a\cos t \cdot (-a\sin t) + a\sin t \cdot a\cos t]\mathrm{d}t = \int_0^{2\pi} 0\mathrm{d}t = 0$$

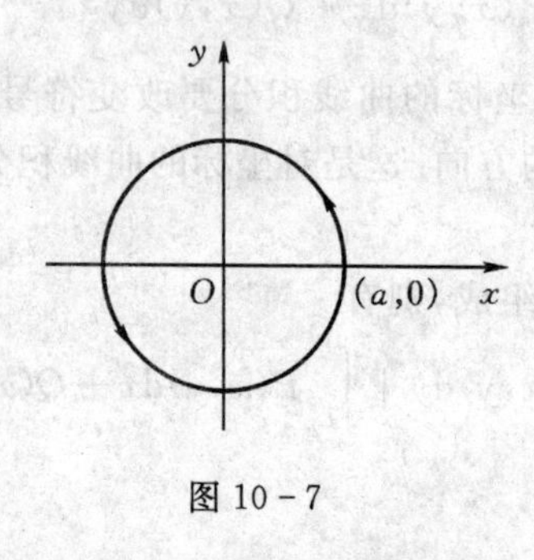

图 10-7

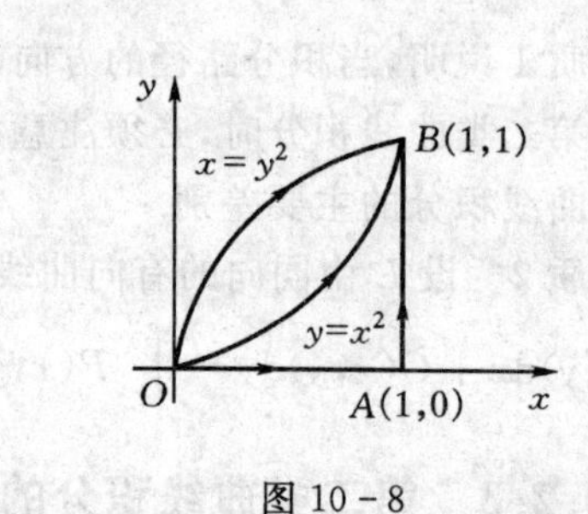

图 10-8

例 10.6 计算 $I=\int_L (x^2-y)\mathrm{d}x+(y^2+x)\mathrm{d}y$,其中 L 分别为图 10-8 中的路径:

(1) 抛物线 $y=x^2$ 上从 $O(0,0)$ 到 $B(1,1)$ 的一段弧;

(2) 抛物线 $x=y^2$ 上从 $O(0,0)$ 到 $B(1,1)$ 的一段弧;

(3) 从 $O(0,0)$ 到 $A(1,0)$,再从 $A(1,0)$ 到 $B(1,1)$ 的有向折线 OAB.

解 (1) 将 I 化为对 x 的定积分. L:$y=x^2$,x 从 0 变到 1. 所以

$$I = \int_0^1 (x^2 - x^2)\mathrm{d}x + (x^4 + x)2x \cdot \mathrm{d}x = 2\int_0^1 (x^5 + x^2)\mathrm{d}x = 1$$

(2) 化为对 y 的定积分. L:$x=y^2$,y 从 0 变到 1. 所以

$$I = \int_0^1 (y^4 - y) \cdot 2y\mathrm{d}y + (y^2 + y^2)\mathrm{d}y = 2\int_0^1 y^5\mathrm{d}y = \frac{1}{3}$$

(3) 把 L 分为两部分 OA 与 AB,则

$$I = \int_{OA} (x^2 - y)\mathrm{d}x + (y^2 + x)\mathrm{d}y + \int_{AB} (x^2 - y)\mathrm{d}x + (y^2 + x)\mathrm{d}y$$

在 OA 上,$y=0$,x 从 0 变到 1,所以

$$\int_{OA}(x^2-y)\mathrm{d}x+(y^2+x)\mathrm{d}y=\int_0^1 x^2\mathrm{d}x=\frac{1}{3}$$

在 AB 上，$x=1$，y 从 0 变到 1，所以

$$\int_{AB}(x^2-y)\mathrm{d}x+(y^2+x)\mathrm{d}y=\int_0^1(y^2+1)\mathrm{d}y=\frac{4}{3}$$

从而
$$I=\int_L(x^2-y)\mathrm{d}x+(y^2+x)\mathrm{d}y=\frac{5}{3}$$

例 10.7　计算 $I=\int_\Gamma x\mathrm{d}x+y\mathrm{d}y+(x+y-1)\mathrm{d}z$，其中 Γ 为点 $A(2,3,4)$ 到点 $B(1,1,1)$ 的空间有向线段.

解　直线 AB 的方程为

$$\frac{x-1}{1}=\frac{y-1}{2}=\frac{z-1}{3}$$

改写为参数方程为

$$x=t+1,\ y=2t+1,\ z=3t+1\quad(0\leqslant t\leqslant 1)$$

其中，$t=1$ 对应于起点 A，$t=0$ 对应于终点 B，因此

$$I=\int_\Gamma x\mathrm{d}x+y\mathrm{d}y+(x+y-1)\mathrm{d}z=\int_1^0[(t+1)+2(2t+1)+3(3t+1)]\mathrm{d}t$$
$$=\int_1^0(14t+6)\mathrm{d}t=-13$$

例 10.8　求质点在力 $\boldsymbol{F}=x^2\boldsymbol{i}-xy\boldsymbol{j}$ 作用下沿曲线 L（见图 10-9）：$x=\cos t$，$y=\sin t$ 从点 $A(1,0)$ 移动到点 $B(0,1)$ 所做的功.

解　注意到对于 L 的方向，参数 t 从 0 变到 $\frac{\pi}{2}$，所以

$$W=\int_L x^2\mathrm{d}x-xy\mathrm{d}y=\int_0^{\frac{\pi}{2}}\cos^2 t\mathrm{d}\cos t-\cos t\sin t\mathrm{d}\sin t$$
$$=\int_0^{\frac{\pi}{2}}(-2\cos^2 t\sin t)\mathrm{d}t=2\frac{\cos^3 t}{3}\bigg|_0^{\frac{\pi}{2}}=-\frac{2}{3}$$

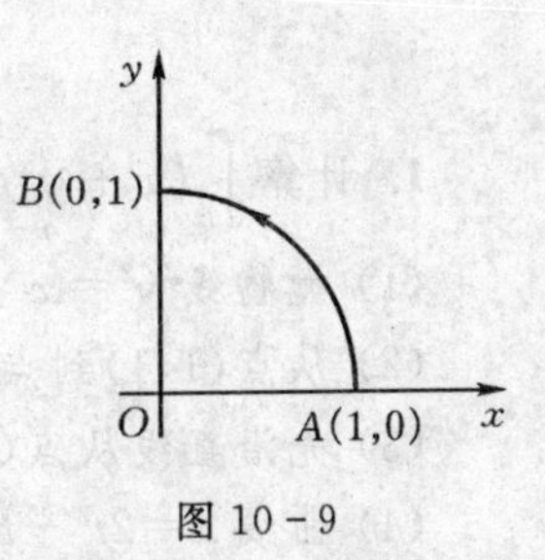

图 10-9

*10.2.4　两类曲线积分的关系

设有向曲线 L 的起点为 A，终点为 B，L 的方程为

$$x=\varphi(t),\ y=\psi(t)$$

起点 A、终点 B 分别对应于参数 α、β，$\varphi(t)$、$\psi(t)$ 在 $[\alpha,\beta]$（或 $[\beta,\alpha]$）上具有一阶连续导数，且 $\varphi'^2(t)+\psi'^2(t)\neq 0$. 又设 $P(x,y)$、$Q(x,y)$ 在 L 上连续. 则沿有向曲线 L 对坐标的曲线积分为

$$\int_L P(x,y)\mathrm{d}x + Q(x,y)\mathrm{d}y = \int_\alpha^\beta \{P[\varphi(t),\psi(t)]\varphi'(t) + Q[\varphi(t),\psi(t)]\psi'(t)\}\mathrm{d}t \tag{10.8}$$

另外,有向曲线 L 在点 (x,y) $(x=\varphi(t),y=\psi(t))$ 处的切向量(与 L 方向一致)为 $\boldsymbol{T}=\{\varphi'(t),\psi'(t)\}$,它的方向余弦为

$$\cos\alpha = \frac{\varphi'(t)}{\sqrt{\varphi'^2(t)+\psi'^2(t)}},\quad \cos\beta = \frac{\psi'(t)}{\sqrt{\varphi'^2(t)+\psi'^2(t)}}$$

由对弧长的曲线积分的计算公式,有

$$\begin{aligned}
&\int_L (P(x,y)\cos\alpha + Q(x,y)\cos\beta)\mathrm{d}s \\
&= \int_\alpha^\beta \Big[P(\varphi(t),\psi(t))\frac{\varphi'(t)}{\sqrt{\varphi'^2(t)+\psi'^2(t)}} \\
&\quad + Q(\varphi(t),\psi(t))\frac{\psi'(t)}{\sqrt{\varphi'^2(t)+\psi'^2(t)}}\Big]\sqrt{\varphi'^2(t)+\psi'^2(t)}\,\mathrm{d}t \\
&= \int_\alpha^\beta [P(\varphi(t),\psi(t))\varphi'(t) + Q(\varphi(t),\psi(t))\psi'(t)]\mathrm{d}t
\end{aligned} \tag{10.9}$$

比较(10.8)、(10.9)两式可得平面曲线 L 上两类曲线积分之间的关系

$$\int_L P\mathrm{d}x + Q\mathrm{d}y = \int_L (P\cos\alpha + Q\cos\beta)\mathrm{d}s \tag{10.10}$$

其中 $\alpha=\alpha(x,y)$、$\beta=\beta(x,y)$ 为有向曲线 L 上点 (x,y) 处的切向量(与 L 方向一致)的方向角.

习题 10－2

1. 计算 $\int_L (x+y)\mathrm{d}x + (y-x)\mathrm{d}y$,其中 L 是:

(1) 抛物线 $y^2=x$ 上从点(1,1)到点(4,2)的一段弧;

(2) 从点(1,1)到点(4,2)的直线段;

(3) 先沿直线从点(1,1)到点(1,2),然后再沿直线到点(4,2)的折线;

(4) 曲线 $x=2t^2+t+1$,$y=t^2+1$ 上从点(1,1)到点(4,2)的一段弧.

2. 计算 $\int_L y\mathrm{d}x + x\mathrm{d}y$,其中 L 为圆周 $x=R\cos t$,$y=R\sin t$ 上对应 t 从 0 到 $\frac{\pi}{2}$ 的一段弧.

3. 计算 $\int_L (x^2-y^2)\mathrm{d}x$,其中 L 是抛物线 $y=x^2$ 上从点(0,0)到点(2,4)的一段弧.

4. 计算 $\oint_L \frac{(x+y)\mathrm{d}x-(x-y)\mathrm{d}y}{x^2+y^2}$,其中 L 为圆周 $x^2+y^2=a^2$(按逆时针方

向绕行).

5. 计算 $\int_{\Gamma} x^2 \mathrm{d}x + z\mathrm{d}y - y\mathrm{d}z$，其中 Γ 为曲线 $x=k\theta, y=a\cos\theta, z=a\sin\theta$ 上对应 θ 从 0 到 π 的一段弧.

6. 计算 $\int_{\Gamma} x\mathrm{d}x + y\mathrm{d}y + (x+y-1)\mathrm{d}z$，其中 Γ 是从点(1,1,1)到点(2,3,4)的一段直线.

7. 计算 $\int_{L} (x^2-2xy)\mathrm{d}x + (y^2-2xy)\mathrm{d}y$，其中 L 是抛物线 $y=x^2$ 上从点(−1,1)到点(1,1)的一段弧.

***8.** 设力的方向指向坐标原点，大小与质点跟坐标原点的距离成正比，设此质点按逆时针方向描绘出曲线 $\frac{x^2}{a^2}+\frac{y^2}{b^2}=1 \ (x\geqslant 0, y\geqslant 0)$，试求力所做的功.

***9.** 设 z 轴与重力的方向一致，求质量为 m 的质点从位置 (x_1, y_1, z_1) 沿直线移到 (x_2, y_2, z_2) 时重力所做的功.

***10.** 设质点从原点沿直线运动到椭球面 $\frac{x^2}{a^2}+\frac{y^2}{b^2}+\frac{z^2}{c^2}=1$ 上的点 $M(x_1, y_1, z_1)$ 处 $(x_1>0, y_1>0, z_1>0)$，求在此运动过程中力 $\boldsymbol{F}=yz\boldsymbol{i}+zx\boldsymbol{j}+xy\boldsymbol{k}$ 所做的功 W，并确定使 W 取得最大值的 M 点的坐标.

10.3　格林公式及其应用

格林公式是把闭合曲线上的第二类曲线积分与该闭合曲线所围成区域上的二重积分相联系的公式. 它在数学理论与工程实际应用方面都有重要的作用.

10.3.1　格林公式

首先介绍平面区域连通性的概念.

设 D 为平面区域，如果区域 D 内任一简单闭合曲线所围成的部分都属于 D，则称 D 为平面**单连通区域**，否则称为**复连通区域**. 通俗地说，平面单连通区域就是不含有“洞”(包括点“洞”)的区域，复连通区域就是含有“空洞”的区域. 例如，平面上的圆形区域 $\{(x,y) \mid x^2+y^2<1\}$、半平面 $\{(x,y) \mid y>0\}$ 都是单连通区域，而圆环形区域 $\{(x,y) \mid 1<x^2+y^2<4\}$、$\{(x,y) \mid 0<x^2+y^2<1\}$ 都是复连通区域.

设平面区域 D 是由边界曲线 L 围成的，规定 L 的正向如下：当观察者沿 L 的这个方向行走时，区域 D 总在它的左侧. 与曲线 L 的正向相反的方向称为 L 的负向.

如图 10－10 所示的区域是由曲线 L 及 l 所围成的复连通区域,作为 D 的边界,L 的正向是逆时针方向,而 l 的正向则是顺时针方向.

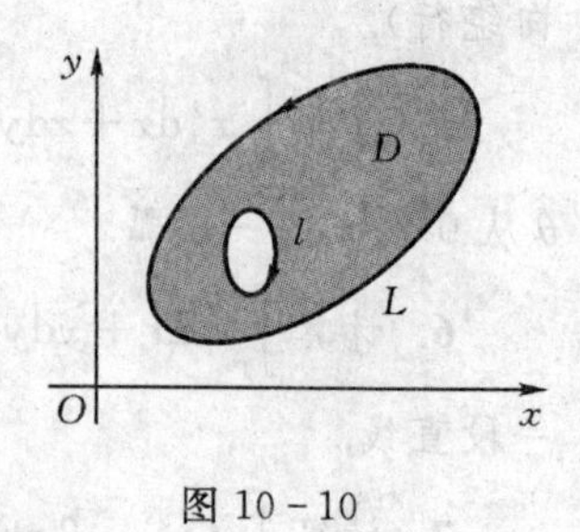

图 10－10

定理 10.1(格林(Green)公式) 设闭区域 D 由分段光滑的简单闭曲线 L(即自身不相交的封闭曲线)围成,函数 $P(x,y)$ 及 $Q(x,y)$ 在 D 上具有一阶连续偏导数,则有

$$\iint_D\left(\frac{\partial Q}{\partial x}-\frac{\partial P}{\partial y}\right)\mathrm{d}x\mathrm{d}y=\oint_L P\mathrm{d}x+Q\mathrm{d}y \qquad (10.11)$$

其中 L 是 D 的取正向的边界曲线.公式(10.11)称为**格林公式**.

证 分两种情形来证明.

(1) 区域 D 既是 X-型又是 Y-型的(见图10－11).若将其视为 X-型区域,可将区域表示为

$$D=\{(x,y)\,|\,\varphi_1(x)\leqslant y\leqslant\varphi_2(x),a\leqslant x\leqslant b\}$$

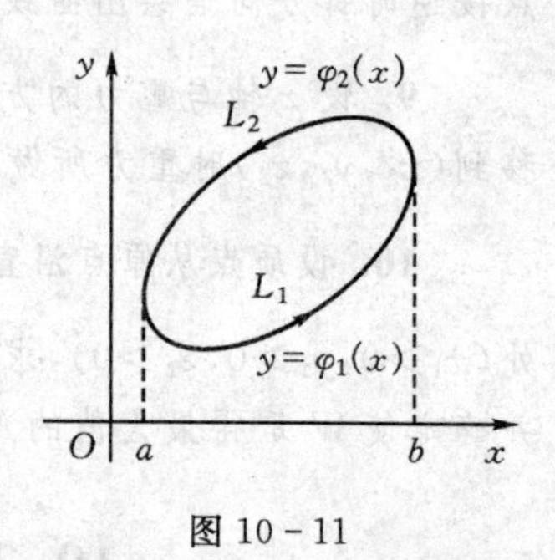

图 10－11

由于$\dfrac{\partial P}{\partial y}$连续,所以由二重积分的计算公式,有

$$\iint_D\frac{\partial P}{\partial y}\mathrm{d}x\mathrm{d}y=\int_a^b\mathrm{d}x\int_{\varphi_1(x)}^{\varphi_2(x)}\frac{\partial P(x,y)}{\partial y}\mathrm{d}y$$

$$=\int_a^b\{P[x,\varphi_2(x)]-P[x,\varphi_1(x)]\}\mathrm{d}x$$

根据第二类曲线积分的性质及计算方法,有

$$\oint_L P\mathrm{d}x=\int_{L_1}P\mathrm{d}x+\int_{L_2}P\mathrm{d}x=\int_a^b P[x,\varphi_1(x)]\mathrm{d}x+\int_b^a P[x,\varphi_2(x)]\mathrm{d}x$$

$$=\int_a^b\{P[x,\varphi_1(x)]-P[x,\varphi_2(x)]\}\mathrm{d}x$$

因此

$$-\iint_D\frac{\partial P}{\partial y}\mathrm{d}x\mathrm{d}y=\oint_L P\mathrm{d}x$$

若将 D 视为 Y-型区域,可设 $D=\{(x,y)\,|\,\psi_1(y)\leqslant x\leqslant\psi_2(y),c\leqslant y\leqslant d\}$.同理可证

$$\iint_D\frac{\partial Q}{\partial x}\mathrm{d}x\mathrm{d}y=\oint_L Q\mathrm{d}y$$

两式相加,即得

$$\iint_D\left(\frac{\partial Q}{\partial x}-\frac{\partial P}{\partial y}\right)\mathrm{d}x\mathrm{d}y=\oint_L P\mathrm{d}x+Q\mathrm{d}y$$

(2) 考虑一般情形. 如果闭区域 D 不满足(1)的条件，可在 D 内作几段辅助曲线，把 D 分成有限个部分闭区域，使每个部分闭区域都满足(1)的条件. 如图10－12所示的闭区域 D，其边界曲线 L 为 $\overset{\frown}{MNPM}$，作一条辅助线 ABC，把 D 分成 D_1、D_2、D_3 三部分. 将式(10.8)分别应用于这三个部分，则

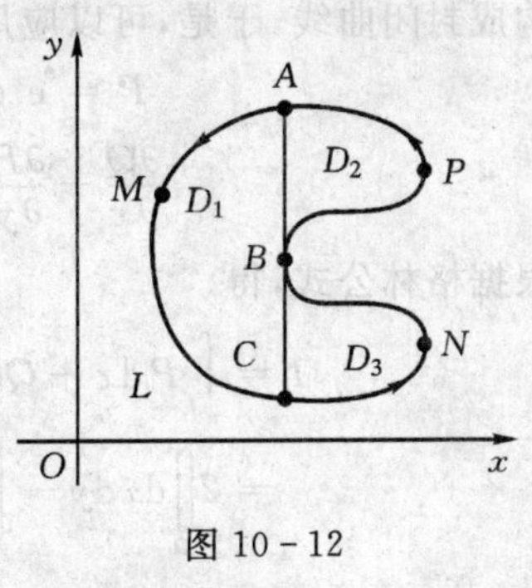

图 10－12

$$\iint_{D_1}\left(\frac{\partial Q}{\partial x}-\frac{\partial P}{\partial y}\right)\mathrm{d}x\mathrm{d}y=\oint_{\overset{\frown}{MCBAM}}P\,\mathrm{d}x+Q\mathrm{d}y$$

$$\iint_{D_2}\left(\frac{\partial Q}{\partial x}-\frac{\partial P}{\partial y}\right)\mathrm{d}x\mathrm{d}y=\oint_{\overset{\frown}{ABPA}}P\,\mathrm{d}x+Q\mathrm{d}y$$

$$\iint_{D_3}\left(\frac{\partial Q}{\partial x}-\frac{\partial P}{\partial y}\right)\mathrm{d}x\mathrm{d}y=\oint_{\overset{\frown}{BCNB}}P\,\mathrm{d}x+Q\mathrm{d}y$$

把以上三式相加，并抵消掉沿辅助曲线的积分(因为方向相反，它们的积分值恰好可以相互抵消)，即得

$$\iint_{D}\left(\frac{\partial Q}{\partial x}-\frac{\partial P}{\partial y}\right)\mathrm{d}x\mathrm{d}y=\oint_{L}P\,\mathrm{d}x+Q\mathrm{d}y$$

这里 L 的方向对 D 来说为正方向.

格林公式建立了曲线积分和二重积分之间的联系，为了方便记忆，也可借助行列式将格林公式表述为：

$$\iint_{D}\begin{vmatrix}\dfrac{\partial}{\partial x} & \dfrac{\partial}{\partial y}\\ P & Q\end{vmatrix}\mathrm{d}x\mathrm{d}y=\oint_{L}P\,\mathrm{d}x+Q\mathrm{d}y$$

例 10.9　计算 $I=\int_{L}xy^2\mathrm{d}y-x^2y\mathrm{d}x$，其中 L 为圆周 $x^2+y^2=a^2$，L 取正向(见图 10－13).

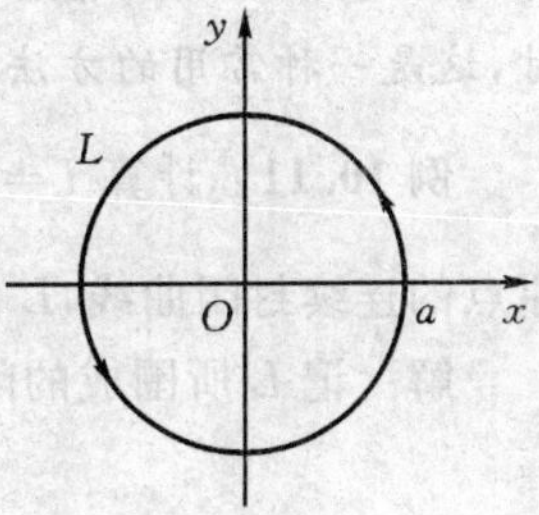

图 10－13

解　由题意知，$P(x,y)=-x^2y$，$Q(x,y)=xy^2$，L 为区域边界的正方向，满足格林公式的条件，且

$$\frac{\partial Q}{\partial x}-\frac{\partial P}{\partial y}=\frac{\partial}{\partial x}(xy^2)-\frac{\partial}{\partial y}(-x^2y)=x^2+y^2$$

于是

$$I=\iint_{D}(x^2+y^2)\mathrm{d}x\mathrm{d}y=\int_0^{2\pi}\mathrm{d}\theta\int_0^{a}r^2r\mathrm{d}r=\frac{1}{2}\pi a^4$$

例 10.10　计算 $I=\int_{L}(\mathrm{e}^x\cos y-y+1)\mathrm{d}x+(x-\mathrm{e}^x\sin y)\mathrm{d}y$，其中 L 是从 $A(1,0)$ 到 $B(-1,0)$ 的上半圆周 $x^2+y^2=1$，取逆时针方向(见图 10－14).

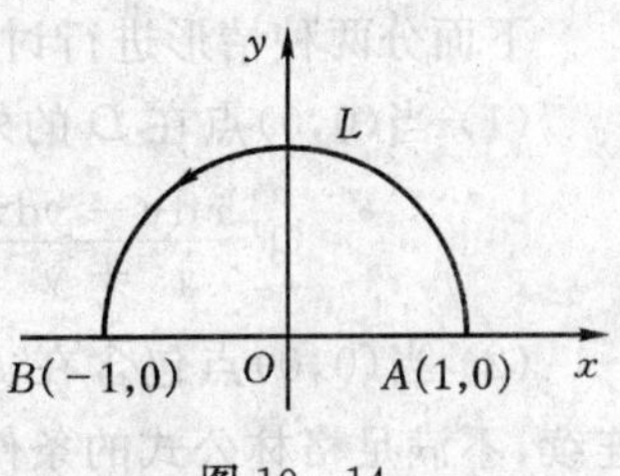

图 10－14

解 由于 L 不是封闭曲线，因此不能直接应用格林公式，而用对坐标的曲线积分计算公式又不易算出，因此作连接点 $B(-1,0)$ 与点 $A(1,0)$ 的辅助线，它与 L 构成封闭曲线，于是，可以应用格林公式. 这里

$$P = e^x\cos y - y + 1,\quad Q = x - e^x\sin y$$

$$\frac{\partial Q}{\partial x} - \frac{\partial P}{\partial y} = 1 - e^x\sin y + e^x\sin y + 1 = 2$$

根据格林公式，得

$$\begin{aligned} I &= \int_L P\,dx + Q\,dx = \int_{L+BA} P\,dx + Q\,dy - \int_{BA} P\,dx + Q\,dy \\ &= 2\iint_D dx\,dy - \int_{BA}(e^x\cos y - y + 1)\,dx + (x - e^x\sin y)\,dy \end{aligned}$$

而 $2\iint_D dx\,dy = \pi$，$\overline{BA}$: $y=0$，$dy=0$，

$$\int_{BA}(e^x\cos y - y + 1)\,dx + (x - e^x\sin y)\,dy = \int_{-1}^{1}(e^x + 1)\,dx = e - e^{-1} + 2$$

故有

$$I = \pi - e + e^{-1} - 2$$

注 在例 10.10 中，通过添加一段有向辅助线，使它与所给曲线 L 构成一个封闭曲线，然后利用格林公式将所求的曲线积分化为二重积分. 在应用格林公式时，这是一种常用的方法.

例 10.11 计算 $I = \oint_L \frac{x\,dy - y\,dx}{x^2 + y^2}$，其中 L 是一条无重点、分段光滑且不经过原点的连续封闭曲线，L 的方向为正向.

解 记 L 所围成的闭区域为 D，令

$$P = \frac{-y}{x^2 + y^2},\quad Q = \frac{x}{x^2 + y^2}$$

则当 $x^2 + y^2 \neq 0$ 时，有

$$\frac{\partial Q}{\partial x} = \frac{y^2 - x^2}{(x^2 + y^2)^2} = \frac{\partial P}{\partial y}$$

下面分两种情形进行讨论.

(1) 当 $(0,0)$ 点在 D 的外部时，直接应用格林公式得

$$\oint_L \frac{x\,dy - y\,dx}{x^2 + y^2} = \iint_D\left(\frac{\partial Q}{\partial x} - \frac{\partial P}{\partial y}\right)dx\,dy = \iint_D 0\,dx\,dy = 0$$

(2) 当 $(0,0)$ 点包含在 D 的内部时，此时，由于 $P(x,y)$、$Q(x,y)$ 在 $(0,0)$ 点不连续，不满足格林公式的条件，不能直接应用格林公式.

我们选取适当小的 $\varepsilon > 0$，作位于 D 内的圆周 l: $x^2 + y^2 = \varepsilon^2$，其中 l 取顺时针方

向. 记 L 和 l 所围成的闭区域为 D_1(见图 10－15). 对区域 D_1 应用格林公式,得

$$\oint_L \frac{x\mathrm{d}y - y\mathrm{d}x}{x^2+y^2} - \oint_l \frac{x\mathrm{d}y - y\mathrm{d}x}{x^2+y^2} = \iint_D \left(\frac{\partial Q}{\partial x} - \frac{\partial P}{\partial y}\right)\mathrm{d}x\mathrm{d}y = 0$$

l 的参数方程为 $x=\varepsilon\cos t, y=\varepsilon\sin t\ (0\leqslant t\leqslant 2\pi)$,于是

$$\oint_L \frac{x\mathrm{d}y - y\mathrm{d}x}{x^2+y^2} = \oint_l \frac{x\mathrm{d}y - y\mathrm{d}x}{x^2+y^2} = \int_0^{2\pi} \frac{\varepsilon^2\cos^2 t + \varepsilon^2\sin^2 t}{\varepsilon^2}\mathrm{d}t = 2\pi$$

利用格林公式,可以应用曲线积分计算平面区域的面积.

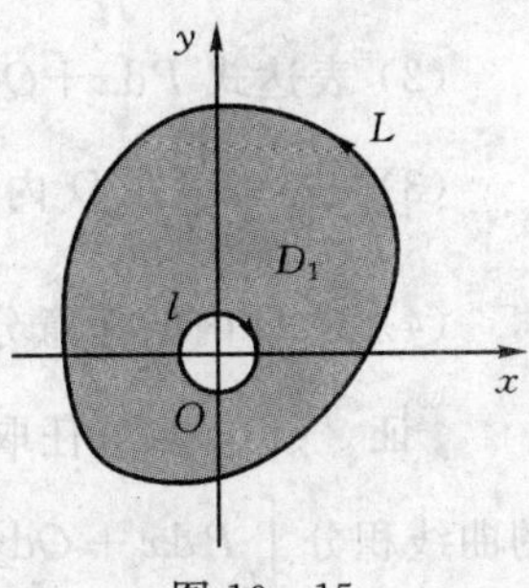

图 10－15

若在公式(10.11)中,取 $P=-y, Q=x$,则得

$$2\iint_D \mathrm{d}x\mathrm{d}y = \oint_L x\mathrm{d}y - y\mathrm{d}x$$

上式左端是闭区域 D 的面积 A 的两倍,因此有

$$A = \frac{1}{2}\oint_L x\mathrm{d}y - y\mathrm{d}x \tag{10.12}$$

例 10.12　求椭圆 $x=a\cos\theta, y=b\sin\theta$ 所围成图形的面积.

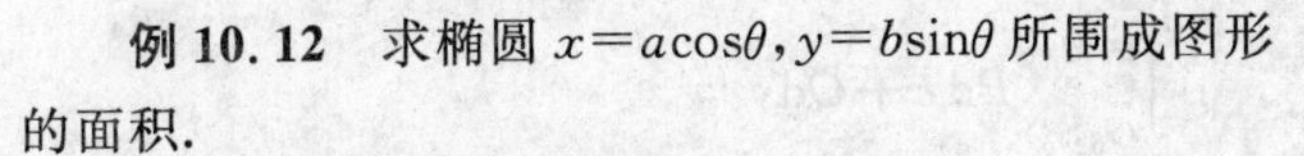

解　应用式(10.12)有

$$A = \frac{1}{2}\oint_L x\mathrm{d}y - y\mathrm{d}x = \frac{1}{2}\int_0^{2\pi}(ab\cos^2\theta + ab\sin^2\theta)\mathrm{d}\theta$$

$$= \frac{1}{2}ab\int_0^{2\pi}\mathrm{d}\theta = \pi ab$$

10.3.2　平面上曲线积分与路径无关的条件

由定义 10.2 知,第二类曲线积分 $\int_L P\mathrm{d}x + Q\mathrm{d}y$ 的值不仅与被积函数 P、Q 有关,还与积分路径 L 有关. 我们知道,重力做功与路径无关. 在物理、力学、电学中要研究所谓的势力场(如重力场、静电场等),就是要研究场力所做的功与路径无关的情况. 在什么情况下场力做功与路径无关?这个问题在数学上就是要研究曲线积分在什么条件下与积分路径 L 无关.

设函数 $P(x,y)$、$Q(x,y)$ 在平面区域 D 内具有一阶连续偏导数. 如果对于 D 内任意两点 A、B 以及 D 内从点 A 到点 B 的任意两条有向曲线 L_1、L_2(见图 10－16),有

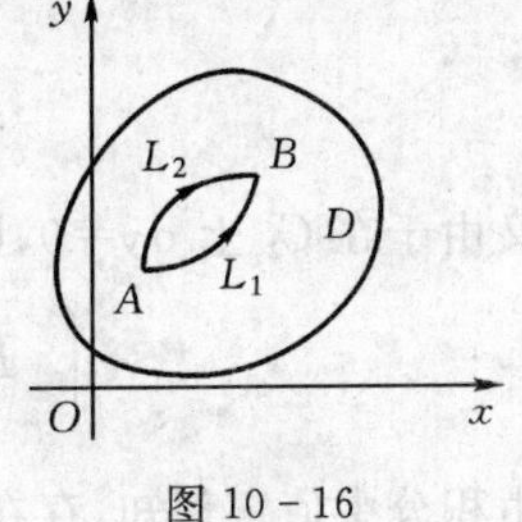

图 10－16

$$\int_{L_1} P\mathrm{d}x + Q\mathrm{d}y = \int_{L_2} P\mathrm{d}x + Q\mathrm{d}y$$

恒成立，则称曲线积分 $\int_L P\mathrm{d}x+Q\mathrm{d}y$ 在 D 内**与路径无关**，否则称为**与路径有关**.

下面的定理给出了曲线积分与路径无关的条件.

定理 10.2 设 D 是平面上的单连通区域，函数 $P(x,y)$、$Q(x,y)$ 在 D 内具有一阶连续偏导数，则下列命题等价：

(1) 曲线积分 $\int_L P\mathrm{d}x+Q\mathrm{d}y$ 在 D 内与路径无关；

(2) 表达式 $P\mathrm{d}x+Q\mathrm{d}y$ 为某个二元函数 $u(x,y)$ 的全微分；

(3) $\dfrac{\partial P}{\partial y}=\dfrac{\partial Q}{\partial x}$ 在 D 内恒成立；

(4) 对 D 内的任意分段光滑的简单闭曲线 C，曲线积分 $\oint_C P\mathrm{d}x+Q\mathrm{d}y=0$.

***证** (1)⇒(2) 任取 D 内一点 $M_0(x_0,y_0)$，考虑从 M_0 点到任意一点 $N(x,y)$ 的曲线积分 $\int_L P\mathrm{d}x+Q\mathrm{d}y$. 由于曲线积分与路径无关，所以可把该积分写成

$$\int_{(x_0,y_0)}^{(x,y)} P\mathrm{d}x+Q\mathrm{d}y$$

它仅是终点坐标 (x,y) 的函数，记

$$u(x,y)=\int_{(x_0,y_0)}^{(x,y)} P\mathrm{d}x+Q\mathrm{d}y$$

下面证明 $\mathrm{d}u=P\mathrm{d}x+Q\mathrm{d}y$，为此先求 $\dfrac{\partial u}{\partial x}$，令 y 保持不变，x 从 x_1 变到 x(见图10-17)，则

$$u(x,y)-u(x_1,y)$$

$$=\int_{(x_0,y_0)}^{(x,y)} P\mathrm{d}x+Q\mathrm{d}y-\int_{(x_0,y_0)}^{(x_1,y)} P\mathrm{d}x+Q\mathrm{d}y$$

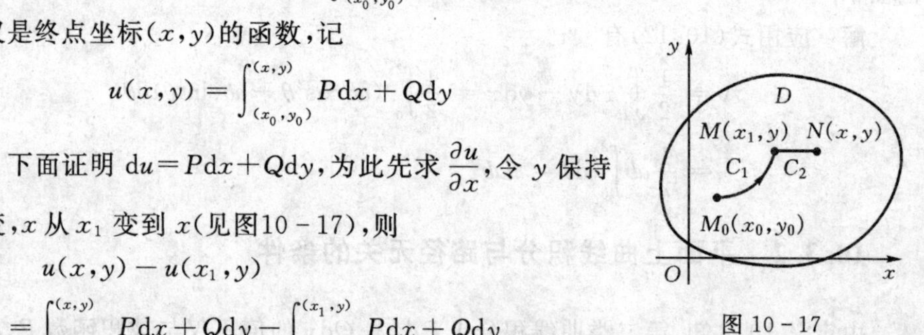

图 10-17

由于积分与路径无关，不妨取从 $M_0(x_0,y_0)$ 到 $M(x_1,y)$ 的任意路径 C_1，而 $M_0(x_0,y_0)$ 到 $N(x,y)$ 的路径则由 C_1 和 M 到 N 的直线段 C_2 构成，于是

$$u(x,y)-u(x_1,y)=\int_{C_1+C_2} P\mathrm{d}x+Q\mathrm{d}y-\int_{C_1} P\mathrm{d}x+Q\mathrm{d}y$$

$$=\int_{C_2} P\mathrm{d}x+Q\mathrm{d}y$$

又由于在 C_2 上 $\mathrm{d}y=0$，则有

$$\int_{C_2} P\mathrm{d}x+Q\mathrm{d}y=\int_{C_2} P\mathrm{d}x=\int_{x_1}^{x} P(x,y)\mathrm{d}x$$

由积分中值定理知，存在 $\xi\in(x_1,x)$，使得 $\int_{x_1}^{x} P(x,y)\mathrm{d}x=P(\xi,y)(x-x_1)$，因此

$$\frac{\partial u}{\partial x}=\lim_{x_1\to x}\frac{u(x,y)-u(x_1,y)}{x-x_1}=\lim_{\xi\to x}P(\xi,y)=P(x,y)$$

由于(x,y)是 D 内任取的一点,因此有

$$\frac{\partial u}{\partial x}=P(x,y)\quad (x,y)\in D$$

同理可得

$$\frac{\partial u}{\partial y}=Q(x,y)\quad (x,y)\in D$$

因此,有

$$\mathrm{d}u=\frac{\partial u}{\partial x}\mathrm{d}x+\frac{\partial u}{\partial y}\mathrm{d}y=P\mathrm{d}x+Q\mathrm{d}y$$

(2)⇒(3)　设二元函数 $u(x,y)$满足 $\mathrm{d}u=P(x,y)\mathrm{d}x+Q(x,y)\mathrm{d}y$,则

$$\frac{\partial u}{\partial x}=P(x,y),\ \frac{\partial u}{\partial y}=Q(x,y)$$

由于函数 $P(x,y)$、$Q(x,y)$的一阶偏导数连续,所以

$$\frac{\partial P}{\partial y}=\frac{\partial^2 u}{\partial x\partial y}=\frac{\partial^2 u}{\partial y\partial x}=\frac{\partial Q}{\partial x}$$

(3)⇒(4)　设 L 为闭区域 D 内任一分段光滑的简单闭曲线,L 所围成的区域为 D_1,则根据格林公式,得

$$\oint_L P\mathrm{d}x+Q\mathrm{d}y=\pm\iint_{D_1}\left(\frac{\partial Q}{\partial x}-\frac{\partial P}{\partial y}\right)\mathrm{d}x\mathrm{d}y=0$$

(4)⇒(1) 设 A、B 为 D 内任意两点,L_1 和 L_2 为 D 内从点 A 到点 B 的任意两条曲线,则 $L_1+L_2^-$ 构成 D 内的一条闭曲线,从而

$$\oint_{L_1+L_2^-}P\mathrm{d}x+Q\mathrm{d}y=0$$

即

$$\oint_{L_1}P\mathrm{d}x+Q\mathrm{d}y=\oint_{L_2}P\mathrm{d}x+Q\mathrm{d}y$$

由定理的证明过程知,若函数 $P(x,y)$、$Q(x,y)$满足定理的条件,则二元函数

$$u(x,y)=\int_{(x_0,y_0)}^{(x,y)}P\mathrm{d}x+Q\mathrm{d}y \tag{10.13}$$

满足

$$\mathrm{d}u(x,y)=P(x,y)\mathrm{d}x+Q(x,y)\mathrm{d}y$$

将函数 $u(x,y)$称为表达式 $P(x,y)\mathrm{d}x+Q(x,y)\mathrm{d}y$ 的**原函数**.

与一元函数相同,如果 $P\mathrm{d}x+Q\mathrm{d}y$ 存在一个原函数 $u(x,y)$,则它的原函数不止一个,$u(x,y)+C$ 也是原函数,任意两个原函数之间相差一个常数. 已知 $P\mathrm{d}x+Q\mathrm{d}y$是某二元函数的全微分,求其原函数的过程称为**全微分求积**.

因为式(10.13)中的曲线积分与路径无关,为计算简便,可以选择从(x_0,y_0)到(x,y)的积分路径如图 10-18 中的折线 M_0M_1M,此时

$$u(x,y)=\int_{x_0}^{x}P(x,y_0)\mathrm{d}x+\int_{y_0}^{y}Q(x,y)\mathrm{d}y$$

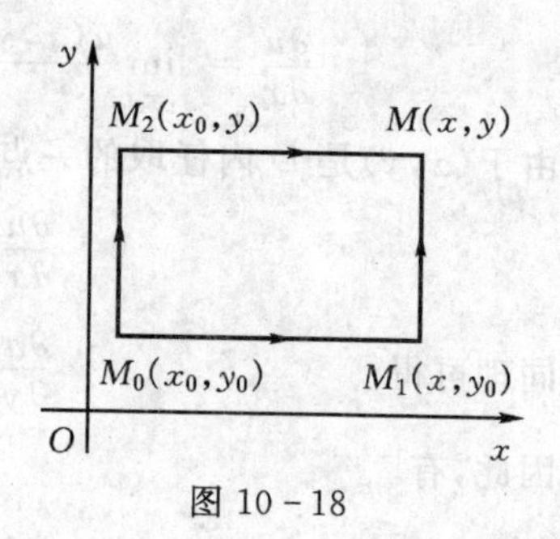

图 10-18

若选取的积分路径为图 10-18 中的折线 M_0M_2M,则

$$u(x,y)=\int_{x_0}^{x}P(x,y)\mathrm{d}x+\int_{y_0}^{y}Q(x_0,y)\mathrm{d}y$$

例 10.13 计算 $I=\int_L(xe^y-2y)\mathrm{d}y+(e^y+x)\mathrm{d}x$,其中:

(1) L 是圆周 $x^2+y^2=ax(a>0)$,逆时针方向;

(2) L 是上半圆周 $x^2+y^2=ax(a>0,y\geqslant 0)$,由 $A(a,0)$ 到 $O(0,0)$.

解 作图 10-19. 由于 $\frac{\partial P}{\partial y}=e^y=\frac{\partial Q}{\partial x}$,所以曲线积分与路径无关.

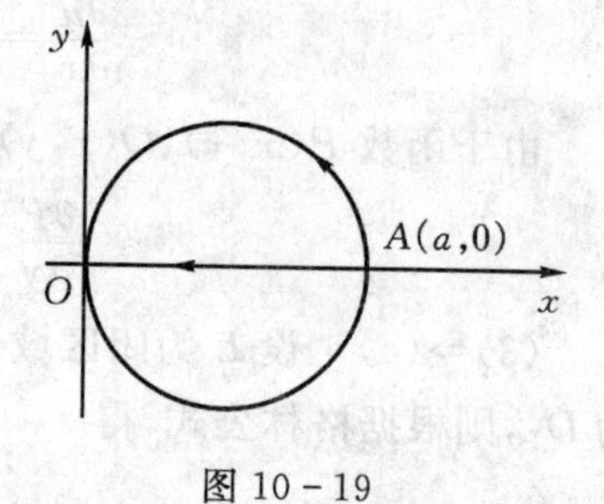

图 10-19

(1) 因为 L 是封闭曲线,且函数 $P(x,y)$、$Q(x,y)$ 在 xOy 平面上具有一阶连续偏导数,所以

$$I=\oint_L(xe^y-2y)\mathrm{d}y+(e^y+x)\mathrm{d}x=0$$

(2) 直接计算比较困难,由于该曲线积分与路径无关,因此可取新的积分路径为有向直线段 $\overrightarrow{AO}$,于是

$$\begin{aligned}I&=\int_L(xe^y-2y)\mathrm{d}y+(e^y+x)\mathrm{d}x\\&=\int_{AO}(xe^y-2y)\mathrm{d}y+(e^y+x)\mathrm{d}x\\&=\int_a^0(e^0+x)\mathrm{d}x=-a-\frac{a^2}{2}\end{aligned}$$

注 由此例中的(2)可以看到,若直接计算所给的曲线积分会很困难,但利用曲线积分与路径无关的条件,改变路径以后,将原本比较复杂的曲线积分变成了一个很简单的积分来计算. 这就是讨论曲线积分与路径无关的重要作用之一.

例 10.14 验证:在整个 xOy 面内,$(4x^3+10xy^3-3y^4)\mathrm{d}x+(15x^2y^2-12xy^3+5y^4)\mathrm{d}y$ 是某二元函数的全微分,并求出它的一个原函数.

解 $P=(4x^3+10xy^3-3y^4)$,$Q=(15x^2y^2-12xy^3+5y^4)$,且

$$\frac{\partial P}{\partial y}=30xy^2-12y^3=\frac{\partial Q}{\partial x}$$

在整个 xOy 面内恒成立. 因此 $(4x^3+10xy^3-3y^4)\mathrm{d}x+(15x^2y^2-12xy^3+5y^4)\mathrm{d}y$

是某二元函数的全微分.取 M_0 为 $O(0,0)$,则有

$$
\begin{aligned}
u(x,y) &= \int_{(0,0)}^{(x,y)} (4x^3 + 10xy^3 - 3y^4)\mathrm{d}x + (15x^2y^2 - 12xy^3 + 5y^4)\mathrm{d}y \\
&= \int_0^x 4x^3\mathrm{d}x + \int_0^y (15x^2y^2 - 12xy^3 + 5y^4)\mathrm{d}y \\
&= x^4 + 5x^2y^3 - 3xy^4 + y^5
\end{aligned}
$$

例 10.15　计算 $I = \int_L 2xy^3\mathrm{d}x + 3x^2y^2\mathrm{d}y$,其中 L 是沿曲线 $y=\sin x$ 从 $O(0,0)$ 到点 $A\left(\dfrac{\pi}{2},1\right)$ 的一段弧.

解　因为

$$
2xy^3\mathrm{d}x + 3x^2y^2\mathrm{d}y = \mathrm{d}(x^2y^3)
$$

是一个全微分式,因而 $u(x,y)=x^2y^3$ 是 $2xy^3\mathrm{d}x+3x^2y^2\mathrm{d}y$ 的一个原函数,所以题目所给的积分与路径无关,于是有

$$
I = \int_L 2xy^3\mathrm{d}x + 3x^2y^2\mathrm{d}y = \int_{(0,0)}^{(\pi/2,1)} 2xy^3\mathrm{d}x + 3x^2y^2\mathrm{d}y = x^2y^3\Big|_{(0,0)}^{(\pi/2,1)} = \frac{\pi^2}{4}
$$

注　由此例可以看到,若曲线积分的被积表达式是某一个函数的全微分,则在计算积分时,应用积分与路径无关的条件也会很简单,积分结果就等于该函数在路径的终点和起点函数值之差,与牛顿-莱布尼兹公式类似.

例 10.16　设曲线积分 $\int_L xy^2\mathrm{d}x + y\varphi(x)\mathrm{d}y$ 与积分路径无关,其中 φ 具有连续偏导数,且 $\varphi(0)=0$,求 $\int_{(0,0)}^{(1,1)} xy^2\mathrm{d}x + y\varphi(x)\mathrm{d}y$.

解　由 $P(x,y)=xy^2$,$Q(x,y)=y\varphi(x)$,得

$$
\frac{\partial P}{\partial y} = 2xy,\ \frac{\partial Q}{\partial x} = y\varphi'(x)
$$

因为与积分路径无关,所以 $\dfrac{\partial P}{\partial y}=\dfrac{\partial Q}{\partial x}$,故 $y\varphi'(x)=2xy$,从而

$$
\varphi(x) = x^2 + C
$$

将 $\varphi(0)=0$ 代入上式,得 $C=0$,即 $\varphi(x)=x^2$,因此

$$
\int_{(0,0)}^{(1,1)} xy^2\mathrm{d}x + y\varphi(x)\mathrm{d}y = \int_0^1 0\mathrm{d}x + \int_0^1 y\mathrm{d}y = \frac{1}{2}
$$

习题 10－3

1. 利用格林公式求曲线积分 $\oint_L (2x-y+4)\mathrm{d}x + (5y+3x-6)\mathrm{d}y$,其中 L 为三顶点分别为 $(0,0)$、$(3,0)$ 和 $(3,2)$ 的三角形正向边界.

2. 利用格林公式求曲线积分$\int_L (2xy^3 - y^2\cos x)\mathrm{d}x + (1 - 2y\sin x + 3x^2y^2)\mathrm{d}y$，其中$L$为在抛物线$2x = \pi y^2$上由点$(0,0)$到$\left(\frac{\pi}{2},1\right)$的一段弧.

3. 利用曲线积分求星形线$x = a\cos^3 t, y = a\sin^3 t$所围图形的面积.

4. 计算曲线积分$\oint_L \frac{y\mathrm{d}x - x\mathrm{d}y}{2(x^2 + y^2)}$，其中$L$为圆周$(x-1)^2 + y^2 = 2$，$L$的方向为逆时针方向.

5. 计算曲线积分$\int_L [\cos(x + y^2) + 2y^2]\mathrm{d}x + 2y\cos(x + y^2)\mathrm{d}y$，其中$L$是从$O(0,0)$沿$y = \sin x$到点$A(\pi,0)$的一段弧.

6. 证明曲线积分$\int_{(1,1)}^{(2,3)} (x + y)\mathrm{d}x + (x - y)\mathrm{d}y$在整个$xOy$面内与路径无关，并计算积分值.

7. 证明曲线积分$\int_{(1,0)}^{(2,1)} (2xy - y^4 + 3)\mathrm{d}x + (x^2 - 4xy^3)\mathrm{d}y$在整个$xOy$面内与路径无关，并计算积分值.

8. 验证下列$P(x,y)\mathrm{d}x + Q(x,y)\mathrm{d}y$在整个$xOy$平面内是某一函数$u(x,y)$的全微分，并求函数$u(x,y)$：

(1) $(x + 2y)\mathrm{d}x + (2x + y)\mathrm{d}y$；

(2) $2xy\mathrm{d}x + x^2\mathrm{d}y$；

(3) $(2x\cos y + y^2\cos x)\mathrm{d}x + (2y\sin x - x^2\sin y)\mathrm{d}y$.

9. 设有一变力在坐标轴上的投影为$X = x + y^2$，$Y = 2xy - 8$，该变力确定了一个力场. 证明：质点在此场内移动时，场力所做的功与路径无关.

*10.4　第一类曲面积分

10.4.1　引例

设在空间有一物质曲面Σ(见图 10 - 20)，其上质量分布是不均匀的. 设Σ的面密度函数为$\mu(x,y,z)$，并设$\mu(x,y,z)$在Σ上连续，现在来求此物质曲面的质量M.

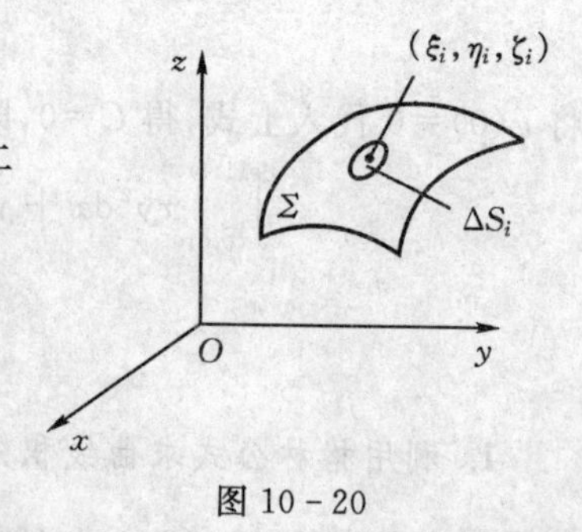

图 10 - 20

与 10.1 节求曲线形构件质量的方法类似，仍然可以用“分割、近似、求和、精确”的方法进行分析求解. 如果把曲线改为曲面，相应的将线密度

$\mu(\xi_i,\eta_i)$改为面密度 $\mu(\xi_i,\eta_i,\zeta_i)$，小段曲线的弧长改为小曲面的面积 ΔS_i，则在面密度函数 $\mu(x,y,z)$连续的前提下，所求质量就是下列和式的极限

$$M=\lim_{\lambda\to 0}\sum_{i=1}^{n}\mu(\xi_i,\eta_i,\zeta_i)\Delta S_i$$

其中 λ 是 n 个小块曲面的直径的最大值.

抽去上例所代表的具体意义，即可引入第一类曲面积分的一般定义.

10.4.2　第一类曲面积分的定义和性质

定义 10.3　设 Σ 为光滑曲面①，函数 $f(x,y,z)$是定义在 Σ 上的有界函数. 把 Σ 任意分成 n 个小块 $\Delta S_i(i=1,2,\cdots,n)$，$\Delta S_i$ 也表示其面积. 在 ΔS_i 上任取一点 (ξ_i,η_i,ζ_i)，如果极限

$$\lim_{\lambda\to 0}\sum_{i=1}^{n}f(\xi_i,\eta_i,\zeta_i)\Delta S_i$$

存在，则称此极限值为函数 $f(x,y,z)$在曲面 Σ 上的**第一类曲面积分**，或**对面积的曲面积分**，记为 $\iint\limits_{\Sigma}f(x,y,z)\mathrm{d}S$，即

$$\iint\limits_{\Sigma}f(x,y,z)\mathrm{d}S=\lim_{\lambda\to 0}\sum_{i=1}^{n}f(\xi_i,\eta_i,\zeta_i)\Delta S_i$$

其中 $f(x,y,z)$称为**被积函数**，Σ 称为**积分曲面**.

需要指出的是，当 $f(x,y,z)$在分片光滑曲面② Σ 上连续时，第一类曲面积分 $\iint\limits_{\Sigma}f(x,y,z)\mathrm{d}S$ 总是存在的，因此，在以后的讨论中，总是假定 $f(x,y,z)$在 Σ 上连续.

根据定义，引例中分布在光滑曲面 Σ 上的物质质量为

$$M=\iint\limits_{\Sigma}f(x,y,z)\mathrm{d}S$$

特别地，如果 $f(x,y,z)\equiv 1$，则 $\iint\limits_{\Sigma}\mathrm{d}S$ 表示曲面 Σ 的面积.

由定义可知，对面积的曲面积分具有类似于第一类曲线积分的如下性质：

(1) **线性性质**

$$\iint\limits_{\Sigma}[kf(x,y,z)\pm hg(x,y,z)]\mathrm{d}S=k\iint\limits_{\Sigma}f(x,y,z)\mathrm{d}S\pm h\iint\limits_{\Sigma}g(x,y,z)\mathrm{d}S；$$

---

①　所谓曲面 Σ 光滑是指曲面 Σ 上每一点处都有切平面，并且当点在 Σ 上连续变动时，切平面连续变动.

②　分片光滑曲面是指由有限个光滑曲面连成的曲面. 以后总是假定曲面是光滑的或分片光滑的.

(2) **分域性质**

$$\iint_{\Sigma} f(x,y,z)\mathrm{d}S = \iint_{\Sigma_1} f(x,y,z)\mathrm{d}S + \iint_{\Sigma_2} f(x,y,z)\mathrm{d}S \quad (\text{其中}\Sigma = \Sigma_1 + \Sigma_2).$$

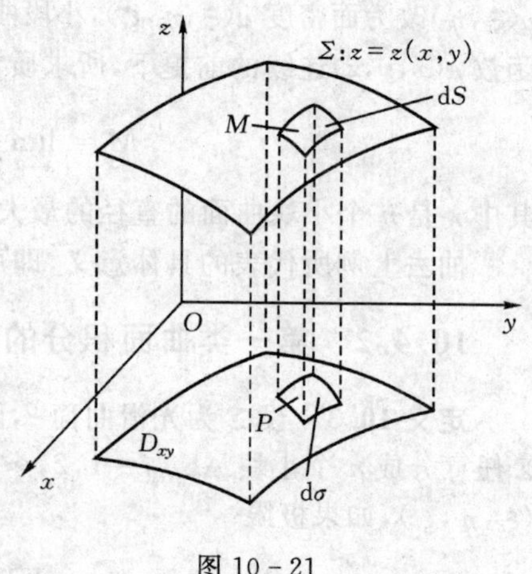

图 10-21

10.4.3 第一类曲面积分的计算

设积分曲面 Σ 由方程 $z=z(x,y)$ 给出,它在 xOy 平面上的投影区域为 D_{xy}(见图 10-21),$z=z(x,y)$ 在 D_{xy} 上具有连续偏导数,函数 $f(x,y,z)$ 在 Σ 上连续,则可将在曲面 Σ 上第一类曲面积分的计算转化成在平面区域 D_{xy} 上二重积分的计算,计算公式为

$$\iint_{\Sigma} f(x,y,z)\mathrm{d}S = \iint_{D_{xy}} f[x,y,z(x,y)]\sqrt{1+z_x^2+z_y^2}\,\mathrm{d}x\mathrm{d}y$$

由以上结论知,第一类曲面积分的计算可分为以下四步:

(1) 将曲面 Σ 的方程 $z=z(x,y)$ 代入被积函数 $f(x,y,z)$,若被积函数 $f(x,y,z)$ 中不含有 z,则不需要代换;

(2) 将曲面的面积元素 dS"换成"$\sqrt{1+z_x^2(x,y)+z_y^2(x,y)}\,\mathrm{d}x\mathrm{d}y$;

(3) 将曲面 Σ 投影到 xOy 平面得投影区域 D_{xy};

(4) 在平面区域 D_{xy} 上计算二重积分

$$\iint_{D_{xy}} f[x,y,z(x,y)]\sqrt{1+z_x^2(x,y)+z_y^2(x,y)}\,\mathrm{d}x\mathrm{d}y$$

特别地,当 $f(x,y,z)\equiv 1$ 时,便可得到 9.4 节所得到的曲面 Σ 的面积计算公式

$$A = \iint_{\Sigma}\mathrm{d}S = \iint_{D_{xy}} \sqrt{1+z_x^2(x,y)+z_y^2(x,y)}\,\mathrm{d}x\mathrm{d}y$$

若积分曲面 Σ 由方程 $x=x(y,z)$ 或 $y=y(z,x)$ 给出,也可以类似地将第一类曲面积分化成相应的二重积分

$$\iint_{\Sigma} f(x,y,z)\mathrm{d}S = \iint_{D_{yz}} f[x(y,z),y,z]\sqrt{1+x_y^2+x_z^2}\,\mathrm{d}y\mathrm{d}z$$

$$\iint_{\Sigma} f(x,y,z)\mathrm{d}S = \iint_{D_{xz}} f[x,y(z,x),z]\sqrt{1+y_z^2+y_x^2}\,\mathrm{d}z\mathrm{d}x$$

例 10.17　计算曲面积分 $\iint\limits_{\Sigma}\frac{\mathrm{d}S}{z}$，其中 Σ 是球面 $x^2+y^2+z^2=a^2$ 被平面 $z=h$ $(0<h<a)$ 截出的顶部(见图 10-22)。

解　Σ 的方程为 $z=\sqrt{a^2-y^2-x^2}$，Σ 在 xOy 面上的投影区域为圆形区域

$$D_{xy}:x^2+y^2\leqslant a^2-h^2.$$

又

$$\mathrm{d}S=\sqrt{1+z_x^2+z_y^2}\,\mathrm{d}x\mathrm{d}y=\frac{a}{\sqrt{a^2-x^2-y^2}}\mathrm{d}x\mathrm{d}y$$

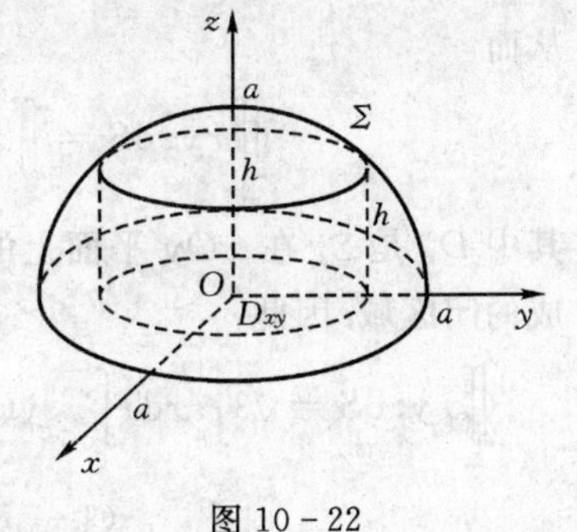

图 10-22

于是，有

$$\iint\limits_{\Sigma}\frac{\mathrm{d}S}{z}=\iint\limits_{D_{xy}}\frac{a\,\mathrm{d}x\mathrm{d}y}{a^2-x^2-y^2}$$

计算以上二重积分，利用极坐标，得

$$\iint\limits_{\Sigma}\frac{\mathrm{d}S}{z}=\iint\limits_{D_{xy}}\frac{ar\,\mathrm{d}r\mathrm{d}\theta}{a^2-r^2}=a\int_0^{2\pi}\mathrm{d}\theta\int_0^{\sqrt{a^2-h^2}}\frac{r\mathrm{d}r}{a^2-r^2}$$

$$=2\pi a\left[-\frac{1}{2}\ln(a^2-r^2)\right]_0^{\sqrt{a^2-h^2}}$$

$$=2\pi a\ln\frac{a}{h}$$

例 10.18　计算曲面积分 $\oiint\limits_{\Sigma}xyz\,\mathrm{d}S$，其中 Σ 是由平面 $x=0$、$y=0$、$z=0$ 及 $x+y+z=1$ 所围四面体的整个边界曲面(见图 10-23)。

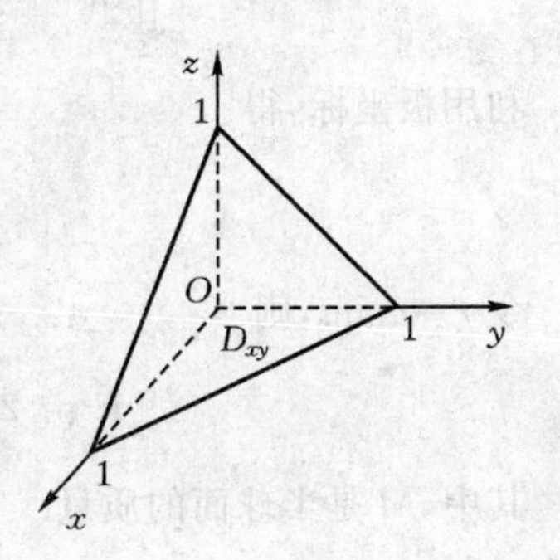

图 10-23

解　将边界曲面 Σ 在平面 $x=0$、$y=0$、$z=0$ 及 $x+y+z=1$ 上的部分依次记为 Σ_1、Σ_2、Σ_3 及 Σ_4，则有

$$\oiint\limits_{\Sigma}xyz\,\mathrm{d}S=\iint\limits_{\Sigma_1}xyz\,\mathrm{d}S+\iint\limits_{\Sigma_2}xyz\,\mathrm{d}S+\iint\limits_{\Sigma_3}xyz\,\mathrm{d}S+\iint\limits_{\Sigma_4}xyz\,\mathrm{d}S$$

注意到在 Σ_1、Σ_2、Σ_3 上，均有 $f(x,y,z)=xyz=0$，所以

$$\iint\limits_{\Sigma_1}xyz\,\mathrm{d}S=\iint\limits_{\Sigma_2}xyz\,\mathrm{d}S=\iint\limits_{\Sigma_3}xyz\,\mathrm{d}S=0$$

在 Σ_4 上，$z=1-x-y$，所以

$$\mathrm{d}S=\sqrt{1+z_x^2+z_y^2}\,\mathrm{d}x\mathrm{d}y$$

$$= \sqrt{1 + (-1)^2 + (-1)^2}\,\mathrm{d}x\mathrm{d}y$$
$$= \sqrt{3}\,\mathrm{d}x\mathrm{d}y$$

从而

$$\oint\!\!\!\oint_{\Sigma} xyz\,\mathrm{d}S = \iint_{\Sigma_4} xyz\,\mathrm{d}S = \iint_{D_{xy}} \sqrt{3}xy(1 - x - y)\,\mathrm{d}x\mathrm{d}y$$

其中 D_{xy} 是 Σ_4 在 xOy 平面上的投影区域,即由直线 $x=0$、$y=0$ 及 $x+y=1$ 所围成的闭区域. 因此

$$\oint\!\!\!\oint_{\Sigma} xyz\,\mathrm{d}S = \sqrt{3}\int_0^1 x\mathrm{d}x\int_0^{1-x} y(1-x-y)\,\mathrm{d}y = \sqrt{3}\int_0^1 x\left[(1-x)\frac{y^2}{2} - \frac{y^3}{3}\right]_0^{1-x}\mathrm{d}x$$
$$= \sqrt{3}\int_0^1 x\cdot\frac{(1-x)^3}{6}\mathrm{d}x = \frac{\sqrt{3}}{6}\int_0^1 (x - 3x^2 + 3x^3 - x^4)\,\mathrm{d}x = \frac{\sqrt{3}}{120}$$

例 10.19　求均匀半球面 $\Sigma: x^2+y^2+z^2=a^2, z\geqslant 0$ 对 z 轴的转动惯量.

解　由于 $z=\sqrt{a^2-x^2-y^2}$, $\mathrm{d}S=\dfrac{a}{\sqrt{a^2-x^2-y^2}}\mathrm{d}x\mathrm{d}y$,所以

$$I_z = \iint_{\Sigma} (x^2+y^2)\mu\,\mathrm{d}S = a\mu \iint_{x^2+y^2\leqslant a^2} \frac{x^2+y^2}{\sqrt{a^2-x^2-y^2}}\mathrm{d}x\mathrm{d}y$$

利用极坐标,得

$$I_z = a\mu\int_0^{2\pi}\mathrm{d}\theta\int_0^a \frac{r^3}{\sqrt{a^2-r^2}}\mathrm{d}r$$

令 $r=a\sin t$,则

$$I_z = 2\mu\pi a^4\int_0^{\pi/2}\sin^3 t\,\mathrm{d}t = \frac{4}{3}\pi a^4\mu = \frac{Ma^2}{3}$$

其中,M 是半球面的质量.

习题 10-4

1. 设有一分布着质量的曲面 Σ,在点 (x,y,z) 处它的面密度为 $\mu(x,y,z)$,用第一类曲面积分表示该曲面对于 x 轴的转动惯量.

2. 计算曲面积分 $\iint_{\Sigma} f(x,y,z)\,\mathrm{d}S$,其中 Σ 为抛物面 $z=2-(x^2+y^2)$ 在 xOy 面上方的部分,$f(x,y,z)$ 分别如下:

(1) $f(x,y,z)=1$　　(2) $f(x,y,z)=x^2+y^2$　　(3) $f(x,y,z)=3z$

3. 计算下列对面积的曲面积分:

(1) $\iint_{\Sigma}(2-z)\,\mathrm{d}S$,其中 Σ 为 xOy 平面上满足 $x+y\leqslant 1, x\geqslant 0, y\geqslant 0$ 的部分;

(2) $\iint\limits_{\Sigma}(2xy-2x^2-x+z)\mathrm{d}S$，其中 Σ 为平面 $2x+2y+z=6$ 在第一卦限中的部分；

(3) $\iint\limits_{\Sigma}(x+y+z)\mathrm{d}S$，其中 Σ 为球面 $x^2+y^2+z^2=a^2$ 上 $z\geqslant h(0<h<a)$ 的部分.

4. 计算 $\iint\limits_{\Sigma}(x^2+y^2)\mathrm{d}S$，其中 Σ 是锥面 $z=\sqrt{x^2+y^2}$ 及平面 $z=1$ 所围成的区域的整个边界曲面.

5. 计算 $\iint\limits_{\Sigma}(x^2+y^2)\mathrm{d}S$，其中 Σ 是锥面 $z^2=3(x^2+y^2)$ 被平面 $z=0$ 和 $z=3$ 所截得的部分.

6. 求抛物面壳 $z=\frac{1}{2}(x^2+y^2)$ $(0\leqslant z\leqslant 1)$ 的质量，此壳的面密度为 $\mu=z$.

7. 求半径为 a 的上半球壳的重心，已知其上各点处密度等于该点到铅垂直径的距离.

*10.5　第二类曲面积分与高斯公式

第二类曲面积分又称对坐标的曲面积分. 正如在第二类曲线积分中，积分路径是有方向的，在第二类曲面积分中，积分曲面也是有方向的. 所以在讨论第二类曲面积分之前，先要建立“有向曲面”的概念.

10.5.1　有向曲面

一般来说曲面有单侧曲面与双侧曲面之分. 通常我们遇到的曲面都是双侧的，如果曲面是闭合的，则它有内侧与外侧之分；如果曲面不是闭合的，则有上侧与下侧、左侧与右侧或前侧与后侧之分. **双侧曲面**的特点是：一个点 P 在曲面的某一侧移动，不越过边界就不会到另一侧去；又如果在 P_0 点规定了曲面的法线方向 $\boldsymbol{n}_0$，当 P 从 P_0 点开始在曲面上移动时，法线 $\boldsymbol{n}$ 也随着连续地改变方向，而 P 不越过曲面的边界回到 P_0 时，$\boldsymbol{n}$ 的方向变为原来的方向 $\boldsymbol{n}_0$（见图 10－24）.

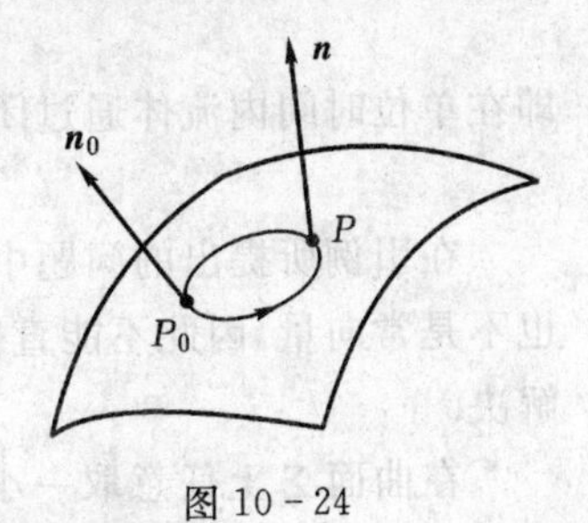

图 10－24

在讨论第二类曲面积分时，需要指定曲面的侧. 可以通过曲面上法向量的指向来定出曲面的侧. 例如,对于曲面 $z=z(x,y)$,如果取它的法向量 $\boldsymbol{n}$ 的指向朝上,我们就认为取定曲面的上侧;又如,对于闭曲面,如果取它法向量的指向朝外,我们就认为选定曲面的外侧.这种取定了侧面法向的曲面称为**有向曲面**.

设 Σ 是有向曲面,在 Σ 上取一小块曲面 ΔS,把 ΔS 投影到 xOy 面上得一投影区域 $\Delta\sigma$,记这一投影区域的面积为 $(\Delta\sigma)_{xy}$.如果 ΔS 上各点处的法向量与 z 轴正向的夹角 γ 的余弦 $\cos\gamma$ 有相同的符号(即 $\cos\gamma$ 都是正的或都是负的),我们规定 ΔS 在 xOy 面上的投影 $(\Delta S)_{xy}$ 为

$$(\Delta S)_{xy}=\begin{cases}(\Delta\sigma)_{xy}, & \cos\gamma>0\\ -(\Delta\sigma)_{xy}, & \cos\gamma<0\\ 0, & \cos\gamma\equiv 0\end{cases}$$

类似地,可定义 ΔS 在 yOz 面及 zOx 面上的投影 $(\Delta S)_{yz}$ 及 $(\Delta S)_{zx}$.

10.5.2 引例

设有一个不可压缩流体(设其密度为 1)稳定流速场

$$\boldsymbol{v}(x,y,z)=P(x,y,z)\boldsymbol{i}+Q(x,y,z)\boldsymbol{j}+R(x,y,z)\boldsymbol{k}$$

Σ 是速度场中的一块有向光滑曲面,函数 $P(x,y,z)$、$Q(x,y,z)$、$R(x,y,z)$ 在 Σ 上连续,求在单位时间内流向 Σ 指定侧的流体的质量(即流量)Φ.

先考虑一种特殊情形.设流体流过面积为 A 的一个平面闭区域,且流体在该闭区域上各点处的流速为常向量 $\boldsymbol{v}$,又设 $\boldsymbol{n}$ 为该平面的单位法向量(见图 10-25(a)),则单位时间内流过该闭区域的流体组成一个底面积为 A、斜高为 $|\boldsymbol{v}|$ 的斜柱体(见图 10-25(b)).该斜柱体的体积可以表示为两个向量数量积的形式

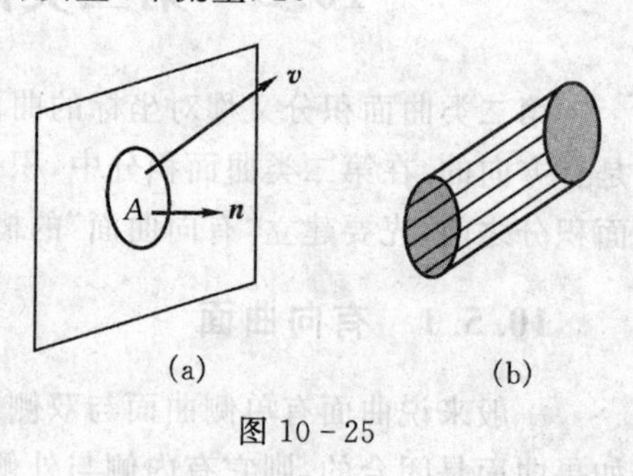

图 10-25

$$A\,|\boldsymbol{v}|\cos\theta=\boldsymbol{v}\cdot\boldsymbol{n}A$$

即在单位时间内流体通过闭区域 A 流向 $\boldsymbol{n}$ 所指一侧的流量为

$$\Phi=\boldsymbol{v}\cdot\boldsymbol{n}A$$

在引例所提出的问题中,流体流过的不是平面闭区域而是一片曲面,且流速 $\boldsymbol{v}$ 也不是常向量,因此不能直接套用上述公式计算流量.但可以采用微元法的思想来解决.

在曲面 Σ 上任意取一小块 $\mathrm{d}S$($\mathrm{d}S$ 同时也代表其面积),并用 $\Delta\Phi$ 表示通过小块 $\mathrm{d}S$ 指定侧的流量,在 Σ 光滑和 $\boldsymbol{v}$ 连续的前提下,只要 $\mathrm{d}S$ 的直径很小,就可以用 $\mathrm{d}S$ 上任一点 (x,y,z) 处的流速 $\boldsymbol{v}(x,y,z)$ 近似表示 $\mathrm{d}S$ 上其他各点处的流速.设点

(x,y,z)处曲面 Σ 的单位法向量为 $\boldsymbol{n}$，则 $\Delta\Phi_i$ 的近似值（即流量微元）为

$$\mathrm{d}\Phi = \boldsymbol{v}\cdot\boldsymbol{n}\mathrm{d}S \approx \Delta\Phi$$

于是，$\boldsymbol{v}(x,y,z)$在曲面 Σ 上流量 Φ 的精确值可以表示为下列的积分形式

$$\Phi = \iint_{\Sigma}\boldsymbol{v}\cdot\boldsymbol{n}\mathrm{d}S \tag{10.14}$$

若单位法向量 $\boldsymbol{n}$ 和流速 $\boldsymbol{v}(x,y,z)$在直角坐标系中的表示式为

$$\boldsymbol{n} = \cos\alpha\boldsymbol{i} + \cos\beta\boldsymbol{j} + \cos\gamma\boldsymbol{k}$$

$$\boldsymbol{v}(x,y,z) = P(x,y,z)\boldsymbol{i} + Q(x,y,z)\boldsymbol{j} + R(x,y,z)\boldsymbol{k}$$

则式(10.14)就表示为

$$\Phi = \iint_{\Sigma}\boldsymbol{v}\cdot\boldsymbol{n}\mathrm{d}S = \iint_{\Sigma}(P\cos\alpha + Q\cos\beta + R\cos\gamma)\mathrm{d}S$$

设

$$\cos\alpha\mathrm{d}S = (\mathrm{d}S)_{yz} = \mathrm{d}y\mathrm{d}z$$

$$\cos\beta\mathrm{d}S = (\mathrm{d}S)_{zx} = \mathrm{d}z\mathrm{d}x$$

$$\cos\gamma\mathrm{d}S = (\mathrm{d}S)_{xy} = \mathrm{d}x\mathrm{d}y$$

分别表示微元 $\mathrm{d}S$ 在 yOz 面、zOx 面和 xOy 面上的投影，则上式还可表示为

$$\Phi = \iint_{\Sigma}\boldsymbol{v}\cdot\boldsymbol{n}\mathrm{d}S = \iint_{\Sigma}P\mathrm{d}y\mathrm{d}z + Q\mathrm{d}z\mathrm{d}x + R\mathrm{d}x\mathrm{d}y$$

10.5.3　第二类曲面积分的概念与性质

在引例中，抽去具体的物理意义，便可得到第二类曲面积分的概念.

定义 10.4　设 Σ 为光滑的有向曲面，其上任一点(x,y,z)处的单位法向量

$$\boldsymbol{n} = \cos\alpha\boldsymbol{i} + \cos\beta\boldsymbol{j} + \cos\gamma\boldsymbol{k}$$

设

$$\boldsymbol{A}(x,y,z) = P(x,y,z)\boldsymbol{i} + Q(x,y,z)\boldsymbol{j} + R(x,y,z)\boldsymbol{k}$$

其中，函数 $P(x,y,z)$、$Q(x,y,z)$、$R(x,y,z)$在 Σ 上有界，则函数

$$\boldsymbol{A}\cdot\boldsymbol{n} = P\cos\alpha + Q\cos\beta + R\cos\gamma$$

在 Σ 上的第一类曲面积分

$$\iint_{\Sigma}\boldsymbol{A}\cdot\boldsymbol{n}\mathrm{d}S = \iint_{\Sigma}(P\cos\alpha + Q\cos\beta + R\cos\gamma)\mathrm{d}S$$

称为函数 $\boldsymbol{A}(x,y,z)$在有向曲面 Σ 上的**第二类曲面积分**.

由于 $\cos\alpha\mathrm{d}S = \mathrm{d}y\mathrm{d}z$，$\cos\beta\mathrm{d}S = \mathrm{d}z\mathrm{d}x$，$\cos\gamma\mathrm{d}S = \mathrm{d}x\mathrm{d}y$，它们分别为微元 $\mathrm{d}S$ 在 yOz面，zOx 面和 xOy 面上的投影，则第二类曲面积分还可写成如下形式

$$\iint_{\Sigma}\boldsymbol{A}\cdot\boldsymbol{n}\mathrm{d}S = \iint_{\Sigma}(P\cos\alpha + Q\cos\beta + R\cos\gamma)\mathrm{d}S = \iint_{\Sigma}P\mathrm{d}y\mathrm{d}z + Q\mathrm{d}z\mathrm{d}x + R\mathrm{d}x\mathrm{d}y$$

这种形式的第二类曲面积分又称为**对坐标的曲面积分**.

在进行计算时,往往采用第二类曲面积分的坐标形式.

关于第二类曲面积分的存在性,有如下结论:当 $P(x,y,z)$、$Q(x,y,z)$、$R(x,y,z)$在有向光滑曲面 Σ 上连续时,第二类曲面积分存在.因此,以后总假定 P、Q、R 在 Σ 是连续的.

由定义 10.4 可知,对坐标的曲面积分有以下性质:

(1) (**分域性质**)如果把 Σ 分成 Σ_1 和 Σ_2,则

$$\iint_{\Sigma} P\mathrm{d}y\mathrm{d}z + Q\mathrm{d}z\mathrm{d}x + R\mathrm{d}x\mathrm{d}y$$

$$= \iint_{\Sigma_1} P\mathrm{d}y\mathrm{d}z + Q\mathrm{d}z\mathrm{d}x + R\mathrm{d}x\mathrm{d}y + \iint_{\Sigma_2} P\mathrm{d}y\mathrm{d}z + Q\mathrm{d}z\mathrm{d}x + R\mathrm{d}x\mathrm{d}y$$

(2) 设 Σ 是有向曲面,$-\Sigma$ 表示与 Σ 取相反侧的有向曲面,则

$$\iint_{-\Sigma} P(x,y,z)\mathrm{d}y\mathrm{d}z = -\iint_{\Sigma} P(x,y,z)\mathrm{d}y\mathrm{d}z$$

$$\iint_{-\Sigma} Q(x,y,z)\mathrm{d}z\mathrm{d}x = -\iint_{\Sigma} Q(x,y,z)\mathrm{d}z\mathrm{d}x$$

$$\iint_{-\Sigma} R(x,y,z)\mathrm{d}x\mathrm{d}y = -\iint_{\Sigma} R(x,y,z)\mathrm{d}x\mathrm{d}y$$

注 性质(2)表示,如果改变积分曲面的侧,第二类曲面积分将改变符号.因此在计算第二类曲面积分时,必须注意积分曲面所取的侧.

10.5.4 第二类曲面积分的计算

下面考虑积分 $\iint\limits_{\Sigma} R(x,y,z)\mathrm{d}x\mathrm{d}y$ 的计算,$\iint\limits_{\Sigma} P(x,y,z)\mathrm{d}y\mathrm{d}z$ 和 $\iint\limits_{\Sigma} Q(x,y,z)\mathrm{d}z\mathrm{d}x$ 的计算与之类似.

设光滑曲面 Σ 的方程为 $z=z(x,y)$,$(x,y)\in D_{xy}$,其中 D_{xy} 是 Σ 在 xOy 面上的投影区域,则

$$\iint_{\Sigma} R(x,y,z)\mathrm{d}x\mathrm{d}y = \iint_{\Sigma} R(x,y,z)\cos\gamma\mathrm{d}S$$

$$= \iint_{D_{xy}} R[x,y,z(x,y)]\frac{\cos\gamma}{|\cos\gamma|}\mathrm{d}\sigma \quad \left(\gamma \neq \frac{\pi}{2}\right)$$

因此

$$\iint_{\Sigma} R(x,y,z)\mathrm{d}x\mathrm{d}y = \pm\iint_{D_{xy}} R[x,y,z(x,y)]\mathrm{d}x\mathrm{d}y$$

其中,当 Σ 取上侧时,上式右端取正号;当 Σ 取下侧时,上式右端取负号.

当 $\gamma=\dfrac{\pi}{2}$时,有　$$\iint\limits_{\Sigma}R(x,y,z)\mathrm{d}x\mathrm{d}y=0\,.$$

同理,如果曲面 Σ 的方程为 $x=x(y,z)$,$(x,y)\in D_{yz}$,其中 D_{yz} 是 Σ 在 yOz 面上的投影区域,则

$$\iint\limits_{\Sigma}P(x,y,z)\mathrm{d}y\mathrm{d}z=\pm\iint\limits_{D_{yz}}P[x(y,z),y,z]\mathrm{d}y\mathrm{d}z$$

当 Σ 取前侧时,上式右端取正号;当 Σ 取后侧时,上式右端取负号.

当 $\alpha=\dfrac{\pi}{2}$时,有　$$\iint\limits_{\Sigma}P(x,y,z)\mathrm{d}y\mathrm{d}z=0$$

如果曲面 Σ 的方程为 $y=y(z,x)$,$(x,y)\in D_{zx}$,其中 D_{zx} 是 Σ 在 zOx 面上的投影区域,则

$$\iint\limits_{\Sigma}Q(x,y,z)\mathrm{d}z\mathrm{d}x=\pm\iint\limits_{D_{zx}}P[x,y(z,x),z]\mathrm{d}z\mathrm{d}x$$

其中当 Σ 取右侧时,上式右端取正号;当 Σ 取左侧时,上式右端取负号.

当 $\beta=\dfrac{\pi}{2}$时,有　$$\iint\limits_{\Sigma}Q(x,y,z)\mathrm{d}z\mathrm{d}x=0$$

注　根据以上叙述,可按以下步骤计算第二类曲面积分(以 $\iint\limits_{\Sigma}R(x,y,z)\mathrm{d}x\mathrm{d}y$ 的计算为例):

(1) 将曲面方程 $z=z(x,y)$代入被积函数 $R(x,y,z)$中;(2) 将积分曲面 Σ 投影到xOy平面,得平面区域 D_{xy};(3) 由给定曲面 Σ 的侧,确定面积元素 $\mathrm{d}x\mathrm{d}y$ 的正负号;(4) 在 D_{xy} 上计算二重积分 $\pm\iint\limits_{D_{xy}}R[x,y,z(x,y)]\mathrm{d}x\mathrm{d}y$.

例 10.20　计算曲面积分 $I=\iint\limits_{\Sigma}xyz\,\mathrm{d}x\mathrm{d}y$,其中 Σ 是球面 $x^2+y^2+z^2=1$ 外侧在 $x\geqslant0$、$y\geqslant0$ 的部分.

解　如图 10-26 所示,把 Σ 分成 Σ_1 和 Σ_2 两部分:

Σ_1 的方程为 $z_1=-\sqrt{1-x^2-y^2}$

Σ_2 的方程为 $z_2=\sqrt{1-x^2-y^2}$

根据分域性质有

$$\iint\limits_{\Sigma}xyz\,\mathrm{d}x\mathrm{d}y=\iint\limits_{\Sigma_2}xyz\,\mathrm{d}x\mathrm{d}y+\iint\limits_{\Sigma_1}xyz\,\mathrm{d}x\mathrm{d}y$$

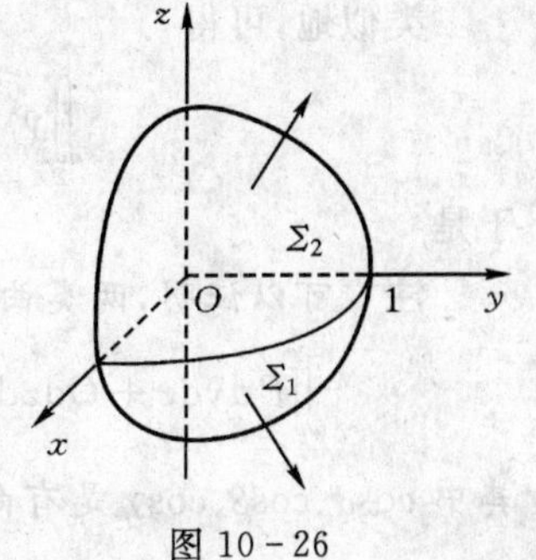

图 10-26

上式右端第一个积分的积分曲面 Σ_2 取上侧,第二个积分的积分曲面 Σ_1 取下侧,Σ_1 及 Σ_2 在xOy平面上

的投影区域均为 $D_{xy}: x^2+y^2\leqslant 1\ (x\geqslant 0, y\geqslant 0)$,因此有

$$\begin{aligned}\iint_{\Sigma} xyz\,\mathrm{d}x\mathrm{d}y &= \iint_{\Sigma_2} xyz\,\mathrm{d}x\mathrm{d}y + \iint_{\Sigma_1} xyz\,\mathrm{d}x\mathrm{d}y \\ &= \iint_{D_{xy}} xy\sqrt{1-x^2-y^2}\,\mathrm{d}x\mathrm{d}y - \iint_{D_{xy}} xy(-\sqrt{1-x^2-y^2})\mathrm{d}x\mathrm{d}y \\ &= 2\iint_{D_{xy}} xy\sqrt{1-x^2-y^2}\,\mathrm{d}x\mathrm{d}y\end{aligned}$$

利用极坐标计算这个二重积分

$$\begin{aligned}2\iint_{D_{xy}} xy\sqrt{1-x^2-y^2}\,\mathrm{d}x\mathrm{d}y &= 2\iint_{D_{xy}} r^2\sin\theta\cos\theta\sqrt{1-r^2}\cdot r\mathrm{d}r\mathrm{d}\theta \\ &= 2\int_0^{\frac{\pi}{2}}\cos\theta\sin\theta\mathrm{d}\theta\int_0^1 r^3\sqrt{1-r^2}\,\mathrm{d}r = \frac{2}{15}\end{aligned}$$

于是

$$I=\frac{2}{15}$$

例 10.21　计算曲面积分

$$I=\iint_{\Sigma} x^2\mathrm{d}y\mathrm{d}z + y^2\mathrm{d}z\mathrm{d}x + z^2\mathrm{d}x\mathrm{d}y$$

其中 Σ 是长方体 $\Omega=\{(x,y,z)\mid 0\leqslant x\leqslant a, 0\leqslant y\leqslant b, 0\leqslant z\leqslant c\}$ 的整个边界曲面的外侧.

解　把有向曲面 Σ 分成六个部分:

$\Sigma_1: z=c\ (0\leqslant x\leqslant a, 0\leqslant y\leqslant b)$ 的上侧;$\Sigma_2: z=0\ (0\leqslant x\leqslant a,\ 0\leqslant y\leqslant b)$ 的下侧;

$\Sigma_3: x=a\ (0\leqslant y\leqslant b, 0\leqslant z\leqslant c)$ 的前侧;$\Sigma_4: x=0\ (0\leqslant y\leqslant b, 0\leqslant z\leqslant c)$ 的后侧;

$\Sigma_5: y=b\ (0\leqslant x\leqslant a, 0\leqslant z\leqslant c)$ 的右侧;$\Sigma_6: y=0\ (0\leqslant x\leqslant a, 0\leqslant z\leqslant c)$ 的左侧.

除 Σ_3、Σ_4 外,其余四片曲面在 yOz 面上的投影为零,因此

$$\iint_{\Sigma} x^2\mathrm{d}y\mathrm{d}z = \iint_{\Sigma_3} x^2\mathrm{d}y\mathrm{d}z + \iint_{\Sigma_4} x^2\mathrm{d}y\mathrm{d}z = \iint_{D_{yz}} a^2\mathrm{d}y\mathrm{d}z - \iint_{D_{yz}} 0^2\mathrm{d}y\mathrm{d}z = a^2bc$$

类似地,可得

$$\iint_{\Sigma} y^2\mathrm{d}z\mathrm{d}x = b^2ac,\quad \iint_{\Sigma} z^2\mathrm{d}x\mathrm{d}y = c^2ab$$

于是

$$I=abc(a+b+c)$$

注　*可以证明,两类曲面积分之间有如下关系:*

$$\iint_{\Sigma} P\mathrm{d}y\mathrm{d}z + Q\mathrm{d}z\mathrm{d}x + R\mathrm{d}x\mathrm{d}y = \iint_{\Sigma}(P\cos\alpha + Q\cos\beta + R\cos\gamma)\mathrm{d}S$$

其中 $\cos\alpha$、$\cos\beta$、$\cos\gamma$ 是有向曲面 Σ 上点 (x,y,z) 处的法向量的方向余弦.

10.5.5　高斯公式

格林公式揭示了平面闭区域上二重积分与该区域的边界曲线上的曲线积分之间的关系.人们自然会提出这样的问题:是否存在一个公式,把空间区域上的三重积分与该区域边界曲面上的曲面积分联系起来?高斯(Gauss)公式就建立了两者之间的联系,它可认为是格林公式在三维空间的推广.下面不加证明的给出这个公式.

定理 10.3　设空间闭区域 Ω 由分片光滑的闭曲面 Σ 围成,函数 $P(x,y,z)$、$Q(x,y,z)$、$R(x,y,z)$ 在 Ω 上具有一阶连续偏导数,则有

$$\iiint\limits_{\Omega}\left(\frac{\partial P}{\partial x}+\frac{\partial Q}{\partial y}+\frac{\partial R}{\partial z}\right)\mathrm{d}v=\oiint\limits_{\Sigma}P\,\mathrm{d}y\mathrm{d}z+Q\mathrm{d}z\mathrm{d}x+R\mathrm{d}x\mathrm{d}y$$
$$=\oiint\limits_{\Sigma}(P\cos\alpha+Q\cos\beta+R\cos\gamma)\mathrm{d}S \qquad (10.15)$$

这里 Σ 是 Ω 的整个边界曲面的外侧,$\cos\alpha$、$\cos\beta$、$\cos\gamma$ 是 Σ 上点 (x,y,z) 处的法向量的方向余弦.式(10.15)称为**高斯公式**.

下面通过例题说明高斯公式的应用.

例 10.22　计算 $I=\oiint\limits_{\Sigma}(x-y)\mathrm{d}x\mathrm{d}y+(y-z)x\mathrm{d}y\mathrm{d}z$.其中 Σ 为柱面 $x^2+y^2=1$ 及平面 $z=0$、$z=3$ 所围成的空间闭区域 Ω 的整个边界曲面的外侧(见图 10-27).

解　这里 $P=(y-z)x,Q=0,R=x-y$,故

$$\frac{\partial P}{\partial x}=y-z,\ \frac{\partial Q}{\partial y}=0,\ \frac{\partial R}{\partial z}=0$$

利用高斯公式将所给曲面积分化为三重积分,得

$$I=\iiint\limits_{\Omega}(y-z)\mathrm{d}x\mathrm{d}y\mathrm{d}z$$

再利用柱面坐标计算以上三重积分,得

$$I=\iiint\limits_{\Omega}(r\sin\theta-z)r\mathrm{d}r\mathrm{d}\theta\mathrm{d}z$$
$$=\int_0^{2\pi}\mathrm{d}\theta\int_0^1 r\mathrm{d}r\int_0^3(r\sin\theta-z)\mathrm{d}z=-\frac{9\pi}{2}$$

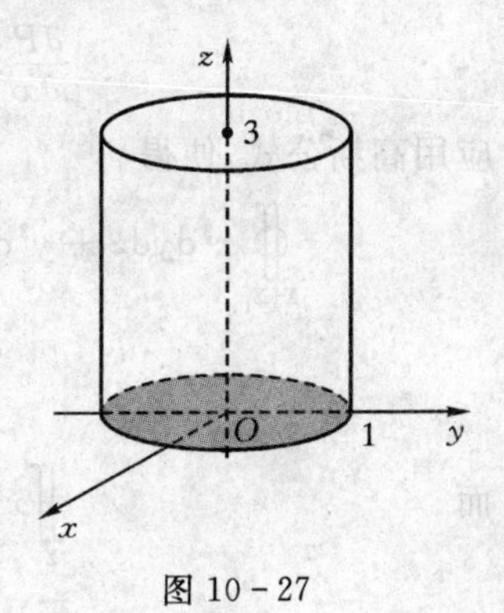

图 10-27

例 10.23　计算曲面积分 $I=\iint\limits_{\Sigma}y(x-z)\mathrm{d}y\mathrm{d}z+x^2\mathrm{d}z\mathrm{d}x+(y^2+xz)\mathrm{d}x\mathrm{d}y$,其中 Σ 是正方体 $\Omega=\{(x,y,z)\mid 0\leqslant x\leqslant a,0\leqslant y\leqslant a,0\leqslant z\leqslant a\}$ 的整个边界曲面的内侧.

解　由对坐标的曲面积分的性质有

$$I = -\iint_{-\Sigma} y(x-z)\mathrm{d}y\mathrm{d}z + x^2\mathrm{d}z\mathrm{d}x + (y^2+xz)\mathrm{d}x\mathrm{d}y$$

这里$-\Sigma$为球面$\Omega=\{(x,y,z)\,\big|\,0\leqslant x\leqslant a,0\leqslant y\leqslant a,0\leqslant z\leqslant a\}$的外侧.

由于
$$P = y(x-z),\ Q = x^2,\ R = y^2 + xz$$

所以
$$\frac{\partial P}{\partial x} = y,\ \frac{\partial Q}{\partial y} = 0,\ \frac{\partial R}{\partial z} = x$$

应用高斯公式,得

$$I = -\iint_{-\Sigma} y(x-z)\mathrm{d}y\mathrm{d}z + x^2\mathrm{d}z\mathrm{d}x + (y^2+xz)\mathrm{d}x\mathrm{d}y = -\iiint_{\Omega}(y+x)\mathrm{d}v$$

由对称性知$\iiint_{\Omega} x\,\mathrm{d}v = \iiint_{\Omega} y\,\mathrm{d}v = \iiint_{\Omega} z\,\mathrm{d}v$,故

$$I = -2\iiint_{\Omega} z\,\mathrm{d}v = -2\int_0^a \mathrm{d}x\int_0^a \mathrm{d}y\int_0^a z\mathrm{d}z = -2a^2\cdot\frac{1}{2}z^2\Big|_0^a = -a^4$$

例 10.24 计算$I = \iint_{\Sigma} x^3\mathrm{d}y\mathrm{d}z + y^3\mathrm{d}z\mathrm{d}x + z^3\mathrm{d}x\mathrm{d}y$,其中$\Sigma$为上半球面$x^2+y^2+z^2=R^2(z\geqslant 0)$的外侧.

解 曲面Σ不是封闭曲面,不能直接应用高斯公式,若设Σ_1为平面$z=0$ $(x^2+y^2\leqslant R^2)$的下侧,则Σ与Σ_1一起构成一个取外侧的封闭曲面,记它们围成的空间闭区域为Ω,$P=x^3$,$Q=y^3$,$R=z^3$,从而

$$\frac{\partial P}{\partial x} + \frac{\partial Q}{\partial y} + \frac{\partial R}{\partial z} = 3(x^2+y^2+z^2)$$

应用高斯公式,便得

$$\oiint_{\Sigma+\Sigma_1} x^3\mathrm{d}y\mathrm{d}z + y^3\mathrm{d}z\mathrm{d}x + z^3\mathrm{d}x\mathrm{d}y = \iiint_{\Omega} 3(x^2+y^2+z^2)\mathrm{d}x\mathrm{d}y\mathrm{d}z$$

$$= 3\int_0^{2\pi}\mathrm{d}\theta\int_0^{\frac{\pi}{2}}\mathrm{d}\varphi\int_0^R r^4\sin\varphi\mathrm{d}r = \frac{6}{5}\pi R^5$$

而
$$\iint_{\Sigma_1} x^3\mathrm{d}y\mathrm{d}z + y^3\mathrm{d}z\mathrm{d}x + z^3\mathrm{d}x\mathrm{d}y = 0$$

因此
$$I = \frac{6}{5}\pi R^5 - 0 = \frac{6}{5}\pi R^5$$

10.5.6 通量和散度的概念

在本节的引例中,讨论了流量问题.若有一个不可压缩流体(设其密度为1)稳定流速场

$$\boldsymbol{v}(x,y,z) = P(x,y,z)\boldsymbol{i} + Q(x,y,z)\boldsymbol{j} + R(x,y,z)\boldsymbol{k}$$

其中函数 $P(x,y,z)$、$Q(x,y,z)$、$R(x,y,z)$ 具有一阶连续偏导数，则单位时间内流体流过有向曲面 Σ 指定侧的流量为

$$\Phi=\iint_{\Sigma}\boldsymbol{v}\cdot\boldsymbol{n}\mathrm{d}S=\iint_{\Sigma}P(x,y,z)\mathrm{d}y\mathrm{d}z+Q(x,y,z)\mathrm{d}z\mathrm{d}x+R(x,y,z)\mathrm{d}x\mathrm{d}y$$

表示流向 Σ 指向侧的**流量**.

一般地，若某向量场由

$$\boldsymbol{A}(x,y,z)=P(x,y,z)\boldsymbol{i}+Q(x,y,z)\boldsymbol{j}+R(x,y,z)\boldsymbol{k}$$

给出，其中 P、Q、R 具有一阶连续偏导数，Σ 是场内的一片有向曲面，则

$$\Phi=\iint_{\Sigma}\boldsymbol{A}\cdot\boldsymbol{n}\mathrm{d}S=\iint_{\Sigma}P(x,y,z)\mathrm{d}y\mathrm{d}z+Q(x,y,z)\mathrm{d}z\mathrm{d}x+R(x,y,z)\mathrm{d}x\mathrm{d}y$$

称为向量场 $\boldsymbol{A}$ 通过曲面 Σ 指定侧的**通量**. 而将 $\frac{\partial P}{\partial x}+\frac{\partial Q}{\partial y}+\frac{\partial R}{\partial z}$ 称为向量场 $\boldsymbol{A}$ 的**散度**，记为 $\mathrm{div}\boldsymbol{A}$，即

$$\mathrm{div}\boldsymbol{A}=\frac{\partial P}{\partial x}+\frac{\partial Q}{\partial y}+\frac{\partial R}{\partial z}$$

利用散度的概念，可将高斯公式写成

$$\iiint_{\Omega}\mathrm{div}\boldsymbol{A}\mathrm{d}v=\oint\!\!\!\oint_{\Sigma}P\mathrm{d}y\mathrm{d}z+Q\mathrm{d}z\mathrm{d}x+R\mathrm{d}x\mathrm{d}y$$
$$=\iint_{\Sigma}(P\cos\alpha+Q\cos\beta+R\cos\gamma)\mathrm{d}S$$

习题 10－5

1. 当 Σ 为 xOy 面内的一个闭区域时，曲面积分 $\iint_{\Sigma}R(x,y,z)\mathrm{d}x\mathrm{d}y$ 与二重积分有什么关系？

2. 计算 $\iint_{\Sigma}x^2y^2z\mathrm{d}x\mathrm{d}y$，其中 Σ 是下半球面 $x^2+y^2+z^2=R^2$ 的下侧.

3. 计算 $\iint_{\Sigma}z\mathrm{d}x\mathrm{d}y+x\mathrm{d}y\mathrm{d}z+y\mathrm{d}z\mathrm{d}x$，其中 Σ 是柱面 $x^2+y^2=1$ 被平面 $z=0$ 及 $z=3$ 所截得的在第一卦限内的部分的前侧.

4. 计算 $\oint\!\!\!\oint_{\Sigma}xz\mathrm{d}x\mathrm{d}y+xy\mathrm{d}y\mathrm{d}z+yz\mathrm{d}z\mathrm{d}x$，其中 Σ 是平面 $x=0$、$y=0$、$z=0$、$x+y+z=1$ 所围成的空间区域的整个边界曲面的外侧.

5. $\iint_{\Sigma}(x^3+az^2)\mathrm{d}y\mathrm{d}z+(y^3+ax^2)\mathrm{d}z\mathrm{d}x+(z^3+ay^2)\mathrm{d}x\mathrm{d}y$，其中 Σ 为球面 $z=$

$\sqrt{a^2-x^2-y^2}$的上侧.

6. 利用高斯公式计算曲面积分$\oiint_{\Sigma} x^3\mathrm{d}y\mathrm{d}z+y^3\mathrm{d}z\mathrm{d}x+z^3\mathrm{d}x\mathrm{d}y$，其中$\Sigma$为球面$x^2+y^2+z^2=a^2$的外侧.

7. 利用高斯公式计算曲面积分$\oiint_{\Sigma} xz^2\mathrm{d}y\mathrm{d}z+(x^2y-z^3)\mathrm{d}z\mathrm{d}x+(2xy+y^2z)\mathrm{d}x\mathrm{d}y$，其中$\Sigma$为上半球体$0\leqslant z\leqslant\sqrt{a^2-x^2-y^2}$的表面外侧.

8. 利用高斯公式计算曲面积分$\oiint_{\Sigma} x\mathrm{d}y\mathrm{d}z+y\mathrm{d}z\mathrm{d}x+z\mathrm{d}x\mathrm{d}y$，其中$\Sigma$是介于$z=0$和$z=3$之间的圆柱体$x^2+y^2\leqslant 9$的整个表面的外侧.

第11章 无穷级数

无穷级数是高等数学的一个重要组成部分.它是表示函数、研究函数的性质以及进行数值计算的有效工具.本章先讨论常数项级数的基本概念和方法,然后讨论函数项级数以及如何将函数展开为幂级数与三角级数的问题.

11.1 常数项级数

11.1.1 常数项级数的概念和性质

人们认识事物在数量运算方面的特性,往往有一个由近似到精确的过程.在这个过程中,会遇到由有限个数量相加到无穷多个数量相加的问题.

例如,我们都知道分数$\frac{1}{3}$等于无限循环小数 0.333…,而把它改写为

$$\frac{1}{3}=0.333\cdots=0.3+0.03+0.003+\cdots$$

时,等式右端就是一个无穷多个数相加的计算,计算的项数越多,近似程度就越高.本例中,当计算的项数无穷增加时,其和就等于$\frac{1}{3}$的精确值.

事实上,无穷多个数相加的计算与有限个数的相加既有联系,又有本质的区别.我们可以从有限项的和出发,观察项数不断增加时和的变化趋势,由此来理解无穷多个数相加的含义.

1. 常数项级数的定义

定义 11.1 设一个无穷数列$\{u_n\}$:$u_1,u_2,u_3,\cdots,u_n,\cdots$,称数学表达式

$$u_1+u_2+u_3+\cdots+u_n+\cdots \tag{11.1}$$

为**无穷级数**,简称**级数**,记为$\sum_{n=1}^{\infty}u_n$,其中u_n称为级数的**通项**(或**一般项**).

上述级数定义仅仅只是一个形式化的定义.实际上,级数中无限多个数量相加是它的前有限项的和当项数无限增加时的极限.为此,先引入部分和的概念.作级

数(11.1)的前 n 项和

$$S_n = u_1 + u_2 + u_3 + \cdots + u_n \tag{11.2}$$

称 S_n 为**级数的部分和**. 当 n 依次取 1,2,3,…时,它们构成一个新数列

$$S_1 = u_1, S_2 = u_1 + u_2, \cdots, S_n = u_1 + u_2 + u_3 + \cdots + u_n, \cdots$$

称此数列为**级数的部分和数列**. 然后通过上述部分和数列是否有极限,来定义级数收敛与发散的概念.

2. 常数项级数收敛的定义

定义 11.2 如果级数 $\sum_{n=1}^{\infty} u_n$ 的部分和数列 $\{S_n\}$ 有极限 S,即 $\lim_{n\to\infty} S_n = S$,则称级数 $\sum_{n=1}^{\infty} u_n$ **收敛**,称 S 为**级数的和**,记为 $\sum_{n=1}^{\infty} u_n = S$. 如果部分和数列 $\{S_n\}$ 没有极限,则称级数 $\sum_{n=1}^{\infty} u_n$ **发散**. 此外,当级数 $\sum_{n=1}^{\infty} u_n$ 收敛于 S 时,称 $r_n = S - S_n$ 为级数的**余项**.

例 11.1 证明**等比级数(几何级数)** $a + aq + aq^2 + \cdots + aq^{n-1} + \cdots$ $(a \neq 0)$,当 $|q| < 1$ 时收敛,当 $|q| \geqslant 1$ 时发散.

证 当 $q \neq 1$ 时,其前 n 项和 $S_n = a + aq + aq^2 + \cdots + aq^{n-1} = a\dfrac{1-q^n}{1-q}$

若 $|q| < 1$,则 $\lim_{n\to\infty} q^n = 0$,于是

$$\lim_{n\to\infty} S_n = \lim_{n\to\infty} a\frac{1-q^n}{1-q} = \frac{a}{1-q}$$

即当 $|q| < 1$ 时等比级数收敛,且其和为 $\dfrac{a}{1-q}$.

若 $|q| > 1$,则 $\lim_{n\to\infty} |q|^n = \infty$. 当 $n \to \infty$ 时,S_n 是无穷大量,故级数发散;

若 $q = 1$,则级数成为 $a + a + a + \cdots$,于是 $S_n = na$, $\lim_{n\to\infty} S_n = \infty$,级数发散;

若 $q = -1$,则级数成为 $a - a + a - a + \cdots$,它的部分和

$$S_n = \begin{cases} a, & n \text{ 为奇数} \\ 0, & n \text{ 为偶数} \end{cases}$$

所以当 $n \to \infty$ 时,S_n 无极限,即当 $q = -1$ 时级数也发散.

例 11.2 证明级数 $\sum_{n=1}^{\infty} \dfrac{1}{n(n+1)} = 1$

证 级数的部分和为

$$S_n = \frac{1}{1\times 2} + \frac{1}{2\times 3} + \cdots + \frac{1}{n(n+1)}$$

$$= \left(1-\frac{1}{2}\right)+\left(\frac{1}{2}-\frac{1}{3}\right)+\cdots+\left(\frac{1}{n}-\frac{1}{n+1}\right)=1-\frac{1}{n+1}$$

当 $n\to\infty$ 时，$S_n\to 1$，所以级数 $\sum\limits_{n=1}^{\infty}\frac{1}{n(n+1)}=1$.

3. 收敛级数的基本性质

由级数收敛性定义，可得下面性质

性质 1　若级数 $\sum\limits_{n=1}^{\infty}u_n$ 收敛，其和为 S，又 k 为常数，则级数 $\sum\limits_{n=1}^{\infty}ku_n$ 也收敛，且

$$\sum_{n=1}^{\infty}ku_n=k\sum_{n=1}^{\infty}u_n=kS$$

证　设 $\sum\limits_{n=1}^{\infty}u_n$ 与 $\sum\limits_{n=1}^{\infty}ku_n$ 的部分和分别为 S_n、σ_n，则

$$\sigma_n=ku_1+ku_2+\cdots+ku_n=k(u_1+u_2+\cdots+u_n)=kS_n$$

于是

$$\lim_{n\to\infty}\sigma_n=\lim_{n\to\infty}kS_n=k\lim_{n\to\infty}S_n=kS$$

故级数 $\sum\limits_{n=1}^{\infty}ku_n$ 收敛，且和为 kS.

性质 2　若已知级数 $\sum\limits_{n=1}^{\infty}u_n$ 和 $\sum\limits_{n=1}^{\infty}v_n$ 分别收敛于 S 和 σ，则级数 $\sum\limits_{n=1}^{\infty}(u_n\pm v_n)$ 也收敛，且其和为 $S\pm\sigma$.

证　设级数 $\sum\limits_{n=1}^{\infty}u_n$ 和 $\sum\limits_{n=1}^{\infty}v_n$ 分别收敛于 S 和 σ，则级数 $\sum\limits_{n=1}^{\infty}(u_n\pm v_n)$ 的部分和

$$z_n=(u_1\pm v_1)\pm(u_2\pm v_2)\pm\cdots\pm(u_n\pm v_n)=s_n\pm\sigma_n$$

故

$$\lim_{n\to\infty}z_n=\lim_{n\to\infty}(S_n\pm\sigma_n)=\lim_{n\to\infty}S_n\pm\lim_{n\to\infty}\sigma_n=S\pm\sigma$$

这表明级数 $\sum\limits_{n=1}^{\infty}(u_n\pm v_n)$ 收敛，且其和为 $S\pm\sigma$.

性质 3　在级数的前面任意删去、加上或改变有限项，不改变级数的敛散性.

证　设将级数 $u_1+u_2+u_3+\cdots+u_k+u_{k+1}+u_{k+2}\cdots+u_{k+n}+\cdots$ 的前 k 项去掉，则得到新级数

$$u_{k+1}+u_{k+2}+\cdots+u_{k+n}+\cdots$$

新级数的部分和为

$$\sigma_n=u_{k+1}+u_{k+2}+\cdots+u_{k+n}+\cdots=S_{k+n}-S_k$$

其中，S_{k+n} 是原级数前 $k+n$ 项的部分和，而 S_k 是原级数前 k 项之和（它是一个固定的常数）. 故当 $n\to\infty$ 时，σ_n 与 S_{k+n} 具有相同的敛散性. 当级数收敛时，其收敛的和有关系式

$$\sigma = S - S_k$$

其中 $\sigma = \lim\limits_{n\to\infty}\sigma_n$, $S = \lim\limits_{n\to\infty}S_n$, $S_k = \sum\limits_{i=1}^{k}u_i$.

类似地,可以证明在级数的前面增加有限项,也不会改变级数的敛散性.

性质4 收敛级数中的各项按其原来的次序任意合并(即加上括号)以后所成的新级数仍然收敛,而且其和不变.

证 设 $u_1 + u_2 + u_3 + \cdots + u_n + \cdots$ 为收敛级数,不失一般性,若加括号后所成的级数如下,

$$u_1 + (u_2 + u_3) + u_4 + (u_5 + u_6 + u_7 + u_8) + \cdots$$

用 σ_m 表示这一新级数的前 m 项之和,它是由原级数中前 n 项之和 S_n 所构成的($m<n$),即有

$$\sigma_1 = S_1,\ \sigma_2 = S_3,\ \sigma_3 = S_4,\ \sigma_4 = S_8,\ \cdots$$

可见$\{\sigma_m\}$是$\{S_n\}$的一个子数列,由$\{S_n\}$的收敛性,得

$$\lim_{m\to\infty}\sigma_m = \lim_{n\to\infty}S_n = S$$

注 如果加括号后所得的级数收敛,则不能断定原来级数也收敛.例如级数

$$(1-1) + (1-1) + \cdots + [(-1)^{n-1} + (-1)^n] + \cdots$$

收敛于零,但级数

$$1 + (-1) + 1 + (-1) + \cdots + (-1)^{n-1} + (-1)^n + \cdots$$

是发散的.

性质5(级数收敛的必要条件) 若级数 $\sum\limits_{n=1}^{\infty}u_n$ 收敛,则$\lim\limits_{n\to\infty}u_n = 0$.

证 设 $\sum\limits_{n=1}^{\infty}u_n = S$,即$\lim\limits_{n\to\infty}S_n = S$,因而$\lim\limits_{n\to\infty}S_{n-1} = S$,所以

$$\lim_{n\to\infty}u_n = \lim_{n\to\infty}(S_n - S_{n-1}) = \lim_{n\to\infty}S_n - \lim_{n\to\infty}S_{n-1} = S - S = 0$$

推论 当 $n\to\infty$时,级数 $\sum\limits_{n=1}^{\infty}u_n$ 的通项 u_n 不趋于零,则此级数必发散.

性质5是级数收敛的必要条件,而不是充分条件,也就是说,即使必要条件成立也不能保证级数收敛,也可能发散.

例11.3 判别调和级数 $\sum\limits_{n=1}^{\infty}\dfrac{1}{n}$ 的敛散性.

解 容易看出,该级数的通项 $u_n = \dfrac{1}{n}$当 $n\to\infty$时趋于零,即满足收敛的必要条件,但是这个级数是发散的.现在用反证法来证明.

设级数 $\sum\limits_{n=1}^{\infty}\dfrac{1}{n}$ 收敛,则它的部分和数列 S_n 收敛,令$\lim\limits_{n\to\infty}S_n = S$.则另一个部分和

数列 S_{2n}，也收敛，也有 $\lim\limits_{n\to\infty}S_{2n}=S$，因而

$$\lim_{n\to\infty}(S_{2n}-S_n)=\lim_{n\to\infty}S_{2n}-\lim_{n\to\infty}S_n=S-S=0 \tag{11.3}$$

另一方面，

$$S_{2n}-S_n=\frac{1}{n+1}+\frac{1}{n+2}+\cdots+\frac{1}{2n}$$

$$>\underbrace{\frac{1}{2n}+\frac{1}{2n}+\cdots+\frac{1}{2n}}_{n项}=\frac{1}{2}$$

这与式(11.3)是矛盾的，因而证明了调和级数是发散的.

例 11.4　利用级数收敛的定义与性质，判别下列级数的敛散性

(1) $\sum\limits_{n=1}^{\infty}(\sqrt{n+1}-\sqrt{n})$

(2) $\left(\frac{1}{2}+\frac{1}{3}\right)+\left(\frac{1}{2^2}+\frac{1}{3^2}\right)+\left(\frac{1}{2^3}+\frac{1}{3^3}\right)+\cdots+\left(\frac{1}{2^n}+\frac{1}{3^n}\right)+\cdots$

(3) $\frac{1}{3}+\frac{1}{\sqrt{3}}+\frac{1}{\sqrt[3]{3}}+\cdots+\frac{1}{\sqrt[n]{3}}+\cdots$

解　(1) 级数 $\sum\limits_{n=1}^{\infty}(\sqrt{n+1}-\sqrt{n})$ 的部分和为

$$\begin{aligned}S_n&=\sum_{k=1}^{n}(\sqrt{k+1}-\sqrt{k})\\&=(\sqrt{2}-1)+(\sqrt{3}-\sqrt{2})+(\sqrt{4}-\sqrt{3})+\cdots+(\sqrt{n+1}-\sqrt{n})\\&=\sqrt{n+1}-1\end{aligned}$$

当 $n\to\infty$ 时，$S_n\to\infty$，故级数发散；

(2) 将级数 $\left(\frac{1}{2}+\frac{1}{3}\right)+\left(\frac{1}{2^2}+\frac{1}{3^2}\right)+\left(\frac{1}{2^3}+\frac{1}{3^3}\right)+\cdots+\left(\frac{1}{2^n}+\frac{1}{3^n}\right)+\cdots$ 改写成

$$\sum_{n=1}^{\infty}\left(\frac{1}{2^n}+\frac{1}{3^n}\right)=\sum_{n=1}^{\infty}\frac{1}{2^n}+\sum_{n=1}^{\infty}\frac{1}{3^n}$$

等式右端分别为 $q=\frac{1}{2}$、$\frac{1}{3}$ 的等比级数，故原级数收敛；

(3) 对于级数 $\frac{1}{3}+\frac{1}{\sqrt{3}}+\frac{1}{\sqrt[3]{3}}+\cdots+\frac{1}{\sqrt[n]{3}}+\cdots$，因为当 $n\to\infty$ 时，级数的通项 $u_n=\frac{1}{\sqrt[n]{3}}\to 1$，不趋于零，不符合级数收敛的必要条件，所以原级数发散.

11.1.2　正项级数及其审敛法

若级数 $\sum\limits_{n=1}^{\infty}u_n$ 中的各项都是非负的(即 $u_n\geqslant 0, n=1,2,\cdots$)，则称级数 $\sum\limits_{n=1}^{\infty}u_n$ 为

正项级数. 虽然正项级数是常数项级数的一种特殊情况,但对正项级数的研究在整个无穷级数的理论中起到基础和关键的作用. 以后将会看到许多级数的收敛性问题都可归结为正项级数的收敛性问题.

设级数 $\sum_{n=1}^{\infty} u_n = u_1 + u_2 + u_3 + \cdots + u_n + \cdots$ 是一个正项级数($u_n \geqslant 0$),它的部分和数列$\{S_n\}$显然是一个单调增数列 $S_1 \leqslant S_2 \leqslant S_3 \leqslant \cdots \leqslant S_n \leqslant \cdots$,根据单调增数列上有界必收敛的性质,可直接导出下列判别正项级数收敛的基本定理.

定理 11.1 正项级数 $\sum_{n=1}^{\infty} u_n$ 收敛的充分必要条件是它的部分和数列$\{S_n\}$有界.

推论 如果正项级数 $\sum_{n=1}^{\infty} u_n$ 发散,则它的部分和数列 $S_n \to +\infty (n\to\infty)$.

例 11.5 判别正项级数 $\sum_{n=1}^{\infty} \dfrac{\sin\frac{\pi}{2n}}{2^n}$ 的敛散性.

解 由于此级数为正项级数,且对任意 n 项的部分和

$$S_n = \frac{1}{2} + \frac{\sin\frac{\pi}{4}}{2^2} + \frac{\sin\frac{\pi}{6}}{2^3} + \cdots + \frac{\sin\frac{\pi}{2n}}{2^n} < \frac{1}{2} + \frac{1}{2^2} + \frac{1}{2^3} + \cdots + \frac{1}{2^n}$$

$$= \frac{\frac{1}{2}\left(1 - \frac{1}{2^n}\right)}{1 - \frac{1}{2}} = 1 - \frac{1}{2^n} < 1$$

所以部分和数列$\{S_n\}$有界,由定理 11.1 可知,正项级数 $\sum_{n=1}^{\infty} \dfrac{\sin\frac{\pi}{2n}}{2^n}$ 收敛.

一般地,只有在很少情形下才能直接应用定理 11.1 来审定级数的敛散性,因为用它往往不太方便,但是它的理论价值很高. 事实上,正项级数的所有实用的审敛法都是建立在它的基础上的,下面给出在使用上比较方便的几个正项级数的审敛法则.

定理 11.2(比较审敛法) 已知 $\sum_{n=1}^{\infty} u_n$ 和 $\sum_{n=1}^{\infty} v_n$ 都是正项级数,且 $u_n \leqslant v_n (n=1,2,\cdots)$,则

(1) 当 $\sum_{n=1}^{\infty} v_n$ 收敛时, $\sum_{n=1}^{\infty} u_n$ 亦收敛;(2) 当 $\sum_{n=1}^{\infty} u_n$ 发散时, $\sum_{n=1}^{\infty} v_n$ 亦发散.

证 (1) 设 $\sum_{n=1}^{\infty} v_n$ 收敛于σ,由 $u_n \leqslant v_n (n=1,2,\cdots)$, $\sum_{n=1}^{\infty} u_n$ 的部分和 S_n 满足

$$S_n = u_1 + u_2 + \cdots + u_n \leqslant v_1 + v_2 + \cdots + v_n \leqslant \sigma$$

即单调增加的部分和数列 S_n 有上界. 根据定理 11.1 知，$\sum\limits_{n=1}^{\infty} u_n$ 收敛；

(2) 若级数 $\sum\limits_{n=1}^{\infty} u_n$ 发散时，由定理 11.1 可知，数列$\{S_n\}$必无界，从而级数 $\sum\limits_{n=1}^{\infty} v_n$ 的部分和数列也无界，这是因为 $u_n \leqslant v_n (n=1,2,\cdots)$，所以级数 $\sum\limits_{n=1}^{\infty} v_n$ 发散.

例 11.6　判别级数 $\sum\limits_{n=1}^{\infty} \dfrac{5}{3+2^n}$ 的敛散性.

解　由于 $u_n = \dfrac{5}{3+2^n} < \dfrac{5}{2^n}$，而级数 $\sum\limits_{n=1}^{\infty} \dfrac{5}{2^n}$ 是公比 $q=\dfrac{1}{2}<1$ 的等比级数，因此它是收敛的，由比较判别法知，级数 $\sum\limits_{n=1}^{\infty} \dfrac{5}{3+2^n}$ 收敛.

例 11.7　判别级数 $\sum\limits_{n=1}^{\infty} \dfrac{2}{\sqrt{n^2+1}}$ 的敛散性.

解　由于 $\sqrt{n^2+1} < 2n$，所以 $u_n = \dfrac{2}{\sqrt{n^2+1}} > \dfrac{1}{n}$. 而调和级数 $\sum\limits_{n=1}^{\infty} \dfrac{1}{n}$ 是发散的，由比较判别法知，级数 $\sum\limits_{n=1}^{\infty} \dfrac{2}{\sqrt{n^2+1}}$ 发散.

例 11.8　讨论 p-级数 $\sum\limits_{n=1}^{\infty} \dfrac{1}{n^p} = 1 + \dfrac{1}{2^p} + \dfrac{1}{3^p} + \cdots + \dfrac{1}{n^p} + \cdots$ 的敛散性，其中常数 $p>0$.

解　设 $p \leqslant 1$，则 $\dfrac{1}{n^p} \geqslant \dfrac{1}{n}$，而调和级数发散，由定理 11.2 可知，当 $p \leqslant 1$ 时，级数 $\sum\limits_{n=1}^{\infty} \dfrac{1}{n^p}$ 发散.

设 $p>1$，当 $n-1 \leqslant x \leqslant n$ 时，有 $\dfrac{1}{n^p} \leqslant \dfrac{1}{x^p}$，所以

$$\frac{1}{n^p} = \int_{n-1}^{n} \frac{1}{n^p} dx \leqslant \int_{n-1}^{n} \frac{1}{x^p} dx = \frac{1}{p-1}\left[\frac{1}{(n-1)^{p-1}} - \frac{1}{n^{p-1}}\right] \quad (n = 2,3,\cdots)$$

注意到级数

$$\sum_{n=2}^{\infty}\left[\frac{1}{(n-1)^{p-1}} - \frac{1}{n^{p-1}}\right]$$

的部分和为

$$S_n = \left(1 - \frac{1}{2^{p-1}}\right) + \left(\frac{1}{2^{p-1}} - \frac{1}{3^{p-1}}\right) + \cdots + \left(\frac{1}{n^{p-1}} - \frac{1}{(n+1)^{p-1}}\right)$$

$$=1-\frac{1}{(n+1)^{p-1}}\to 1 \quad (n\to\infty)$$

故级数 $\sum_{n=2}^{\infty}\left[\frac{1}{(n-1)^{p-1}}-\frac{1}{n^{p-1}}\right]$ 收敛,由定理 11.2 知,当 $p>1$ 时,级数 $\sum_{n=1}^{\infty}\frac{1}{n^p}$ 收敛.

综上所述,可得对于 p-级数,当 $p>1$ 时收敛,当 $0<p\leqslant 1$ 时发散.

在利用比较审敛法判定正项级数是否收敛时,首先要选定一个已知其收敛性的级数与之比较.我们经常用 p-级数作为这样的级数.

例 11.9 判别级数 $\sum_{n=1}^{\infty}\frac{1}{\sqrt[3]{2n^2-1}}$ 的敛散性.

解 由于 $u_n=\frac{1}{\sqrt[3]{2n^2-1}}>\frac{1}{\sqrt[3]{2n^2}}=\frac{1}{\sqrt[3]{2}}\cdot\frac{1}{n^{\frac{2}{3}}}$,而 $\sum_{n=1}^{\infty}\frac{1}{n^{\frac{2}{3}}}$ 是 $p=\frac{2}{3}<1$ 的 p-级数,所以 $\sum_{n=1}^{\infty}\frac{1}{\sqrt[3]{2n^2}}$ 是发散的.由比较判别法知,级数 $\sum_{n=1}^{\infty}\frac{1}{\sqrt[3]{2n^2-1}}$ 发散.

比较审敛法在使用时都必须借助于已知敛散性的级数加以比较,因此很不方便,常常非常困难.下面介绍另外两个审敛法,它们都是利用已知级数本身的通项来判别该级数的敛散性.

定理 11.3(比值审敛法,达朗贝尔判别法) 设 $\sum_{n=1}^{\infty}u_n$ 是正项级数,且 $\lim_{n\to\infty}\frac{u_{n+1}}{u_n}=\rho$,则

(1) 当 $\rho<1$ 时,级数 $\sum_{n=1}^{\infty}u_n$ 收敛;

(2) 当 $\rho>1$(或 $\lim_{n\to\infty}\frac{u_{n+1}}{u_n}=\infty$)时,级数 $\sum_{n=1}^{\infty}u_n$ 发散;

(3) 当 $\rho=1$ 时,级数可能收敛也可能发散.

(定理的证明从略)

例 11.10 判别级数 $\sum_{n=1}^{\infty}\frac{2^n n!}{n^n}$ 的敛散性.

解 因为 $\frac{u_{n+1}}{u_n}=\frac{2^{n+1}(n+1)!}{(n+1)^{n+1}}\cdot\frac{n^n}{2^n n!}=2\left(\frac{n}{n+1}\right)^n=2\frac{1}{\left(1+\frac{1}{n}\right)^n}$

所以
$$\lim_{n\to\infty}\frac{u_{n+1}}{u^n}=\lim_{n\to\infty}\frac{2}{\left(1+\frac{1}{n}\right)^n}=\frac{2}{\mathrm{e}}<1$$

故级数收敛.

例 11.11　判定级数 $\sum_{n=1}^{\infty}\frac{1}{(2n-1)\cdot 2n}$ 的敛散性.

证　由于 $\lim_{n\to\infty}\frac{u_{n+1}}{u_n}=\lim_{n\to\infty}\frac{(2n-1)\cdot 2n}{(2n+1)(2n+2)}=1$，比值判别法失效，需用别的方法来判别其敛散性.

因为 $2n>2n-1\geqslant n$，所以 $\frac{1}{(2n-1)2n}<\frac{1}{n^2}$，而级数 $\sum_{n=1}^{\infty}\frac{1}{n^2}$ 是收敛的. 由比较判别法知，级数 $\sum_{n=1}^{\infty}\frac{1}{(2n-1)\cdot 2n}$ 收敛.

定理 11.4(根值审敛法，柯西判别法)

设 $\sum_{n=1}^{\infty}u_n$ 为正项级数，若 $\lim_{n\to\infty}\sqrt[n]{u_n}=\rho$，则

(1) 当 $\rho<1$ 时，级数收敛；

(2) 当 $\rho>1$（或 $\lim_{n\to\infty}\sqrt[n]{u_n}=+\infty$）时级数发散；

(3) 当 $\rho=1$ 时级数可能收敛也可能发散.

例 11.12　判别级数 $\sum_{n=1}^{\infty}\left(\frac{n}{2n+1}\right)^n$ 的敛散性.

解　因为

$$\lim_{n\to\infty}\sqrt[n]{u_n}=\lim_{n\to\infty}\frac{n}{2n+1}=\frac{1}{2}<1$$

所以由根值审敛法可知，级数 $\sum_{n=1}^{\infty}\left(\frac{n}{2n+1}\right)^n$ 收敛.

例 11.13　判定下列级数的敛散性

(1) $1+\frac{1}{1\times1}+\frac{1}{1\times2}+\frac{1}{1\times2\times3}+\cdots+\frac{1}{1\times2\times3\times\cdots\times(n-1)}+\cdots$

(2) $1+\frac{1}{2^2}+\frac{1}{3^3}+\frac{1}{4^4}+\cdots+\frac{1}{n^n}+\cdots$

解　(1) 该级数的通项为 $u_n=\frac{1}{1\times2\times3\times\cdots\times(n-1)}$，因为

$$\lim_{n\to\infty}\frac{u_{n+1}}{u_n}=\lim_{n\to\infty}\frac{1\times2\times3\times\cdots\times(n-1)}{1\times2\times3\times\cdots\times(n-1)n}=\lim_{n\to\infty}\frac{1}{n}=0<1$$

所以，由比值审敛法知，该级数收敛.

(2) 该级数一般项为 $u_n=\frac{1}{n^n}$，因为

$$\lim_{n\to\infty}\sqrt[n]{u_n}=\lim_{n\to\infty}\sqrt[n]{\frac{1}{n^n}}=\lim_{n\to\infty}\frac{1}{n}=0<1$$

所以,由根值审敛法知,该级数收敛.

注 以上介绍了几种正项级数敛散性判别的常见方法,在实际应用中应注意以下几点:

(1) 先检查级数的一般项是否收敛于零,如果不收敛于零,则级数必发散;

(2) 如果级数的一般项中含有阶乘或幂函数,可考虑使用比值审敛法;

(3) 如果级数的一般项含有 n 次幂因子,可考虑使用根值审敛法;

(4) 当比值判别法或根值判别法中 $\rho=1$ 时,必须改用其他方法(如比较审敛法等)进行判定.

上述审敛法也可用于负项级数(同号级数).

11.1.3 变号级数及其审敛法

若级数中有无穷多项为正,无穷多项为负,称这类级数为**变号级数**.在变号级数中,最简单的是正、负号交替变化的级数——交错级数,对它我们有比较简便的审敛方法.而对于一般的变号级数,则常常要利用所谓**绝对收敛准则**来判断收敛性.

1. 交错级数及其审敛法

如果级数的各项是正、负号交替出现的,就称为**交错级数**,其形式如下

$$\sum_{n=1}^{\infty}(-1)^{n-1}u_n=u_1-u_2+u_3-u_4+\cdots+(-1)^{n-1}u_n+\cdots \tag{11.4}$$

或

$$\sum_{n=1}^{\infty}(-1)^{n}u_n=-u_1+u_2-u_3+\cdots+(-1)^{n}u_n+\cdots$$

其中,$u_n>0\ (n=1,2,\cdots)$.

对于交错级数,有下面的审敛法.

定理 11.5(莱布尼兹准则) 如果交错级数 $\sum\limits_{n=1}^{\infty}(-1)^{n-1}u_n$ 满足条件:

(1) $u_n\geqslant u_{n+1}(n=1,2,\cdots)$; (2) $\lim\limits_{n\to\infty}u_n=0$

则级数 $\sum\limits_{n=1}^{\infty}(-1)^{n-1}u_n$ 收敛,且其和 $S\leqslant u_1$,其余项 r_n 的绝对值 $|r_n|\leqslant u_{n+1}$.

* **证** 先证前 $2n$ 项的和 S_{2n} 的极限存在.

$$S_{2n}=(u_1-u_2)+(u_3-u_4)+\cdots+(u_{2n-1}-u_{2n})$$

由条件(1)知,所有括号中的差都是非负的,所以数列 $\{S_{2n}\}$ 是单调增的.又

$$S_{2n}=u_1-(u_2-u_3)-(u_4-u_5)-\cdots-(u_{2n-2}-u_{2n-1})-u_{2n}$$

同样由条件(1)知,所有括号中的差都是非负的,所以 $S_{2n}<u_1$,故 $\{S_{2n}\}$ 有极限

$$\lim_{n\to\infty}S_{2n}=S\leqslant u_1$$

另一方面，$S_{2n+1}=S_{2n}+u_{2n+1}$，由条件(2)，当 $n\to\infty$ 时，

$$\lim_{n\to\infty}S_{2n+1}=\lim_{n\to\infty}(S_{2n}+u_{2n+1})=S$$

由于级数的前偶数项的和与奇数项的和趋于同一极限 S，故级数 $\sum_{n=1}^{\infty}(-1)^{n-1}u_n$ 的部分和 S_n 当 $n\to\infty$ 时具有极限 S. 这就证明了级数 $\sum_{n=1}^{\infty}(-1)^{n-1}u_n$ 收敛于和 S，即 $\lim_{n\to\infty}S_n=S$.

不难看出，$S\leqslant u_1$，级数的余项 $r_n=\pm(u_{n+1}-u_{n+2}+\cdots)$，其绝对值为

$$|r_n|=u_{n+1}-u_{n+2}+\cdots$$

上式的右端也是一个交错级数，且满足收敛的两个条件，所以其和小于级数的第一项，即

$$|r_n|\leqslant u_{n+1}$$

例 11.14　证明交错级数 $1-\frac{1}{2}+\frac{1}{3}-\frac{1}{4}+\cdots+(-1)^{n-1}\frac{1}{n}+\cdots$ 收敛.

证　因为 $u_n=\frac{1}{n}>0$，满足

$$u_n=\frac{1}{n}>\frac{1}{n+1}=u_{n+1}\ (n=1,2,\cdots)$$

且 $\lim_{n\to\infty}u_n=\lim_{n\to\infty}\frac{1}{n}=0$，由莱布尼兹准则，可得 $\sum_{n=1}^{\infty}(-1)^{n-1}\frac{1}{n}$ 收敛，且其和 $S<1$.

如取前 n 项的部分和

$$S_n=1-\frac{1}{2}+\frac{1}{3}-\frac{1}{4}+\cdots+(-1)^{n-1}\frac{1}{n}$$

作为 S 的近似值，所产生的误差 $|r_n|\leqslant\frac{1}{n+1}(=u_{n+1})$.

例 11.15　判定交错级数 $\sum_{n=1}^{\infty}(-1)^{n-1}\frac{2n-1}{n^2}$ 的敛散性.

解　先来验证莱布尼兹准则中的条件(2).

$$\lim_{n\to\infty}u_n=\lim_{n\to\infty}\frac{2n-1}{n^2}=0$$

验证条件(1)时，有时可利用导数判断函数(数列)的单调性的方法.

为此设辅助函数 $f(x)=\frac{2x-1}{x^2}$，对它求导得 $f'(x)=\frac{2(1-x)}{x^3}$. 容易看出，当 $x\geqslant1$ 时，$f'(x)\leqslant0$，即 $f(x)=\frac{2x-1}{x^2}$ 是单调减的，由此推得

$$\frac{2n-1}{n^2}\geqslant\frac{2(n+1)-1}{(n+1)^2}\quad(n=1,2,\cdots)$$

即
$$u_n \geqslant u_{n+1} \quad (n=1,2,\cdots)$$
因此,交错级数 $\sum\limits_{n=1}^{\infty}(-1)^{n-1}\dfrac{2n-1}{n^2}$ 收敛.

2. 绝对收敛与条件收敛

莱布尼兹准则是判别交错级数收敛的一个充分条件,它并不能解决所有交错级数的审敛问题,更不能判别更一般的变号级数的敛散性,判别变号级数的一个常用方法是下面的绝对收敛准则.

设有级数
$$u_1+u_2+u_3+\cdots+u_n+\cdots \tag{11.5}$$
其中 $u_n(n=1,2,3,\cdots)$ 为任意实数,考虑其各项的绝对值所组成的正项级数
$$|u_1|+|u_2|+\cdots+|u_n|+\cdots \tag{11.6}$$
的敛散性问题.

定义 11.3 如果级数(11.6)收敛,则称级数(11.5)**绝对收敛**;如果级数(11.6)发散,而级数(11.5)收敛,则称级数(11.5)**条件收敛**.

该正项级数与任意项级数的收敛性有下面定理所述的关系.

定理 11.6 **(绝对收敛准则)**若 $\sum\limits_{n=1}^{\infty}|u_n|$ 收敛,则 $\sum\limits_{n=1}^{\infty}u_n$ 也收敛.

证 令 $v_n=\dfrac{1}{2}(|u_n|+u_n)$,则 $v_n\geqslant 0$,即 $\sum\limits_{n=1}^{\infty}v_n$ 是正项级数.因为 $v_n\leqslant|u_n|$ 而 $\sum\limits_{n=1}^{\infty}|u_n|$ 收敛,从而 $\sum\limits_{n=1}^{\infty}2v_n$ 收敛,由于 $u_n=2v_n-|u_n|$,故 $\sum\limits_{n=1}^{\infty}u_n$ 收敛.

必须指出,此定理的逆定理不成立,如级数 $\sum\limits_{n=1}^{\infty}(-1)^{n-1}\dfrac{1}{n}$ 是条件收敛的.

例 11.16 级数 $\dfrac{1}{2}-\dfrac{1}{2}\times\dfrac{1}{2^2}+\dfrac{1}{3}\times\dfrac{1}{2^3}+\cdots+(-1)^{n+1}\dfrac{1}{n}\times\dfrac{1}{2^n}+\cdots$ 是否收敛?如果收敛,是绝对收敛还是条件收敛?

解 先来判断它的绝对收敛性,由比值审敛法
$$\lim_{n\to\infty}\left|\frac{u_{n+1}}{u_n}\right|=\lim_{n\to\infty}\frac{\dfrac{1}{n+1}\cdot\dfrac{1}{2^{n+1}}}{\dfrac{1}{n}\cdot\dfrac{1}{2^n}}=\lim_{n\to\infty}\left(\frac{n}{n+1}\cdot\frac{1}{2}\right)=\frac{1}{2}<1$$
所以该级数是绝对收敛的.

例 11.17 判定任意项级数 $\sum\limits_{n=1}^{\infty}\dfrac{\sin(n\alpha)}{n^2}$ (α 为实数)的敛散性.

解 因为 $\left|\dfrac{\sin(n\alpha)}{n^2}\right|\leqslant\dfrac{1}{n^2}$,而 $\sum\limits_{n=1}^{\infty}\dfrac{1}{n^2}$ 收敛,故 $\sum\limits_{n=1}^{\infty}\left|\dfrac{\sin(n\alpha)}{n^2}\right|$ 亦收敛.据定理

11.6得,级数 $\sum_{n=1}^{\infty}\frac{\sin(n\alpha)}{n^2}$ 收敛.

例 11.18　试证明 $\sum_{n=1}^{\infty}(-1)^{n-1}\frac{2n-1}{n^2}$ 条件收敛.

证　在例 11.15 中已经证明了交错级数 $\sum_{n=1}^{\infty}(-1)^{n-1}\frac{2n-1}{n^2}$ 收敛.这里只需证明级数 $\sum_{n=1}^{\infty}\left|(-1)^{n-1}\frac{2n-1}{n^2}\right|$ 发散就可以了.因为

$$\sum_{n=1}^{\infty}\left|(-1)^{n-1}\frac{2n-1}{n^2}\right|=\sum_{n=1}^{\infty}\frac{2n-1}{n^2}=\sum_{n=1}^{\infty}\frac{2}{n}-\sum_{n=1}^{\infty}\frac{1}{n^2}$$

由 p-级数知,等式右端的第一个级数发散,第二个级数收敛,所以等式左端的绝对值级数发散.

综上所述,交错级数 $\sum_{n=1}^{\infty}(-1)^{n-1}\frac{2n-1}{n^2}$ 条件收敛.

习题 11-1

1. 写出下列级数的一般项:

(1) $\frac{1}{2}+\frac{2}{5}+\frac{3}{10}+\frac{4}{17}+\cdots$　　(2) $-\frac{3}{1}+\frac{4}{4}-\frac{5}{9}+\frac{6}{16}-\cdots$

(3) $\frac{1}{1\times 2}+\frac{1\times 3}{1\times 2\times 3}+\frac{1\times 3\times 5}{1\times 2\times 3\times 4}+\cdots$

(4) $\frac{\sqrt{x}}{2}+\frac{x}{2\times 4}+\frac{x\sqrt{x}}{2\times 4\times 6}+\frac{x^2}{2\times 4\times 6\times 8}+\cdots$

2. 已知级数 $\sum_{n=1}^{\infty}(-\frac{2}{3})^{n-1}$,

(1) 写出级数的前 5 项;　　(2) 计算部分和 S_1,S_2,S_3,S_4,S_5;

(3) 计算部分和 S_n;　　(4) 证明级数收敛,并求其和.

3. 用级数敛散性的定义判别下列级数的敛散性.若收敛,求其和:

(1) $\sum_{n=1}^{\infty}\frac{1}{(2n-1)(2n+1)}$　　(2) $\sum_{n=1}^{\infty}\ln\frac{n+1}{n}$

4. 利用无穷级数的性质,以及几何级数和调和级数的敛散性,判别下列级数的敛散性:

(1) $\cos\frac{\pi}{4}+\cos\frac{\pi}{5}+\cos\frac{\pi}{6}+\cdots$　　(2) $\sum_{n=1}^{\infty}\frac{2n-\sqrt{n}}{3n-2}$

(3) $1+\frac{1}{2}+\sum_{n=1}^{\infty}\frac{1}{3^n}$　　(4) $\sum_{n=1}^{\infty}(-1)^{n-1}\frac{5^{n-1}}{6^{n-1}}$

(5) $\sum_{n=1}^{\infty}\left[\frac{1}{5n}+\left(-\frac{8}{9}\right)^n\right]$

(6) $\frac{1}{1+\frac{1}{1}}+\frac{1}{\left(1+\frac{1}{2}\right)^2}+\frac{1}{\left(1+\frac{1}{3}\right)^3}+\cdots+\frac{1}{\left(1+\frac{1}{n}\right)^n}+\cdots$

5. 用比较审敛法判别下列级数的敛散性：

(1) $\sum_{n=1}^{\infty}\frac{n}{n^3+1}$ (2) $\sum_{n=1}^{\infty}\frac{1}{\sqrt{n(n+1)}}$ (3) $\sum_{n=1}^{\infty}\frac{\sin^2 n}{2^n}$ (4) $\sum_{n=1}^{\infty}\frac{1}{\ln(1+n)}$

6. 用比值审敛法判定下列级数的敛散性：

(1) $\sum_{n=1}^{\infty}\frac{2^n}{n}$ (2) $\sum_{n=1}^{\infty}n\sin\frac{1}{3^n}$ (3) $\sum_{n=1}^{\infty}\frac{1}{(2n+1)!}$ (4) $\sum_{n=1}^{\infty}\frac{n^n}{n!}$

7. 用根值审敛法判定下列级数的敛散性：

(1) $\sum_{n=1}^{\infty}\left(\frac{n}{2n+1}\right)^n$ (2) $\sum_{n=1}^{\infty}\frac{1}{[\ln(n+1)]^n}$

(3) $\sum_{n=1}^{\infty}\left(\frac{n}{3n-1}\right)^{2n-1}$ (4) $\sum_{n=1}^{\infty}\frac{3^n}{1+\mathrm{e}^n}$

8. 选择适当的方法判别下列级数的收敛性：

(1) $\sum_{n=1}^{\infty}\frac{1}{\sqrt{n^2+n-1}}$ (2) $\sum_{n=1}^{\infty}\frac{1}{3^n-2^n}$ (3) $\sum_{n=1}^{\infty}\frac{n+1}{n(n+2)}$

(4) $\sum_{n=1}^{\infty}2^n\sin\frac{\pi}{3^n}$ (5) $\sqrt{2}+\sqrt{\frac{3}{2}}+\cdots+\sqrt{\frac{n+1}{n}}+\cdots$

(6) $\frac{1}{a+b}+\frac{1}{2a+b}+\cdots+\frac{1}{na+b}+\cdots\ (a>0,b>0)$

9. 试证明级数 $\sum_{n=1}^{\infty}\frac{n+1}{n^2+5n+2}$ 发散.

10. 判定下列级数是否收敛？如果是收敛的，是绝对收敛还是条件收敛？

(1) $\sum_{n=1}^{\infty}(-1)^{n-1}\frac{1}{\sqrt{n}}$ (2) $\sum_{n=1}^{\infty}(-1)^n\frac{n}{3^{n-1}}$ (3) $\sum_{n=1}^{\infty}(-1)^{n-1}\frac{\ln n}{n}$

(4) $\sum_{n=1}^{\infty}\frac{(-1)^{n-1}}{\ln(1+n)}$ (5) $\sum_{n=1}^{\infty}(-1)^{n+1}\frac{2^{n^2}}{n!}$ (6) $\sum_{n=1}^{\infty}(-1)^{n+1}\frac{(n+1)^n}{2n^{n+1}}$

(7) $\frac{1}{2}-\frac{3}{10}+\frac{1}{2^2}-\frac{3}{10^2}+\frac{1}{2^3}-\frac{3}{10^3}+\cdots$

(8) $\frac{1}{2}+\frac{4}{9}-\frac{25}{8}-\frac{49}{16}+\frac{81}{32}+\frac{121}{64}-\cdots$

11. 利用级数收敛的必要条件证明极限 $\lim_{n\to\infty}\frac{n!}{n^n}=0$.

11.2　幂级数

本节研究一类基本的函数项级数——幂级数的收敛性，并讨论幂级数在收敛区间内的性质.

11.2.1　函数项级数的一般概念

设有定义在区间 I 上的函数列

$$u_1(x), u_2(x), u_3(x), \cdots, u_n(x), \cdots$$

由该函数列构成的表达式

$$\sum_{n=1}^{\infty} u_n(x) = u_1(x) + u_2(x) + u_3(x) + \cdots + u_n(x) + \cdots \tag{11.7}$$

称为区间 I 上的**函数项级数**.

对于一个确定的值 $x_0 \in I$，函数项级数(11.7)成为常数项级数

$$\sum_{n=1}^{\infty} u_n(x_0) = u_1(x_0) + u_2(x_0) + u_3(x_0) + \cdots + u_n(x_0) + \cdots \tag{11.8}$$

若(11.8)收敛，则称点 x_0 是函数项级数(11.7)的**收敛点**；若(11.8)发散，则称点 x_0 是函数项级数(11.7)的**发散点**. 函数项级数的所有收敛点的全体称为它的**收敛域**；函数项级数的所有发散点的全体称为它的**发散域**.

设函数项级数(11.7)的收敛域为 D，在 D 内任取一点 x，则 $\sum\limits_{n=1}^{\infty} u_n(x)$ 成为一个收敛的常数项级数，其级数和为 S，它依赖于 x 的取值. 因而在收敛域上，函数项级数的和是 x 的函数，记为 $S(x)$，并称 $S(x)$ 为函数项级数的**和函数**，简称**和**. 它的定义域就是级数的收敛域 D，并记为

$$S(x) = u_1(x) + u_2(x) + u_3(x) + \cdots + u_n(x) + \cdots \quad (x \in D)$$

有时也称级数 $\sum\limits_{n=1}^{\infty} u_n(x)$ 在 D 内**处处收敛**于 $S(x)$. 把函数项级数的前 n 项部分和记作 $S_n(x)$，则在其收敛域 D 内处处收敛于 $S(x)$，即

$$\lim_{n\to\infty} S_n(x) = S(x) \quad (x \in D)$$

把 $r_n(x) = S(x) - S_n(x)$ 称为函数项级数的**余项**，则

$$\lim_{n\to\infty} r_n(x) = 0 \quad (x \in D)$$

11.2.2　幂级数及其收敛域

函数项级数中最简单而常见的一类级数是各项都是幂函数的函数项级数，称

为**幂级数**,它的形式是

$$\sum_{n=0}^{\infty}a_nx^n = a_0 + a_1x + a_2x^2 + \cdots + a_nx^n + \cdots \tag{11.9}$$

其中常数 $a_0, a_1, a_2, \cdots, a_n, \cdots$ 称作**幂级数的系数**. 例如

$$\sum_{n=0}^{\infty}x^{n-1} = 1 + x + x^2 + \cdots + x^n + \cdots$$

$$\sum_{n=0}^{\infty}\frac{x^n}{n!} = 1 + x + \frac{x^2}{2!} + \cdots + \frac{x^n}{n!} + \cdots$$

都是幂级数.

幂级数的一般形式为

$$\sum_{n=0}^{\infty}a_n(x-x_0)^n = a_0 + a_1(x-x_0) + a_2(x-x_0)^2 + \cdots + a_n(x-x_0)^n + \cdots \tag{11.10}$$

在式(11.10)中作变量代换 $t=x-x_0$,可以把它化为(11.9)的形式. 因此,在下述讨论中,如不作特殊说明,我们用幂级数(11.9)式作为讨论的对象.

幂级数的收敛域

先看一个著名的例子,考察等比级数(显然也是幂级数)

$$\sum_{n=0}^{\infty}x^{n-1} = 1 + x + x^2 + \cdots + x^n + \cdots$$

的敛散性. 在例 11.1 中已知,当 $|x|<1$ 时收敛;当 $|x|\geqslant 1$ 时发散. 即它的收敛域是以 0 为中心,半径为 1 的对称区间. 下面的定理证明了,这个重要的结论对一般的幂级数 $\sum\limits_{n=0}^{\infty}a_nx^n$ 也同样成立.

定理 11.7(阿贝尔(Abel)定理)　设幂级数为 $\sum\limits_{n=0}^{\infty}a_nx^n$,

(1) 若 $x=x_0\,(x_0\neq 0)$ 时,$\sum\limits_{n=0}^{\infty}a_nx_0^n$ 收敛,则对满足不等式 $|x|<|x_0|$ 的一切 x,幂级数 $\sum\limits_{n=0}^{\infty}a_nx^n$ 绝对收敛;

(2) 若 $x=x_0\,(x_0\neq 0)$ 时,$\sum\limits_{n=0}^{\infty}a_nx_0$ 发散,则对满足不等式 $|x|>|x_0|$ 的一切 x,幂级数 $\sum\limits_{n=0}^{\infty}a_nx^n$ 发散.

* **证**　(1) 先设 $x=x_0\,(x_0\neq 0)$ 是幂级数 $\sum\limits_{n=0}^{\infty}a_nx_0^n$ 的收敛点,即级数

$$\sum_{n=0}^{\infty} a_n x_0^n = a_0 + a_1 x_0 + a_2 x_0^2 + \cdots + a_n x_0^n + \cdots$$

收敛，则 $\lim\limits_{n\to\infty} a_0 x_0^n = 0$. 于是存在一个正数 M，使得

$$|a_0 x_0^n| \leqslant M \quad (n = 0,1,2,\cdots)$$

从而 $|a_0 x^n| = \left|a_0 x_0^n \cdot \dfrac{x^n}{x_0^n}\right| = |a_0 x_0^n| \cdot \left|\dfrac{x^n}{x_0^n}\right| \leqslant M\left|\dfrac{x}{x_0}\right|^n \quad (n = 0,1,2,\cdots)$

当 $|x| \leqslant |x_0|$ 时，$\left|\dfrac{x}{x_0}\right| < 1$，等比级数 $\sum\limits_{n=0}^{\infty} M\left|\dfrac{x}{x_0}\right|^n$ 收敛，从而 $\sum\limits_{n=0}^{\infty} |a_n x^n|$ 收敛，故幂级数 $\sum\limits_{n=0}^{\infty} a_n x^n$ 绝对收敛；

(2) 利用反证法来证. 假设幂级数 $\sum\limits_{n=0}^{\infty} a_n x^n$ 当 $x = x_0 (x_0 \neq 0)$ 时发散，而有一点 x_1 适合 $|x_1| > |x_0|$ 使级数 $\sum\limits_{n=0}^{\infty} a_n x_1^n$ 收敛，根据定理中(1)的结论，级数在 $x = x_0$ $(x_0 \neq 0)$ 处收敛，这与假设相矛盾，故定理中(2)的结论得证.

注　定理 11.7 揭示了幂级数收敛域与发散域的几何特征：即

若幂级数 $\sum\limits_{n=0}^{\infty} a_n x^n$ 在 $x_0 (x_0 \neq 0)$ 处收敛，则幂级数必在开区间 $(-|x_0|, |x_0|)$ 内收敛；若幂级数 $\sum\limits_{n=0}^{\infty} a_n x^n$ 在 x_0 处发散，则幂级数必在开区间 $(-\infty, -|x_0|)$ 和 $(|x_0|, +\infty)$ 内都发散.

由上述几何解释，我们就得到如下重要推论.

推论　如果幂级数 $\sum\limits_{n=0}^{\infty} a_n x^n$ 不是仅在一点收敛，也不是在整个数轴上都收敛，则必有一个确定的正数 R 存在，它具有下列性质：

(1) 当 $|x| < R$ 时，幂级数绝对收敛；

(2) 当 $|x| > R$ 时，幂级数发散；

(3) 当 $x = \pm R$ 时，幂级数可能收敛，也可能发散.

若幂级数 $\sum\limits_{n=0}^{\infty} a_n x^n$ 在 $(-R, R)$ 内绝对收敛，则称正数 R 为该幂级数的**收敛半径**，$(-R, R)$ 为**收敛区间**(见图 11-1).

由幂级数在 $x = \pm R$ 处的敛散性就可决定它在区间 $(-R, R)$，$[-R, R)$，$(-R, R]$ 或 $[-R, R]$ 上收敛，这区间叫做幂级数的**收敛域**.

特别地，如果幂级数只在 $x=0$ 处收敛，则规定收敛半径 $R=0$；如果幂级数对一切 x 都收敛，则规定收敛半径 $R=+\infty$.

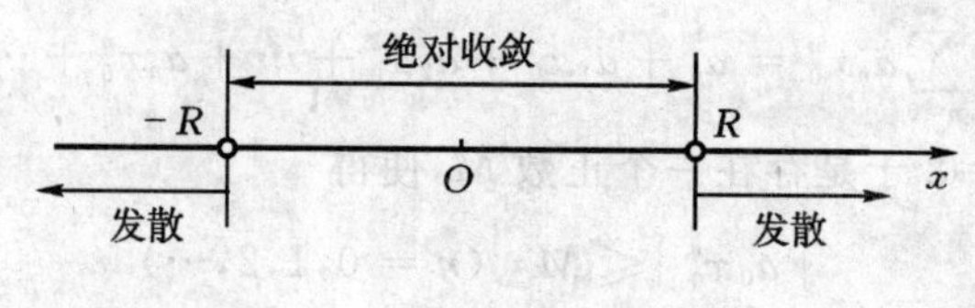

图 11-1

关于收敛半径的求法有如下定理.

定理 11.8 设幂级数为 $\sum_{n=0}^{\infty} a_n x^n$,当 n 充分大以后都有 $a_n \neq 0$,且

$$\lim_{n\to\infty}\left|\frac{a_{n+1}}{a_n}\right| = \rho \quad (0 \leqslant \rho \leqslant +\infty)$$

则 (1) 当 $0<\rho<+\infty$ 时,$R=\frac{1}{\rho}$;

(2) 当 $\rho=0$ 时,$R=+\infty$;

(3) 当 $\rho=+\infty$ 时,$R=0$.

*证 考察幂级数的各项取绝对值所成的级数

$$\sum_{n=0}^{\infty} |a_n x^n| = |a_0| + |a_1 x| + |a_2 x^2| + \cdots + |a_n x^n| + \cdots \tag{11.11}$$

该级数通项的相邻两项之比为 $\left|\frac{a_{n+1}x^{n+1}}{a_n x^n}\right| = \left|\frac{a_{n+1}}{a_n}\right||x|$.

(1) 若 $\lim\limits_{n\to\infty}\left|\frac{a_{n+1}}{a_n}\right| = \rho(\rho\neq 0)$ 存在,由比值审敛法,

$$\lim_{n\to\infty}\left|\frac{a_{n+1}x^{n+1}}{a_n x^n}\right| = \lim_{n\to\infty}\left|\frac{a_{n+1}}{a_n}\right| |x| = \rho|x| < 1$$

即 当 $|x|<\frac{1}{\rho}$ 时,级数(11.11)收敛,从而原幂级数绝对收敛;

当 $\rho|x|>1$,即 $|x|>\frac{1}{\rho}$ 时,级数(11.11)从某个 n 开始,有

$$|a_{n+1}x^{n+1}| > |a_n x^n|$$

从而 $|a_n x^n|$ 不趋向于零,即 $a_n x^n$ 也不趋向于零,因而原幂级数发散.于是,收敛半径 $R=\frac{1}{\rho}$;

(2) 若 $\rho=0$,则对任何 x,有

$$\lim_{n\to\infty}\left|\frac{a_{n+1}x^{n+1}}{a_n x^n}\right| = \lim_{n\to\infty}\left|\frac{a_{n+1}}{a_n}\right| |x| = \rho|x| = 0$$

从而级数(11.11)收敛,原幂级数绝对收敛,于是,收敛半径 $R=+\infty$;

(3) 若 $\rho=+\infty$，则对任何 $x\neq 0$，有

$$\lim_{n\to\infty}\left|\frac{a_{n+1}x^{n+1}}{a_nx^n}\right|=\lim_{n\to\infty}\left|\frac{a_{n+1}}{a_n}\right||x|=+\infty$$

由极限的性质知，从某个 n 开始有

$$\left|\frac{a_{n+1}x^{n+1}}{a_nx^n}\right|>1,\quad |a_{n+1}x^{n+1}|>|a_nx^n|$$

因此，$\lim\limits_{n\to\infty}|a_nx^n|\neq 0$，即 $\lim\limits_{n\to\infty}a_nx^n\neq 0$，从而原幂级数发散. 于是，收敛半径 $R=0$.

例 11.19　求下列各幂级数的收敛半径、收敛区间及收敛域：

(1) $\sum\limits_{n=0}^{\infty}\frac{x^n}{n}$　　(2) $\sum\limits_{n=0}^{\infty}\frac{x^n}{(n+1)3^n}$　　(3) $\sum\limits_{n=1}^{\infty}\frac{2n-1}{2^n}x^{2n-2}$

解　对于幂级数，一般用比值审敛法.

(1) 因为 $\lim\limits_{n\to\infty}\left|\frac{a_{n+1}}{a_n}\right|=\lim\limits_{n\to\infty}\frac{\frac{1}{n+1}}{\frac{1}{n}}=1$，所以 $R=1$，收敛区间 $(-1,1)$.

当 $x=1$ 时，原级数 $\sum\limits_{n=0}^{\infty}\frac{1}{n}$ 是调和级数，它是发散的；当 $x=-1$ 时，原级数 $\sum\limits_{n=0}^{\infty}\frac{(-1)^n}{n}$ 是交错级数，由莱布尼兹定理知，它是收敛的. 所以级数 $\sum\limits_{n=0}^{\infty}\frac{x^n}{n}$ 收敛域为 $[-1,1)$；

(2) 因为 $\lim\limits_{n\to\infty}\left|\frac{a_{n+1}}{a_n}\right|=\lim\limits_{n\to\infty}\frac{\frac{1}{(n+2)3^{n+1}}}{\frac{1}{(n+1)3^n}}=\lim\limits_{n\to\infty}\frac{n+1}{3(n+2)}=\frac{1}{3}$，所以 $R=3$，收敛区间为 $(-3,3)$；

当 $x=3$ 时，原级数成为 $\sum\limits_{n=0}^{\infty}\frac{1}{n+1}$，这是发散的调和级数；当 $x=-3$ 时，原级数成为 $\sum\limits_{n=0}^{\infty}\frac{(-1)^{n-1}}{n+1}$，由莱布尼兹准则知其收敛. 所以该幂级数的收敛域为 $[-3,3)$；

(3) 由于该幂级数中缺少奇数次幂的项，故不能直接用定理 11.8，但可用证明定理的方法. 先给各项加绝对值，然后用比值判别法求之. 由于

$$\lim_{n\to\infty}\left|\frac{u_{n+1}(x)}{u_n(x)}\right|=\lim_{n\to\infty}\left|\frac{\frac{2n+1}{2^{n+1}}x^{2n}}{\frac{2n-1}{2^n}x^{2n-2}}\right|=\frac{1}{2}x^2$$

当$\frac{1}{2}x^2<1$,即$|x|<\sqrt{2}$时,幂级数绝对收敛,当$\frac{1}{2}x^2>1$即$|x|>\sqrt{2}$时,幂级数发散;

当$x=\pm\sqrt{2}$时,原幂级数为$\sum\limits_{n=0}^{\infty}\frac{2n-1}{2}$,显然$u_n=\frac{2n-1}{2}\to+\infty(n\to\infty)$,幂级数发散.所以,该幂级数的收敛半径为$R=\sqrt{2}$,收敛区间与收敛域相同,都为$(-\sqrt{2},\sqrt{2})$.

***例 11.20** 求幂级数$\sum\limits_{n=0}^{\infty}\frac{(x-2)^n}{\sqrt{n+2}}$的收敛域.

解 令$t=x-2$,则原级数化为$\sum\limits_{n=0}^{\infty}\frac{t^n}{\sqrt{n+2}}$.

由于$\lim\limits_{n\to\infty}\left|\frac{a_{n+1}}{a_n}\right|=\lim\limits_{n\to\infty}\frac{\sqrt{n+2}}{\sqrt{n+3}}=1$,所以幂级数$\sum\limits_{n=0}^{\infty}\frac{t^n}{\sqrt{n+2}}$的收敛半径$R=1$,收敛区间$(-1,1)$.

当$t=1$时,幂级数$\sum\limits_{n=0}^{\infty}\frac{t^n}{\sqrt{n+2}}$变为$\sum\limits_{n=0}^{\infty}\frac{1}{\sqrt{n+2}}$,这是缺第一项的$p=\frac{1}{2}<1$的$p$-级数,是发散的.

当$t=-1$时,幂级数$\sum\limits_{n=0}^{\infty}\frac{t^n}{\sqrt{n+2}}$变为$\sum\limits_{n=0}^{\infty}\frac{(-1)^n}{\sqrt{n+2}}$,由莱布尼兹定理,已验证是收敛的.所以幂级数$\sum\limits_{n=0}^{\infty}\frac{t^n}{\sqrt{n+2}}$的收敛域为$[-1,1)$.

由于$x-2=t$,即$x=t+2$,所以幂级数$\sum\limits_{n=0}^{\infty}\frac{(x-2)^n}{\sqrt{n+2}}$的收敛区间为$(1,3)$,收敛域为$[1,3)$.

11.2.3 幂级数的运算性质

由于幂级数在它的收敛区间内的各点处都是收敛的常数项级数,因此幂级数在收敛区间上具有类似于常数项级数的线性运算性质.

加法:设幂级数$\sum\limits_{n=1}^{\infty}a_nx^n$及$\sum\limits_{n=1}^{\infty}b_nx^n$的收敛区间分别为$(-R_1,R_1)$与$(-R_2,R_2)$,记$R=\min\{R_1,R_2\}$,则当$|x|<R$时,有

$$\sum_{n=1}^{\infty}a_nx^n\pm\sum_{n=1}^{\infty}b_nx^n=\sum_{n=1}^{\infty}(a_n\pm b_n)x^n \tag{11.12}$$

数乘：设幂级数 $\sum\limits_{n=1}^{\infty}a_nx^n$ 的收敛区间为$(-R,R)$，k 为实数，则当$|x|<R$时，有

$$k\left(\sum_{n=1}^{\infty}a_nx^n\right)=\sum_{n=1}^{\infty}ka_nx^n \tag{11.13}$$

除了线性运算性质以外，幂级数还有一些十分重要的性质，叙述如下.

1. 和函数的连续性质

幂级数 $\sum\limits_{n=1}^{\infty}a_nx^n$ 的和函数$S(x)$在收敛区间$(-R,R)$内连续. 如果幂级数在$(-R,R]$(或$[-R,R)$)收敛，则和函数在$(-R,R]$(或$[-R,R)$)连续.

注 这一性质在求某些特殊的数项级数的和时，非常有用.

2. 和函数的逐项求导性质

幂级数 $\sum\limits_{n=1}^{\infty}a_nx^n$ 的和函数$S(x)$在收敛区间$(-R,R)$内可导，而且和函数的导数等于逐项求导后的级数和，即

$$S'(x)=\left(\sum_{n=1}^{\infty}a_nx^n\right)'=\sum_{n=1}^{\infty}(a_nx^n)'=\sum_{n=1}^{\infty}na_nx^{n-1},\quad |x|<R \tag{11.14}$$

3. 和函数的逐项求积性质

幂级数 $\sum\limits_{n=1}^{\infty}a_nx^n$ 的和函数$S(x)$在收敛区间$(-R,R)$内可积，而且和函数的积分等于逐项求积后的级数和，即

$$\int_0^x S(x)\mathrm{d}x=\int_0^x\left(\sum_{n=1}^{\infty}a_nx^n\right)\mathrm{d}x=\sum_{n=1}^{\infty}\int_0^x a_nx^n\mathrm{d}x=\sum_{n=1}^{\infty}\frac{a_n}{n+1}x^{n+1},\quad |x|<R \tag{11.15}$$

例 11.21 求幂级数 $\sum\limits_{n=1}^{\infty}nx^{n-1}$ 的和函数.

解 幂级数 $\sum\limits_{n=1}^{\infty}nx^{n-1}$ 的收敛区间为$(-1,1)$. 设在$(-1,1)$内，$S(x)=\sum\limits_{n=1}^{\infty}nx^{n-1}$，则

$$\int_0^x S(t)\mathrm{d}t=\int_0^x\left(\sum_{n=1}^{\infty}nx^{n-1}\right)\mathrm{d}t=\sum_{n=0}^{\infty}\int_0^x nt^{n-1}\mathrm{d}t=\sum_{n=1}^{\infty}x^n=\frac{x}{1-x}\ (-1<x<1)$$

于是 $S(x)=\left[\int_0^x S(t)\mathrm{d}t\right]'=\dfrac{1}{(1-x)^2}\ (-1<x<1)$.

***例 11.22** 求 $\sum_{n=1}^{\infty}(-1)^{n+1}\frac{x^{n+1}}{n(n+1)}$ 的和函数.

解 由 $\rho=\lim_{n\to\infty}\left|\frac{a_{n+1}}{a_n}\right|=\lim_{n\to\infty}\left|\frac{(-1)^{n+2}\frac{1}{(n+1)(n+2)}}{(-1)^{n+1}\frac{1}{n(n+1)}}\right|=\lim_{n\to\infty}\frac{n}{n+2}=1$

得 $R=1$. 设在区间 $(-1,1)$ 中

$$S(x)=\sum_{n=1}^{\infty}(-1)^{n+1}\frac{x^{n+1}}{n(n+1)}$$

由式(11.14),对 $S(x)$ 求一阶、二阶导数,得

$$S'(x)=\sum_{n=1}^{\infty}(-1)^{n+1}\frac{x^n}{n}$$

$$S''(x)=\sum_{n=1}^{\infty}(-1)^{n+1}x^{n-1}=1-x+x^2-x^3+\cdots=\frac{1}{1+x}$$

由式(11.15),对上式两边求积分,得

$$\int_0^x S''(x)\mathrm{d}x=\int_0^x\frac{1}{1+x}\mathrm{d}x$$

于是有

$$S'(x)-S'(0)=\ln(1+x)$$

将 $S'(0)=\sum_{n=1}^{\infty}(-1)^{n+1}\frac{0^n}{n}=0$,代入上式得

$$S'(x)=\ln(1+x)$$

对上式两边求积分得

$$\int_0^x S'(x)\mathrm{d}x=\int_0^x\ln(1+x)\mathrm{d}x$$

上式右端用分部积分得 $S(x)-S(0)=(1+x)\ln(1+x)\Big|_0^x-\int_0^x\mathrm{d}x$

即

$$S(x)=(1+x)\ln(1+x)-x$$

当 $x=-1$ 时,幂级数成为 $\sum_{n=1}^{\infty}(-1)^{n+1}\frac{(-1)^{n+1}}{n(n+1)}=\sum_{n=1}^{\infty}\frac{1}{n(n+1)}$,它是收敛的;

当 $x=1$ 时,幂级数成为 $\sum_{n=1}^{\infty}(-1)^{n+1}\frac{1^{n+1}}{n(n+1)}=\sum_{n=1}^{\infty}\frac{(-1)^{n+1}}{n(n+1)}$,它是收敛的;因此,当 $x\in[-1,1]$ 时,有

$$\sum_{n=1}^{\infty}(-1)^{n+1}\frac{x^{n+1}}{n(n+1)}=(1+x)\ln(1+x)-x$$

习题 11－2

1. 求下列幂级数的收敛半径与收敛区域：

(1) $\sum_{n=1}^{\infty} nx^n$　　(2) $\sum_{n=1}^{\infty} \frac{x^n}{n^2 \cdot 2^n}$

(3) $\sum_{n=1}^{\infty} \frac{(n!)^2}{(2n)!}x^n$　　(4) $\sum_{n=1}^{\infty} r^{n^2}x^n (0<r<1)$

(5) $\sum_{n=1}^{\infty} \frac{(x-2)^{2n-1}}{(2n-1)!}$　　(6) $\sum_{n=1}^{\infty} \frac{3^n+(-2)^n}{n}(x+1)^n$

(7) $\sum_{n=1}^{\infty} \left(1+\frac{1}{2}+\cdots+\frac{1}{n}\right)x^n$　　(8) $\sum_{n=1}^{\infty} \frac{x^{n^2}}{2^n}$

2. 应用逐项求导或逐项求积分的方法求下列幂级数的和函数(应同时指出它们的定义域)：

(1) $x+\frac{x^3}{3}+\frac{x^5}{5}+\cdots+\frac{x^{2n+1}}{2n+1}+\cdots$　　(2) $x+2x^2+3x^3+\cdots+nx^n+\cdots$

(3) $1\cdot 2x+2\cdot 3x^2+\cdots+n\cdot(n+1)x^n+\cdots$　　(4) $\sum_{n=1}^{\infty} \frac{x^n}{n(n+1)}$

(5) $\sum_{n=1}^{\infty} \frac{x^n}{n(n+1)(n+2)}$

3. 证明：(1) $y=\sum_{n=0}^{\infty} \frac{x^{4n}}{(4n)!}$ 满足方程 $y^{(4)}=y$；

(2) $y=\sum_{n=0}^{\infty} \frac{x^n}{(n!)^2}$ 满足方程 $xy''+y'-y=0$.

11.3　函数展开成幂级数

上节讨论了幂级数的收敛域以及它的和函数的性质等问题. 但在许多应用中，常常会遇到与此相反的问题：给定函数 $f(x)$，是否能在某个区间内“展开成幂级数”. 也就是说，是否能找到这样一个幂级数，它在某区间内收敛，且其和恰好就是给定的函数 $f(x)$. 如果能找到这样的幂级数，我们就说，**函数 $f(x)$ 在该区间内能展开成幂级数**，而该级数在收敛区间内就表达了函数 $f(x)$. 解决这个问题有很重要的应用价值，因为它给出了函数 $f(x)$ 的一种幂级数表达方式，而幂级数的部分和是多项式，因而可以用多项式来近似地代替函数 $f(x)$.

11.3.1　泰勒公式与泰勒级数

1. 泰勒公式

对于一些较复杂的函数,为了便于研究,往往希望用一些简单的函数来近似表达,用多项式去近似表达函数是一种简便和常用的方法.

在微分的应用中已经知道,如果函数 $f(x)$在 x_0 处可微,则可用微分来近似计算 $f(x)$在 x_0 附近的值. 即当$|x-x_0|$很小时,可用一次多项式来近似表示 $f(x)$:

$$f(x) \approx f(x_0) + f'(x_0)(x - x_0)$$

这个近似公式具有形式简单、计算方便的优点. 但是,这种用一次多项式来近似表达函数的方法存在精确度不够、适用范围小的问题. 如果要求更高精确度,增大适用范围,就要寻求用高次多项式来近似表达函数. 所以提出如下的问题:

设函数 $f(x)$在 x_0 处的邻域(x_0-R,x_0+R)内具有$(n+1)$阶导数,能否找到一个关于$(x-x_0)$的 n 次多项式

$$P_n(x) = a_0 + a_1(x - x_0) + a_2(x - x_0)^2 + \cdots + a_n(x - x_0)^n \tag{11.16}$$

来近似表达 $f(x)$,并使 $P_n(x)$与 $f(x)$之差为$(x-x_0)^n$ 的高阶无穷小? 如果能找到,那么使等式

$$f(x) = P_n(x) + o[(x - x_0)^n] \tag{11.17}$$

成立应满足什么条件?

分析　为使 $P_n(x)$与 $f(x)$之差为$(x-x_0)^n$ 的高阶无穷小,即

$$\lim_{x \to x_0} \frac{P_n(x) - f(x)}{(x - x_0)^k} = 0, \quad k = 0,1,\cdots,n$$

则 $P_n(x)-f(x)$在 x_0 处的前 n 阶导数都应为零. 假设 $P_n(x)$和 $f(x)$在 x_0 处有相同的函数值以及 1 至 n 阶导数,即

$$P_n(x_0) = f(x_0), P'_n(x_0) = f'(x_0), P''_n(x_0) = f''(x_0), \cdots, P_n^{(n)}(x_0) = f^{(n)}(x_0)$$

按这些等式来确定式(11.16)中的系数 $a_0,a_1,a_2,\cdots,a_n$. 为此对式(11.16)求各阶导数,然后代入以上等式,得

$$a_0 = f(x_0), 1 \cdot a_1 = f'(x_0), 2!a_2 = f''(x_0), \cdots, n!a_n = f^{(n)}(x_0)$$

即得

$$a_0 = f(x_0), a_1 = f'(x_0), a_2 = \frac{1}{2!}f''(x_0), \cdots, a_n = \frac{1}{n!}f^{(n)}(x_0)$$

将这些系数代入式(11.16),即得

$$P_n(x) = f(x_0) + f'(x_0)(x - x_0) + \frac{f''(x_0)}{2!}(x - x_0)^2 + \cdots + \frac{f^{(n)}(x_0)}{n!}(x - x_0)^n \tag{11.18}$$

通过以上分析,可以期待多项式(11.18)就是所求的 n 次多项式,并在下面的定理中得到确认.

定理 11.9(泰勒(Taylor)公式) 如果函数 $f(x)$ 在 x_0 的某个邻域 (x_0-R, x_0+R) 内具有 $(n+1)$ 阶导数,则 $f(x)$ 在 (x_0-R, x_0+R) 内可以表示为 $(x-x_0)$ 的一个 n 次多项式与一个余项 $R_n(x)$ 之和:

$$f(x) = f(x_0) + f'(x_0)(x-x_0) + \frac{f''(x_0)}{2!}(x-x_0)^2 + \cdots + \frac{f^{(n)}(x_0)}{n!}(x-x_0)^n + R_n(x) \tag{11.19}$$

其中
$$R_n(x) = \frac{f^{(n+1)}(\xi)}{(n+1)!}(x-x_0)^{n+1} \tag{11.20}$$

这里 ξ 是介于 x_0 与 x 之间的某个值. $R_n(x)$ 称为**拉格朗日型余项**. 式(11.19)中的系数称为**泰勒系数**,并称之为 **$f(x)$ 在 x_0 处的泰勒公式**.

当 $x_0=0$ 时,式(11.19)成为

$$f(x) = f(0) + f'(0)x + \frac{f''(0)}{2!}x^2 + \cdots + \frac{f^{(n)}(0)}{n!}x^n + R_n(x) \tag{11.21}$$

称为**麦克劳林公式**,此时,式(11.20)成为

$$R_n(x) = \frac{f^{(n+1)}(\theta x)}{(n+1)!}x^{n+1} \quad (0<\theta<1) \tag{11.22}$$

公式(11.21)表明,任一函数只要有 $(n+1)$ 阶的导数,就可等于某个 n 次多项式与一个余项的和.

例 11.23 求 $f(x)=\mathrm{e}^x$ 的 n 阶麦克劳林公式.

解 因为

$$f'(x) = f''(x) = \cdots = f^{(n)}(x) = \mathrm{e}^x$$

所以
$$f(0) = f'(0) = f''(0) = \cdots = f^{(n)}(0) = 1$$

把这些系数代入式(11.21),并注意到 $f^{(n+1)}(\theta x)=\mathrm{e}^{\theta x}$,即得

$$\mathrm{e}^x = 1 + x + \frac{x^2}{2!} + \cdots + \frac{x^n}{n!} + \frac{\mathrm{e}^{\theta x}}{(n+1)!}x^{n+1} \quad (0<\theta<1)$$

若取 n 次多项式来近似表示,则

$$\mathrm{e}^x \approx 1 + x + \frac{x^2}{2!} + \cdots + \frac{x^n}{n!}$$

当 $x=1$ 时,则得 e 的近似表达式:

$$\mathrm{e} \approx 1 + 1 + \frac{1}{2!} + \cdots + \frac{1}{n!}$$

例 11.24 求 $f(x)=\sin x$ 的 n 阶麦克劳林公式.

解 因为

$$f'(x)=\cos x, f''(x)=-\sin x,\cdots,f^{(n)}(x)=\sin\left(x+\frac{n\pi}{2}\right)$$

所以 $\qquad f(0)=0,f'(0)=1,f''(0)=0,f^{(3)}(0)=-1,f^{(4)}(0)=0$

等等,它们的值依次循环地取 0,1,0,-1,于是代入式(11.21),令 $n=2m$ 得

$$\sin x=x-\frac{x^3}{3!}+\frac{x^5}{5!}-\cdots+(-1)^{m-1}\frac{x^{2m-1}}{(2m-1)!}+R_{2m}$$

2. 泰勒级数与泰勒展开式

由泰勒公式看到,一个函数可以由 n 次多项式来近似表示

$$f(x)\approx f(x_0)+f'(x_0)(x-x_0)+\frac{f''(x_0)}{2!}(x-x_0)^2+\cdots+\frac{f^{(n)}(x_0)}{n!}(x-x_0)^n$$

而且当 n 越大时,它的近似程度就越高.现在自然会提出一个问题,当 n 趋于无穷大时,这个近似表示是否会转化为精确的表达式?下面的讨论就来回答这个问题.

在上面的近似式中,当 n 趋于无穷大时,公式的右端就变成一个幂级数.因此问题就变成:在什么的情况下函数 $f(x)$ 能在 x_0 的某领域内展开为幂级数

$$f(x)=\sum_{n=0}^{\infty}a_n(x-x_0)^n \quad x\in(x_0-R,x_0+R) \tag{11.23}$$

分析 假定函数 $f(x)$ 能展开为 $x-x_0$ 的幂级数,即公式(11.23)成立.则根据幂级数的逐项求导性质,函数 $f(x)$ 在收敛区间 (x_0-R,x_0+R) 内可以对式(11.23)的两端求各阶导数.即对任意 $x\in(x_0-R,x_0+R)$,都有

$$f'(x)=a_1+2a_2(x-x_0)+3a_3(x-x_0)^2+\cdots+na_n(x-x_0)^{n-1}+\cdots$$

$$f''(x)=2!a_2+3!a_3(x-x_0)+\cdots+n(n-1)a_n(x-x_0)^{n-2}+\cdots$$

$$\vdots$$

$$f^{(n)}(x)=n!a_n+(n+1)!a_{n+1}(x-x_0)+\cdots$$

$$\vdots$$

在以上诸式中令 $x=x_0$,便得

$$a_0=f(x_0),a_1=f'(x_0),a_2=\frac{1}{2!}f''(x_0),\cdots,a_n=\frac{1}{n!}f^{(n)}(x_0),\cdots$$

将求得的系数代入式(11.23),得

$$f(x)=f(x_0)+f'(x_0)(x-x_0)+\frac{1}{2!}f''(x_0)(x-x_0)^2+\cdots$$

$$+\frac{1}{n!}f^{(n)}(x_0)(x-x_0)^n+\cdots,\quad x\in(x_0-R,x_0+R) \tag{11.24}$$

从而得知,如果函数 $f(x)$ 在 (x_0-R,x_0+R) 内能展开成 $x-x_0$ 的幂级数,那么,$f(x)$ 在 x_0 处具有任意阶导数,并且该级数的系数 a_n 由下式唯一确定:

$$a_n=\frac{1}{n!}f^{(n)}(x_0)\quad n=1,2,\cdots \tag{11.25}$$

现在的问题是：函数 $f(x)$ 在什么条件下可以展开成幂级数 $\sum_{n=0}^{\infty} a_n (x-x_0)^n$，如果能展开，展开式是否唯一？

定义 11.4 若函数 $f(x)$ 在 $x=x_0$ 处具有任意阶导数，则称幂级数

$$\sum_{n=0}^{\infty} \frac{f^{(n)}(x_0)}{n!}(x-x_0)^n$$

为函数 $f(x)$ 在 $x=x_0$ 处的**泰勒级数**.

若函数 $f(x)$ 在 $x=x_0$ 处具有任意阶导数，且在含有点 x_0 的区间 (x_0-R, x_0+R) 内可表示成它的泰勒级数，即

$$f(x) = \sum_{n=0}^{\infty} \frac{f^{(n)}(x_0)}{n!}(x-x_0)^n \quad x \in (x_0-R, x_0+R)$$

则称函数 $f(x)$ 在区间 (x_0-R, x_0+R) 上可展开成泰勒级数，或称上式为**泰勒展开式**.

当 $x_0=0$ 时，式(11.24)成为

$$f(x) = f(0) + f'(0)x + \frac{f''(0)}{2!}x^2 + \cdots + \frac{f^{(n)}(0)}{n!}x^n + \cdots, \ x \in (-R, R) \tag{11.26}$$

称它为**麦克劳林展开式**.

如果将 $f(x)$ 在 $x=x_0$ 处的泰勒公式(11.19)和 $f(x)$ 在 $x=x_0$ 处的泰勒级数(11.24)加以比较，易见泰勒公式中的关于 $x-x_0$ 的 n 次多项式就是泰勒级数的部分和 $S_{n+1}(x)$，因此有下列的定理.

定理 11.10 如果函数 $f(x)$ 在 x_0 的某个邻域 (x_0-R, x_0+R) 内具有各阶导数，则 $f(x)$ 在 (x_0-R, x_0+R) 内能展开成泰勒级数的充分必要条件是

$$\lim_{n\to\infty} S_{n+1}(x) = f(x) \quad x \in (x_0-R, x_0+R)$$

即

$$\lim_{n\to\infty} R_n(x) = 0 \quad x \in (x_0-R, x_0+R)$$

11.3.2 函数展开成幂级数

将一个函数展开成 x 的幂级数的基本方法有两种：

直接展开法 (1) 求出 $f(x)$ 的各阶导数 $f'(x), f''(x), f''(x), \cdots, f^{(n)}(x), \cdots$ 如果在 $x=0$ 处某阶导数不存在，就停止进行；

(2) 求函数及其各阶导数在 $x=0$ 处的值 $f'(0), f''(0), f'''(0), \cdots, f^{(n)}(0), \cdots$

(3) 写出幂级数 $\sum_{n=0}^{\infty} \frac{f^{(n)}(0)}{n!}x^n$ 并求出收敛半径 R；

(4) 考察当 $x \in (-R, R)$ 时，余项 $R_n(x)$ 的极限

$$\lim_{n\to\infty}R_n(x)=\lim_{n\to\infty}\frac{f^{(n+1)}(\xi)}{(n+1)!}x^{n+1}$$

是否为零,如果为零,则 $f(x)$ 在区间 $(-R,R)$ 内的幂级数展开式为

$$f(x)=\sum_{n=0}^{\infty}\frac{f^{(n)}(0)}{n!}x^n$$
$$=f(0)+f'(0)x+\frac{f''(0)}{2!}x^2+\cdots+\frac{f^{(n)}(0)}{n!}x^n+\cdots\quad(|x|<R)$$

例 11.25　将 $f(x)=e^x$ 展开成 x 的幂级数.

解　因为 $f^{(n)}(x)=e^x(n=1,2,3,\cdots)$,所以 $f^{(n)}(0)=1\ (n=1,2,\cdots)$. 于是得级数

$$1+x+\frac{x^2}{2!}+\cdots+\frac{x^n}{n!}+\cdots$$

它的收敛半径 $R=+\infty$.

对于任何有限的数 x、ξ (ξ 介于 0 与 x 之间),有

$$|R_n(x)|=\left|\frac{e^{\xi}}{(n+1)!}x^{n+1}\right|<e^{|x|}\frac{|x|^{n+1}}{(n+1)!}$$

而 $\lim\limits_{n\to\infty}\frac{|x|^{n+1}}{(n+1)!}=0,x\in(-R,R)$,所以,$\lim\limits_{n\to\infty}|R_n(x)|=0$,从而有麦克劳林展开式

$$e^x=1+x+\frac{x^2}{2!}+\cdots+\frac{x^n}{n!}+\cdots\quad(-\infty<x<+\infty)$$

例 11.26　将函数 $f(x)=\sin x$ 展开成 x 的幂级数.

解　因为 $f^{(n)}(x)=\sin\left(x+n\cdot\frac{\pi}{2}\right)\ (n=1,2,\cdots)$,所以 $f^{(n)}(0)$ 顺序循环地取 $0,1,0,-1\ (n=0,1,2,\cdots)$,于是得级数

$$x-\frac{x^3}{3!}+\frac{x^5}{5!}-\frac{x^7}{7!}+\cdots+\frac{(-1)^n}{(2n+1)!}x^{2n+1}+\cdots$$

它的收敛半径为 $R=+\infty$.

对于任何有限的数 x、ξ (ξ 介于 0 与 x 之间),有

$$|R_n(x)|=\left|\frac{\sin\left[\xi+\frac{(n+1)\pi}{2}\right]}{(n+1)!}x^{n+1}\right|<\frac{|x|^{n+1}}{(n+1)!}\to 0\ (n\to\infty)$$

因此得展开式

$$\sin x=x-\frac{x^3}{3!}+\frac{x^5}{5!}-\frac{x^7}{7!}+\cdots+\frac{(-1)^n}{(2n+1)!}x^{2n+1}+\cdots\quad(-\infty<x<+\infty)$$

$n=1$, $\sin x\approx x$;

$n=2$, $\sin x\approx x-\frac{1}{3!}x^3$;

$n=3$，$\sin x \approx x-\frac{1}{3!}x^3+\frac{1}{5!}x^5$；

$\vdots$

将函数曲线作比较，就会发现当 n 越大时，它的近似程度就越高，而且对相同的 n，越靠近原点，近似程度就越高（如图 11－2 所示），这表明利用幂级数展开作近似计算时有很显著的局部特性.

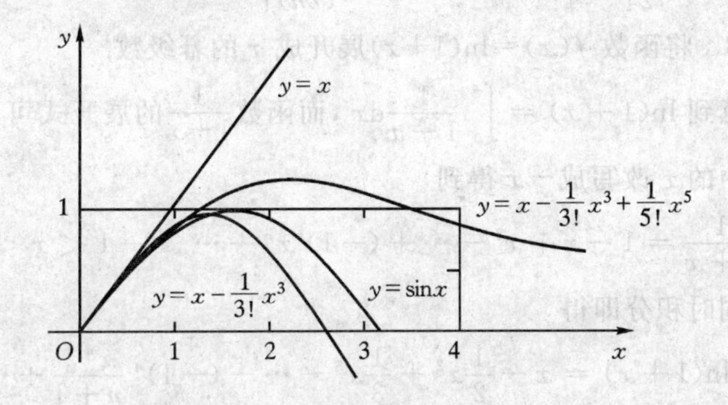

图 11－2

同理可得一些常用函数的展开式：

$$(1+x)^m=1+mx+\frac{m(m-1)}{2!}x^2+\cdots+\frac{m(m-1)\cdots(m-n+1)}{n!}x^n+\cdots$$

$$(-1<x<1)$$

当 $m=\pm\frac{1}{2}$时，有

$$\sqrt{1+x}=1+\frac{1}{2}x-\frac{1}{2\times 4}x^2+\frac{1\times 3}{2\times 4\times 6}x^3-\frac{1\times 3\times 5}{2\times 4\times 6\times 8}x^4+\cdots$$

$$(-1\leqslant x\leqslant 1)$$

$$\frac{1}{\sqrt{1+x}}=1-\frac{1}{2}x+\frac{1\times 3}{2\times 4}x^2-\frac{1\times 3\times 5}{2\times 4\times 6}x^3+\frac{1\times 3\times 5\times 7}{2\times 4\times 6\times 8}x^4+\cdots$$

$$(-1\leqslant x\leqslant 1)$$

这种将函数展开成幂级数的直接方法常常过于繁琐，因此经常采用比较简便的间接展开法.

间接展开法　当我们已经得到一些常用函数，如$\frac{1}{1-x}$，e^x 及 $\sin x$ 的幂级数展开式后，就可以运用这些已知的展开式来求得更多函数的幂级数展开式. 这样做不但计算简单，而且可以避免研究余项.

例 11.27　将函数 $f(x)=\cos x$ 展开成 x 的幂级数.

解 本题可用直接方法展开.但如果应用间接方法,则比较简便.因为已知函数 $\sin x$ 的展开式

$$\sin x = x - \frac{x^3}{3!} + \frac{x^5}{5!} - \cdots + \frac{(-1)^n}{(2n+1)!}x^{2n+1} + \cdots \quad (-\infty < x < +\infty)$$

对上式两边求导即得

$$\cos x = 1 - \frac{x^2}{2!} + \frac{x^4}{4!} - \cdots + (-1)^n \frac{x^{2n}}{(2n)!} + \cdots \quad (-\infty < x < +\infty)$$

例 11.28 将函数 $f(x)=\ln(1+x)$ 展开成 x 的幂级数.

解 注意到 $\ln(1+x) = \int_0^x \frac{1}{1+x}\mathrm{d}x$,而函数 $\frac{1}{1+x}$ 的展开式可通过 $\frac{1}{1-x}$ 的幂级数展开式中的 x 改写成 $-x$ 得到

$$\frac{1}{1+x} = 1 - x + x^2 - \cdots + (-1)^n x^n + \cdots \quad (-1 < x < 1)$$

将上式两边同时积分即得

$$\ln(1+x) = x - \frac{1}{2}x^2 + \frac{1}{3}x^3 - \cdots + (-1)^n \frac{x^{n+1}}{n+1} + \cdots$$

因为幂级数逐项积分后收敛半径不变,所以上式右端级数的收敛半径仍为 $R=1$;而当 $x=-1$ 时该级数发散,当 $x=1$ 时,该级数收敛.故收敛域为 $-1<x\leqslant 1$.

关于 $\frac{1}{1-x}$, e^x, $\sin x$, $\cos x$, $\ln(1+x)$ 和 $(1+x)^m$ 的幂级数展开式,以后可以直接引用.

例 11.29 将函数 $\sin x$ 在 $x=\frac{\pi}{4}$ 处展开成幂级数.

解 因为在 $x=\frac{\pi}{4}$ 处展开,即是展开成 $\left(x-\frac{\pi}{4}\right)$ 的幂级数,又

$$\begin{aligned}\sin x &= \sin\left[\frac{\pi}{4} + \left(x - \frac{\pi}{4}\right)\right] \\ &= \sin\frac{\pi}{4}\cos\left(x - \frac{\pi}{4}\right) + \cos\frac{\pi}{4}\sin\left(x - \frac{\pi}{4}\right) \\ &= \frac{1}{\sqrt{2}}\left[\cos\left(x - \frac{\pi}{4}\right) + \sin\left(x - \frac{\pi}{4}\right)\right]\end{aligned}$$

而已知

$$\cos\left(x - \frac{\pi}{4}\right) = 1 - \frac{\left(x - \frac{\pi}{4}\right)^2}{2!} + \frac{\left(x - \frac{\pi}{4}\right)^4}{4!} + \cdots \quad (-\infty < x < +\infty)$$

$$\sin\left(x - \frac{\pi}{4}\right) = \left(x - \frac{\pi}{4}\right) - \frac{\left(x - \frac{\pi}{4}\right)^3}{3!} + \frac{\left(x - \frac{\pi}{4}\right)^5}{5!} + \cdots \quad (-\infty < x < +\infty)$$

所以

$$\sin x=\frac{1}{\sqrt{2}}\left[1+\left(x-\frac{\pi}{4}\right)-\frac{\left(x-\frac{\pi}{4}\right)^2}{2!}-\frac{\left(x-\frac{\pi}{4}\right)^3}{3!}+\cdots\right]\quad(-\infty<x<+\infty)$$

例 11.30　将 $f(x)=\frac{1}{x^2-4x+3}$ 展开成 $(x+1)$ 的幂级数.

解　由于 $f(x)=\frac{1}{x^2-4x+3}=\frac{1}{(x-1)(x-3)}=\frac{1}{2}\left(\frac{1}{x-3}-\frac{1}{x-1}\right)$

$$=\frac{1}{2}\left(-\frac{1}{4}\cdot\frac{1}{1-\frac{x+1}{4}}+\frac{1}{2}\cdot\frac{1}{1-\frac{x+1}{2}}\right)$$

$$=\frac{1}{4}\cdot\frac{1}{1-\frac{x+1}{2}}-\frac{1}{8}\cdot\frac{1}{1-\frac{x+1}{4}}$$

而

$$\frac{1}{1-\frac{x+1}{2}}=\sum_{n=0}^{\infty}\left(\frac{x+1}{2}\right)^n\quad(-3<x<1)$$

$$\frac{1}{1-\frac{x+1}{4}}=\sum_{n=0}^{\infty}\left(\frac{x+1}{4}\right)^n\quad(-5<x<3)$$

所以 $f(x)=\frac{1}{x^2-4x+3}=\sum_{n=0}^{\infty}\left(\frac{1}{2^{n+2}}-\frac{1}{2^{2n+3}}\right)(x+1)^n\quad(-3<x<1)$

函数的幂级数展开式应用很广泛：可以用于近似计算函数值、计算积分的近似值、解微分方程、表示非初等函数并用它进行一些运算和证明等. 下面来看几个较简单的应用例题.

例 11.31　求 e 的近似值，要求误差不超过 0.0001.

解　取 e^x 的麦克劳林展开式：

$$e^x=1+x+\frac{x^2}{2!}+\frac{x^3}{3!}+\cdots\quad(-\infty<x<+\infty)$$

取 $e^x\approx1+x+\frac{x^2}{2!}+\frac{x^3}{3!}+\cdots+\frac{x^{n-1}}{(n-1)!}$ 作为近似式，于是取 $x=1$ 时，

$$e\approx1+1+\frac{1}{2!}+\frac{1}{3!}+\cdots+\frac{1}{(n-1)!}$$

误差：$|r_n|=\frac{1}{n!}+\frac{1}{(n+1)!}+\frac{1}{(n+2)!}+\cdots$

$$=\frac{1}{n!}\left[1+\frac{1}{n+1}+\frac{1}{(n+2)(n+1)}+\cdots\right]$$

$$<\frac{1}{n!}\left[1+\frac{1}{n+1}+\frac{1}{(n+1)^2}+\cdots\right]\quad(\text{放大为等比级数})$$

$$=\frac{1}{n!}\cdot\frac{1}{1-\frac{1}{n+1}}$$

即

$$r_n<\frac{n+1}{n\cdot n!}$$

因为要求的精度为$|r_n|<0.0001$,凭观察和试算,当取$n=8$时,

$$\frac{9}{8\times 8!}<\frac{1}{8\times 8\times 7\times 6\times 4\times 3}=\frac{1}{64\times 24\times 21}<\frac{1}{(60)(20)^2}<0.0001$$

故取$n=8$,计算近似值

$$e\approx 1+1+\frac{1}{2!}+\frac{1}{3!}+\cdots+\frac{1}{7!}\approx 2.71825$$

习题 11-3

1. 利用间接展开法将下列函数展开成x的幂级数:

(1) $y=\ln(4+x)$　　(2) $y=\sin^2 x$　　(3) $y=\frac{1}{3-x}$

(4) $y=xe^{-x}$　　(5) $y=\frac{x}{1-x-2x^2}$　　(6) $\frac{x}{\sqrt{1+x^2}}$

2. 将$y=\ln(1+x)$在$x=2$处展开成幂级数.

3. 将$y=\cos x$展开成$\left(x+\frac{\pi}{3}\right)$的幂级数.

4. 将$y=\frac{1}{x^2+5x+6}$在点$x=-4$处展开成幂级数.

5. 将$y=(1+x)\ln(1+x)$展开成麦克劳林级数.

6. 利用$\sin x$的幂级数展开式求$\sin 9^\circ$的近似值,要求误差不超过0.00001(提示:在$\sin x$的幂级数展开式中,x必须以弧度为单位).

7. 计算定积分$\frac{2}{\sqrt{\pi}}\int_0^{\frac{1}{2}}e^{x^2}\,dx$的近似值,精确到0.0001(取$\frac{1}{\sqrt{\pi}}\approx 0.56419$).

*11.4　傅里叶级数

在上节中,我们看到一个函数在一定的条件下可以展开为幂级数,它提供了一种用简单函数来分析和讨论一般函数的手段.在科学实验与工程技术中,常常会碰到周期现象,它们通常用周期函数来表示.虽然有些简单的周期函数也可以展开成幂级数,但是,由于幂级数并不是周期函数,虽然可以用幂级数来表示周期函数,但还不能充分地反映出物理上本质的周期性特征.

法国数学家傅里叶(Fourier)注意到这个问题,并指出应该用简单的周期函数来表示一般的周期函数,将周期函数展开为以三角函数(正弦函数和余弦函数)为通项的级数.本节将针对周期函数来讨论在理论上和应用中都有重要价值的函数项级数——三角级数

$$\frac{a_0}{2}+\sum_{n=1}^{\infty}(a_n\cos nx+b_n\sin nx)$$

其中,$a_0,a_n,b_n(n=1,2,\cdots)$都是常数.

11.4.1　周期函数与三角级数

自然界中各种周期现象一般都用周期函数表示.最简单的周期函数是正弦函数

$$y=A\sin(\omega x+\varphi) \tag{11.27}$$

由(11.27)所表达的周期运动称为**简谐振动**,也称为**正弦波或谐波**,其中,A 为**振幅**,φ 为**初相角**,ω 为**角频率**,于是简谐振动 y 的**周期**是 $T=\dfrac{2\pi}{\omega}$.

当角频率 ω 为自然数,即 $\omega=1,2,\cdots,n,\cdots$时,式(11.27)就分别为

$$A_1\sin(x+\varphi_1),A_2\sin(2x+\varphi_2),\cdots,A_n\sin(nx+\varphi_n),\cdots \tag{11.28}$$

它们都是周期为 2π 的正弦波.两个周期为 2π 的正弦波的叠加仍是一个周期为 2π 的非正弦周期波.一般来说,n 个周期为 2π 的正弦波与常数 A_0 之和

$$S_n(x)=A_0+\sum_{k=1}^{n}A_k\sin(kx+\varphi_k)$$

也是以 2π 为周期的周期函数.在上式中令 $n\to\infty$,若$\lim\limits_{n\to\infty}S_n(x)=S(x)$,即级数

$$A_0+\sum_{n=1}^{\infty}A_n\sin(nx+\varphi_n)$$

收敛于 $S(x)$,则其和函数 $S(x)$也是周期为 2π 的周期函数.

现在自然会提出相反的问题:能否把一个以 2π 为周期的周期函数 $f(x)$表示为一系列正弦函数之和? 也就是表达式

$$f(x)=A_0+\sum_{n=1}^{\infty}A_n\sin(nx+\varphi_n) \tag{11.29}$$

能否成立? 如果能,那么就可以通过简单的正弦函数来研究复杂的周期函数$f(x)$的性质.在物理上,就是将复杂的周期现象分解为简单的正弦波的叠加,因而可以通过正弦波的特性来研究复杂的周期现象.

下面来讨论这个问题.由于

$$\begin{aligned}A_n\sin(nx+\varphi_n)&=A_n(\sin nx\cos\varphi_n+\cos nx\sin\varphi_n)\\&=a_n\cos nx+b_n\sin nx\end{aligned}$$

其中，$a_n=A_n\sin\varphi_n, b_n=A_n\cos\varphi_n(n=1,2,\cdots)$. 为了使今后所得系数公式的符号统一，令 $A_0=\frac{a_0}{2}$，于是式(11.29)就变成

$$f(x)=\frac{a_0}{2}+\sum_{n=1}^{\infty}(a_n\cos nx+b_n\sin nx) \tag{11.30}$$

因此，上面的问题就变为：

(1) 周期函数 $f(x)$ 满足什么条件时，才能展开成三角级数，即式(11.30)成立？

(2) 如果 $f(x)$ 能展开成三角级数，那么怎样来确定展开式中的系数 a_0, a_n, b_n $(n=1,2,\cdots)$？

为了回答这两个问题，必须对式(11.30)进行仔细的考察和分析.

11.4.2 三角函数系的正交性与傅里叶级数

事实上，式(11.30)右端的级数是由下列**三角函数系**

$$\{1,\cos x,\sin x,\cos 2x,\sin 2x,\cdots,\cos nx,\sin nx,\cdots\}$$

的各项分别乘上相应的系数后相加而成的，因而称为**三角级数**.

为了进一步研究三角级数(11.30)的收敛性，先要探讨三角函数系具有哪些特性. 可以直接验证下列性质：

(1) 三角函数系中所有函数具有共同的周期 2π；

(2) 在三角函数系中任何两个不相同的函数的乘积在 $[-\pi,\pi]$ 上的积分都等于零，即

$$\int_{-\pi}^{\pi}\cos nx\,\mathrm{d}x=0,\quad \int_{-\pi}^{\pi}\sin nx\,\mathrm{d}x=0,\quad \int_{-\pi}^{\pi}\sin mx\cos nx\,\mathrm{d}x=0,$$

$$\int_{-\pi}^{\pi}\sin mx\sin nx\,\mathrm{d}x=0,\quad m\neq n$$

$$\int_{-\pi}^{\pi}\cos mx\cos nx\,\mathrm{d}x=0,\quad m\neq n$$

而任何一个函数的平方在 $[-\pi,\pi]$ 上的积分都不等于零，即

$$\int_{-\pi}^{\pi}1^2\,\mathrm{d}x=2\pi,\quad \int_{-\pi}^{\pi}\sin^2 nx\,\mathrm{d}x=\pi,\quad \int_{-\pi}^{\pi}\cos^2 nx\,\mathrm{d}x=\pi$$

在数学中，把两个在 $[a,b]$ 上可积，且满足

$$\int_a^b\varphi(x)\psi(x)\,\mathrm{d}x=0$$

的函数 φ 与 ψ 称为在 $[a,b]$ 上是**正交的**，并把这个性质称为**正交性**，因此三角函数系在区间 $[-\pi,\pi]$ 上是一个**正交函数系**.

利用三角函数系的正交性就可以来回答 11.4.1 中问题(2)，即公式(11.30)中

和函数 $f(x)$ 与傅里叶级数的系数 a_0, a_n, b_n 之间的关系.

为此,先假设 $f(x)$ 在 $[-\pi,\pi]$ 上能展开为三角级数,即(11.30)式成立,由函数项级数的性质,级数(11.30)在区间 $[-\pi,\pi]$ 上可以逐项积分.对式(11.30)的两端在区间 $[-\pi,\pi]$ 上积分,并将右端的级数逐项积分,由三角函数系的正交性,有

$$\int_{-\pi}^{\pi} f(x)\mathrm{d}x = \int_{-\pi}^{\pi} \frac{a_0}{2}\mathrm{d}x + \sum_{n=1}^{\infty}\left(a_n\int_{-\pi}^{\pi}\cos nx\,\mathrm{d}x + b_n\int_{-\pi}^{\pi}\sin nx\,\mathrm{d}x\right) = a_0\pi$$

所以

$$a_0 = \frac{1}{\pi}\int_{-\pi}^{\pi} f(x)\mathrm{d}x$$

再将式(11.30)两端同乘以 $\cos kx$ 后,在区间 $[-\pi,\pi]$ 上积分,并将右端的级数逐项积分.由三角函数系的正交性,有

$$\begin{aligned}\int_{-\pi}^{\pi} f(x)\cos kx\,\mathrm{d}x &= \int_{-\pi}^{\pi} \frac{a_0}{2}\cos kx\,\mathrm{d}x + \sum_{n=1}^{\infty}\left(a_n\int_{-\pi}^{\pi}\cos nx\cos kx\,\mathrm{d}x\right. \\ &\qquad \left. + b_n\int_{-\pi}^{\pi}\sin nx\cos kx\,\mathrm{d}x\right) \\ &= a_k\int_{-\pi}^{\pi}\cos^2 kx\,\mathrm{d}x = a_k\pi\end{aligned}$$

故

$$a_k = \frac{1}{\pi}\int_{-\pi}^{\pi} f(x)\cos kx\,\mathrm{d}x,\quad k = 1,2,\cdots$$

类似地,将式(11.30)两端同乘以 $\sin kx$ 后,在区间上 $[-\pi,\pi]$ 积分,并将右端的级数逐项积分.由三角函数系的正交性,有

$$\begin{aligned}\int_{-\pi}^{\pi} f(x)\sin kx\,\mathrm{d}x &= \int_{-\pi}^{\pi} \frac{a_0}{2}\sin kx\,\mathrm{d}x + \sum_{n=1}^{\infty}\left(a_n\int_{-\pi}^{\pi}\cos nx\sin kx\,\mathrm{d}x\right. \\ &\qquad \left. + b_n\int_{-\pi}^{\pi}\sin nx\sin kx\,\mathrm{d}x\right) \\ &= b_k\int_{-\pi}^{\pi}\sin^2 kx\,\mathrm{d}x = b_k\pi\end{aligned}$$

故

$$b_k = \frac{1}{\pi}\int_{-\pi}^{\pi} f(x)\sin kx\,\mathrm{d}x,\quad k = 1,2,\cdots$$

可见,如果函数 $f(x)$ 在区间 $[-\pi,\pi]$ 上能展成傅里叶级数(11.30),则其系数 $a_0, a_n, b_n (n=1,2,\cdots)$ 将由函数 $f(x)$ 确定.

将上面的结果合并起来就得到傅里叶级数的系数公式:

$$\begin{cases} a_n = \dfrac{1}{\pi}\displaystyle\int_{-\pi}^{\pi} f(x)\cos nx\,\mathrm{d}x, & n = 0,1,2,\cdots \\ b_n = \dfrac{1}{\pi}\displaystyle\int_{-\pi}^{\pi} f(x)\sin nx\,\mathrm{d}x, & n = 1,2,\cdots \end{cases} \tag{11.31}$$

这些系数称为函数 $f(x)$ 的**傅里叶系数**.

虽然傅里叶系数公式是在假设公式(11.30)右端的级数逐项积分的条件下推

得的,但是从系数公式本身来看,只要函数 $f(x)$ 在区间 $[-\pi,\pi]$ 上可积,就可以按公式(11.31)求出系数 a_n,b_n,从而可以唯一地确定它的傅里叶级数.记为

$$f(x) \sim \frac{a_0}{2} + \sum_{n=1}^{\infty}(a_n \cos nx + b_n \sin nx)$$

至于这个级数在什么条件下收敛?如果收敛是否收敛于函数 $f(x)$?这正是11.4.1小节提到的问题(1).一旦能够论证该级数收敛,而且收敛于 $f(x)$,就可以把形式关系的符号"~"换成等号"=",即函数 $f(x)$ 能展开为傅里叶级数.下面就来回答问题(1).

关于函数的傅里叶级数的收敛性问题是一个相当复杂的理论问题.下面我们不加证明地介绍一个判别傅里叶级数收敛的充分条件——著名的狄利克雷定理.

定理 11.11(狄利克雷(Dirichlet)收敛定理) 设 $f(x)$ 是周期为 2π 的周期函数,如果它满足:在一个周期内连续或只有有限个第一类间断点,在一个周期内至多只有有限个极值点,则 $f(x)$ 的傅里叶级数收敛,并且

当 x 是 $f(x)$ 的连续点时,傅里叶级数收敛于 $f(x)$;

当 x 是 $f(x)$ 的间断点时,傅里叶级数收敛于 $\frac{1}{2}[f(x-0)+f(x+0)]$.

狄利克雷定理指出,$f(x)$ 的傅里叶级数在点 x 为间断点时,收敛于这一点上 $f(x)$ 的左、右极限的算术平均值 $\frac{f(x+0)+f(x-0)}{2}$;而当 $f(x)$ 在点 x 连续时,则有级数收敛于 $f(x)$.于是有如下推论.

推论 若 $f(x)$ 是以 2π 为周期的连续函数,且在 $[-\pi,\pi]$ 上分段光滑,则 $f(x)$ 的傅里叶级数在 $(-\infty,+\infty)$ 上收敛于 $f(x)$.

11.4.3 函数展开为傅里叶级数

利用狄利克雷收敛定理,我们就可以讨论把周期函数展开为傅里叶级数了.

1. 周期为 2π 的周期函数的傅里叶级数

例 11.32 设 $f(x)$ 是周期为 2π 的周期函数,它在 $[-\pi,\pi)$ 上的表达式为

$$f(x) = \begin{cases} -1, & -\pi \leqslant x < 0 \\ 1, & 0 \leqslant x < \pi \end{cases}$$

试将 $f(x)$ 展开成傅里叶级数.

解 所给函数 $f(x)$ 满足狄利克雷收敛定理的条件,它在点 $x=k\pi$ $(k=0,\pm1,\pm2,\cdots)$ 处不连续,而在其他点都连续,从而函数 $f(x)$ 的傅里叶级数是收敛的,并且当 $x=k\pi$ 时收敛于 $\frac{1}{2}[f(x-0)+f(x+0)]=\frac{1}{2}(-1+1)=0$;当 $x\neq k\pi$ 时级数

收敛于 $f(x)$ 如图 11 - 3 所示.

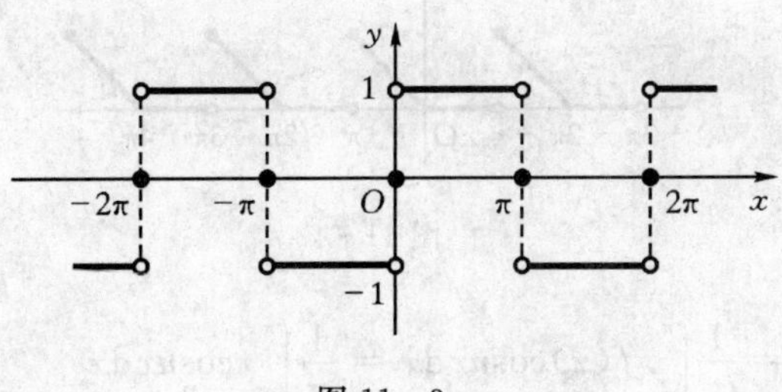

图 11 - 3

傅里叶系数计算如下：

$$a_n=\frac{1}{\pi}\int_{-\pi}^{\pi}f(x)\cos nx\,dx$$

$$=\frac{1}{\pi}\int_{-\pi}^{0}(-1)\cos nx\,dx+\frac{1}{\pi}\int_{0}^{\pi}1\cdot\cos nx\,dx=0,\quad n=0,1,2,\cdots$$

$$b_n=\frac{1}{\pi}\int_{-\pi}^{\pi}f(x)\sin nx\,dx=\frac{1}{\pi}\int_{-\pi}^{0}(-1)\sin nx\,dx+\frac{1}{\pi}\int_{0}^{\pi}1\cdot\sin nx\,dx$$

$$=\frac{1}{\pi}\left[\frac{\cos nx}{n}\right]_{-\pi}^{0}+\frac{1}{\pi}\left[-\frac{\cos nx}{n}\right]_{0}^{\pi}=\frac{1}{n\pi}(1-\cos n\pi-\cos n\pi+1)$$

$$=\frac{2}{n\pi}[1-(-1)^n]=\begin{cases}\dfrac{4}{n\pi}, & n=1,3,5,\cdots\\ 0, & n=2,4,6,\cdots\end{cases}$$

于是 $f(x)$ 的傅里叶级数展开式为

$$f(x)=\frac{4}{\pi}\left[\sin x+\frac{1}{3}\sin 3x+\cdots+\frac{1}{2k-1}\sin(2k-1)x+\cdots\right]$$

$$(-\infty<x<+\infty;\ x\neq 0,\pm\pi,\pm 2\pi,\cdots)$$

例 11.33　设以 2π 为周期的函数为

$$f(x)=\begin{cases}x, & 0\leqslant x<\pi\\ 0, & -\pi<x<0\end{cases}$$

求 $f(x)$ 的傅里叶展开式.

解　函数 $f(x)$ 的图像如图 11 - 4 所示. 显然 $f(x)$ 是按段光滑的，故由收敛定理 11.11，它可以展开成傅里叶级数.

由于

$$a_0=\frac{1}{\pi}\int_{-\pi}^{\pi}f(x)\,dx=\frac{1}{\pi}\int_{0}^{\pi}x\,dx=\frac{\pi}{2}$$

当 $n\geqslant 1$ 时，

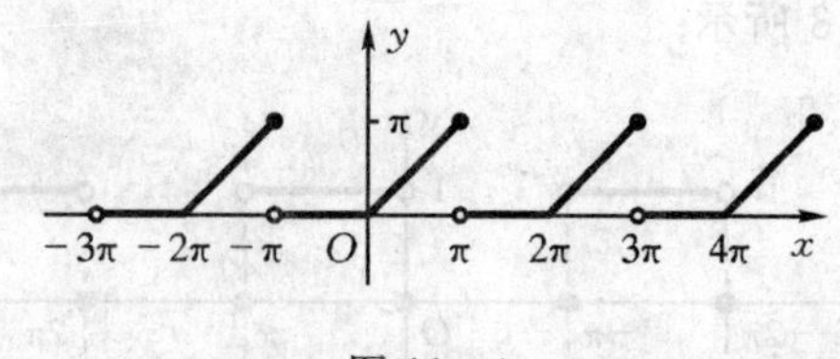

图 11-4

$$a_n = \frac{1}{\pi}\int_{-\pi}^{\pi} f(x)\cos nx\,\mathrm{d}x = \frac{1}{\pi}\int_{0}^{\pi} x\cos nx\,\mathrm{d}x$$

$$= \frac{1}{n\pi}x\sin nx\Big|_0^{\pi} - \frac{1}{n\pi}\int_0^{\pi}\sin nx\,\mathrm{d}x = \frac{1}{n^2\pi}\cos nx\Big|_0^{\pi}$$

$$= \frac{1}{n^2\pi}(\cos n\pi - 1) = \begin{cases} -\dfrac{2}{n^2\pi}, & n = 1,3,\cdots \\ 0, & n = 2,4,\cdots \end{cases}$$

$$b_n = \frac{1}{\pi}\int_{-\pi}^{\pi} f(x)\sin nx\,\mathrm{d}x = \frac{1}{\pi}\int_{0}^{\pi} x\sin nx\,\mathrm{d}x$$

$$= -\frac{1}{n\pi}x\cos nx\Big|_0^{\pi} + \frac{1}{n\pi}\int_0^{\pi}\cos nx\,\mathrm{d}x$$

$$= \frac{(-1)^{n+1}}{n} + \frac{1}{n^2\pi}\sin nx\Big|_0^{\pi} = \frac{(-1)^{n+1}}{n}$$

所以,在开区间$(-\pi,\pi)$上,函数 $f(x)$的傅里叶级数展开式为

$$f(x) = \frac{\pi}{4} - \left(\frac{2}{\pi}\cos x - \sin x\right) - \frac{1}{2}\sin 2x - \left(\frac{2}{9\pi}\cos 3x - \frac{1}{3}\sin 3x\right)\cdots$$

当 $x=\pm\pi$ 时,上式右边收敛于

$$\frac{f(\pi-0)+f(-\pi+0)}{2} = \frac{\pi+0}{2} = \frac{\pi}{2}$$

于是按 2π 周期延拓到$(-\infty,\infty)$上,$f(x)$的傅里叶级数的和函数如图 11-5 所示(注意它与图 11-4 的差别).

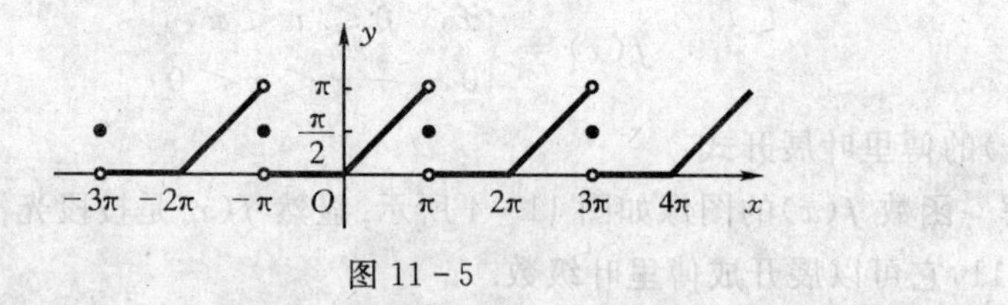

图 11-5

2. 周期为 $2l$ 的周期函数的傅里叶级数

对于周期为 $2l$ 的周期函数的傅里叶级数展开问题,根据已有的结论,借助变量替换,可得到下面定理.

定理 11.12　设周期为 $2l$ 的函数 $f(x)$ 满足收敛定理的条件，则它的傅里叶级数展开式为

$$f(x) = \frac{a_0}{2} + \sum_{n=1}^{\infty}\left(a_n\cos\frac{n\pi x}{l} + b_n\sin\frac{n\pi x}{l}\right)$$

其中

$$a_n = \frac{1}{l}\int_{-l}^{l} f(x)\cos\frac{n\pi x}{l}\mathrm{d}x \quad (n = 0,1,2,\cdots)$$

$$b_n = \frac{1}{l}\int_{-l}^{l} f(x)\sin\frac{n\pi x}{l}\mathrm{d}x \quad (n = 1,2,3,\cdots)$$

证　设周期为 $2l$ 的函数 $f(x)$ 满足收敛定理的条件，l 为任意正数. 作变量代换 $z=\frac{\pi x}{l}$，则 $x=\frac{lz}{\pi}$，于是区间 $-l\leqslant x\leqslant l$ 就变换成 $\pi\leqslant z\leqslant\pi$.

设函数 $f(x)=f\left(\frac{lz}{\pi}\right)=F(z)$，因为

$$F(z+2\pi)=f\left[\frac{l(z+2\pi)}{\pi}\right]=f\left(\frac{lz}{\pi}+2l\right)=f(x+2l)=f(x)=f\left(\frac{lz}{\pi}\right)=F(z)$$

从而 $F(z)$ 是周期为 2π 的周期函数，并且满足收敛定理的条件，将 $F(z)$ 展开成傅里叶级数：

$$F(z) = \frac{a_0}{2} + \sum_{n=1}^{\infty}(a_n\cos nz + b_n\sin nz)$$

其中

$$a_n = \frac{1}{\pi}\int_{-\pi}^{\pi} F(z)\cos nz\,\mathrm{d}z \quad (n = 0,1,2,\cdots)$$

$$b_n = \frac{1}{\pi}\int_{-\pi}^{\pi} F(z)\sin nz\,\mathrm{d}z \quad (n = 1,2,3,\cdots)$$

将 $z=\frac{\pi x}{l}$ 代入，并注意到 $f(x)=F(z)$，$\mathrm{d}z=\frac{\pi}{l}\mathrm{d}x$，于是有

$$f(x) = \frac{a_0}{2} + \sum_{n=1}^{\infty}\left(a_n\cos\frac{n\pi x}{l} + b_n\sin\frac{n\pi x}{l}\right)$$

而且

$$a_n = \frac{1}{l}\int_{-l}^{l} f(x)\cos\frac{n\pi x}{l}\mathrm{d}x \quad (n = 0,1,2,\cdots)$$

$$b_n = \frac{1}{l}\int_{-l}^{l} f(x)\sin\frac{n\pi x}{l}\mathrm{d}x \quad (n = 1,2,3,\cdots)$$

例 11.34　设 $f(x)$ 是周期为 4 的周期函数，它在 $[-2,2)$ 上的表达式为

$$f(x) = \begin{cases} 0, & -2\leqslant x < 0 \\ 1, & 0\leqslant x < 2 \end{cases}$$

将它展开成傅里叶级数.

解 $f(x)$的图像如图 11-6 所示

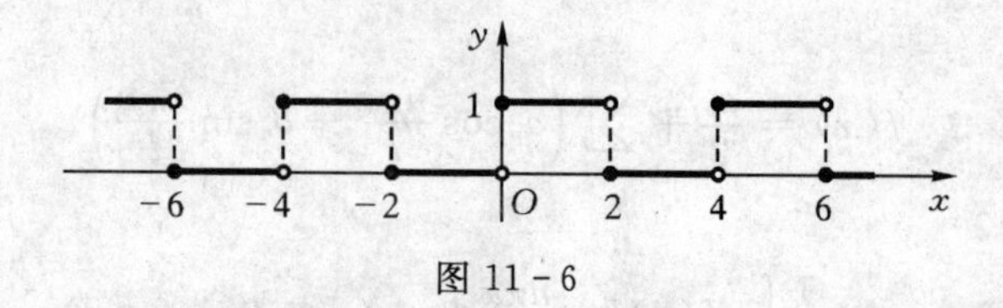

图 11-6

其傅里叶系数为

$$a_0=\frac{1}{2}\int_0^2 \mathrm{d}x=1$$

$$\begin{cases}a_n=\dfrac{1}{2}\displaystyle\int_0^2\cos\frac{n\pi x}{2}\mathrm{d}x=\frac{1}{2}\left[\frac{2}{n\pi}\sin\frac{n\pi x}{2}\right]_0^2=0\\ b_n=\dfrac{1}{2}\displaystyle\int_0^2\sin\frac{n\pi x}{2}\mathrm{d}x=\frac{1}{2}\left[-\frac{2}{n\pi}\cos\frac{n\pi x}{2}\right]_0^2=\frac{1}{n\pi}\cdot[1-(-1)^n]\end{cases}$$

$$(n=0,1,2,\cdots)$$

由定理 11.12,有

$$\frac{1}{2}+\sum_{n=1}^{\infty}\frac{1-(-1)^n}{n\pi}\cdot\sin\frac{n\pi x}{2}=\begin{cases}f(x), & x\neq\pm 2k, k=0,1,2,\cdots\\ 1/2, & x=2k, k=0,1,2,\cdots\end{cases}$$

因此,$f(x)$的傅里叶展开式为

$$f(x)=\frac{1}{2}+\frac{2}{\pi}\left(\sin\frac{\pi x}{2}+\frac{1}{3}\sin\frac{3\pi x}{2}+\frac{1}{5}\sin\frac{5\pi x}{2}+\cdots\right)$$

这里,$-\infty<x<+\infty, x\neq 2k, k=0,1,2,\cdots$.

3. 函数展开为正弦级数和余弦级数

当 $f(x)$是以 2π 为周期的奇函数时,由于 $f(x)\cos nx$ 是奇函数,$f(x)\sin nx$ 是偶函数,利用奇、偶函数在对称区间上定积分的性质,不难看出,它的傅里叶系数分别为

$$a_n=\frac{1}{\pi}\int_{-\pi}^{\pi}f(x)\cos nx\,\mathrm{d}x=0,\quad n=0,1,2,\cdots$$

$$b_n=\frac{1}{\pi}\int_{-\pi}^{\pi}f(x)\sin nx\,\mathrm{d}x=\frac{2}{\pi}\int_0^{\pi}f(x)\sin nx\,\mathrm{d}x,\quad n=1,2,3,\cdots$$

因此,奇函数的傅里叶级数是只含有正弦项的**正弦级数** $\sum\limits_{n=1}^{\infty}b_n\sin nx$.

当 $f(x)$是以 2π 为周期的偶函数时,由于 $f(x)\cos nx$ 是偶函数,$f(x)\sin nx$ 是奇函数,则它的傅里叶系数为

$$a_n=\frac{1}{\pi}\int_{-\pi}^{\pi}f(x)\cos nx\,\mathrm{d}x=\frac{2}{\pi}\int_0^{\pi}f(x)\cos nx\,\mathrm{d}x,\quad n=0,1,2,\cdots$$

$$b_n=\frac{1}{\pi}\int_{-\pi}^{\pi}f(x)\sin nx\,\mathrm{d}x=0,\quad n=1,2,3,\cdots$$

因此,偶函数的傅里叶级数是只含有余弦项的**余弦级数** $\frac{a_0}{2}+\sum\limits_{n=1}^{\infty}a_n\cos nx$.

奇延拓与偶延拓:设函数 $f(x)$定义在区间$(0,\pi]$上并且满足收敛定理的条件,我们在开区间$(-\pi,0)$内补充函数 $f(x)$定义,得到定义在$(-\pi,\pi]$上的函数 $F(x)$,使它在$(-\pi,\pi)$上成为奇函数(偶函数).按这种方式拓广函数定义域的过程称为**奇延拓**(**偶延拓**).限制在$(0,\pi]$上,有 $F(x)=f(x)$.

例 11.35　将函数 $f(x)=x^2(0\leqslant x\leqslant 2)$展开成正弦级数和余弦级数.

解　将 $f(x)$作奇延拓,得到函数 $F(x)$,且

$$F(x)=\begin{cases}x^2, & 0\leqslant x\leqslant 2\\ -x^2, & -2<x<0\end{cases}$$

再将 $F(x)$以 4 为周期进行周期延拓,便可获到一个以 4 为周期的周期函数,如图 11-7 所示.其傅里叶系数为

$$a_n=0\quad(n=0,1,2,\cdots)$$

$$b_n=\frac{2}{2}\int_0^2 x^2\sin\frac{n\pi x}{2}\mathrm{d}x=(-1)^{n+1}\frac{8}{n\pi}+\frac{16}{n^3\pi^3}[(-1)^n-1]\quad(n=0,1,2,\cdots)$$

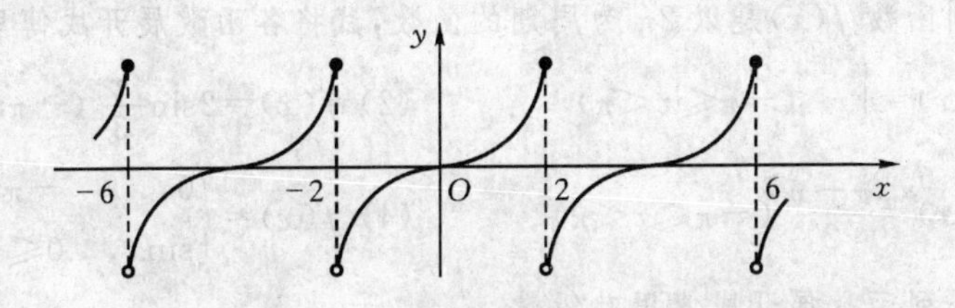

图 11-7

由于函数在 $x=2(2k+1),k=0,\pm1,\pm2,\cdots$处间断,故 $f(x)$的正弦级数展开式为

$$f(x)=x^2=\sum_{n=1}^{\infty}\left[\frac{(-1)^{n+1}8}{n\pi}+\frac{16}{n^3\pi^3}[(-1)^n-1]\right]\cdot\sin\frac{n\pi x}{2}$$

这里,$0\leqslant x<2$.再将 $f(x)$作偶延拓,得到函数 $F(x)$,且

$$F(x)=\begin{cases}x^2 & 0\leqslant x\leqslant 2\\ x^2 & -2<x<0\end{cases}$$

将 $F(x)$以 4 为周期进行周期延拓,便可获到一个以 4 为周期的周期函数,如图 11-8所示,其傅里叶系数为

$$b_n=0,\quad n=1,2,\cdots$$

$$a_0=\frac{2}{2}\int_0^2 x^2\mathrm{d}x=\frac{8}{3}$$

$$a_n = \frac{2}{2}\int_0^2 x^2 \cos\frac{n\pi x}{2}\mathrm{d}x = (-1)^n \frac{16}{n^2\pi^2}, \quad n = 1,2,\cdots$$

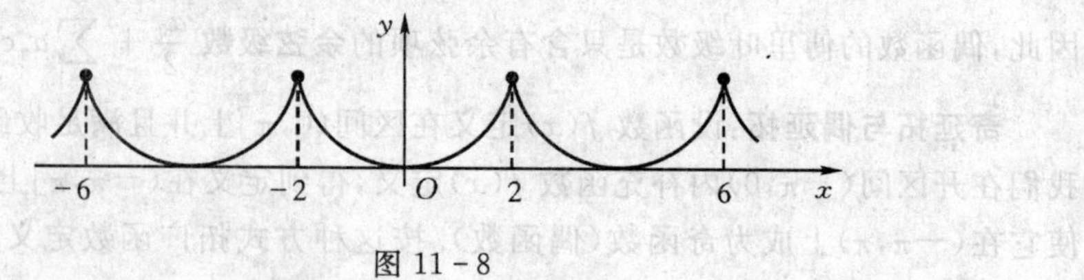

图 11-8

由于函数在$(-\infty,+\infty)$上连续,故 $f(x)$的余弦级数展开式为

$$f(x) = x^2 = \frac{4}{3} + \sum_{n=1}^{\infty}(-1)^n \frac{16}{n^2\pi^2}\cdot\cos\frac{n\pi x}{2}$$

这里,$0\leqslant x\leqslant 2$,如果令 $x=2$,得 $4 = \frac{4}{3} + \sum_{n=1}^{\infty}\frac{16}{n^2\pi^2}$,所以

$$\sum_{n=1}^{\infty}\frac{1}{n^2} = \frac{\pi^2}{6}$$

习题 11-4

1. 下列函数 $f(x)$是以 2π 为周期的函数,试将各函数展开成傅里叶级数:

(1) $f(x)=|x|\ (-\pi\leqslant x<\pi)$　　(2) $f(x)=2\sin\frac{x}{3}\ (-\pi\leqslant x<\pi)$

(3) $f(x)=\frac{\pi-x}{2}\ (-\pi\leqslant x<\pi)$　　(4) $f(x)=\begin{cases}0, & -\pi\leqslant x<0\\ \sin x, & 0\leqslant x<\pi\end{cases}$

2. 把下列函数展开成傅里叶级数:

(1) $f(x)=\begin{cases}0, & -\pi\leqslant x<0\\ x+1, & 0\leqslant x<\pi\end{cases}$　　(2) $f(x)=\cos\frac{x}{2}\ (-\pi\leqslant x\leqslant\pi)$

3. 将下列函数在$[0,\pi]$上展开成正弦级数或余弦级数:

(1) $f(x)=\frac{\pi-x}{2}\ (0<x\leqslant\pi)$展开成正弦级数;

(2) $f(x)=2x+3\ (0\leqslant x\leqslant\pi)$展开成余弦级数.

附录　MATLAB 在高等数学中的应用简介

MATLAB 是 MathWorks 公司于 1984 年推出的一套功能非常强大且应用广泛的科学计算软件，它可以实现数值分析、优化、统计、微分方程数值解、信号处理、图像处理等若干领域的计算和图形显示功能. 它将不同数学分支的算法以函数的形式分类成库，使用时直接调用这些函数并赋予实际参数就可以解决问题，快速而且准确. 目前，MATLAB 已经发展成为适合多学科，多种工作平台的功能强大的大型软件，被广泛用于科学研究和解决各种具体问题. 可以说，无论你从事工程方面的哪个学科，都能在 MATLAB 里找到合适的功能. 了解并掌握它的功能，有助于我们学好数学，用好数学. 这里仅对 MATLAB 的主要功能及其在高等数学中的应用做简单介绍.

一、MATLAB 的运行方式

当计算机成功安装 MATLAB 软件后，在 Windows 桌面上将会出现 MATLAB 图标，双击此图标，就进入了 MATLAB 界面.

MATLAB 提供了两种运行方式：命令行方式和 M 文件方式.

命令行方式通过直接在命令窗口中输入命令行来实现计算或作图功能，但这种方式在处理比较复杂的问题和大量数据时相当困难.

M 文件运行方式是先在一个以 m 为扩展名的 M 文件中输入一系列数据和命令，然后让 MATLAB 执行这些命令. 建立 M 文件的方法是：在 MATLAB 窗口中单击 File 菜单，然后依次选择 New→M－File，打开 M 文件编辑窗口，在该窗口中输入程序文件，再以 m 为扩展名存储. 要运行该 M 文件，只需在 M 文件编辑窗口的 Debug 菜单中选择 Run 即可.

函数 M 文件是文件名后缀为 m 的文件，这类文件的第一行必须是以一特殊字符 function 开始，其格式为：

function 因变量名＝函数名(自变量名)

其他为程序运行语句，是从自变量计算因变量的语句，并最终将结果赋给因变量，没有特殊要求. 函数 M 文件的文件名必须与函数名完全一致.

二、常用函数与符号

1. 数学运算符号及特殊字符

＋　加法运算,适合于两个数或两个矩阵的相加

－　减法运算

*　乘法运算,适合于数或矩阵的相乘

.*　点乘运算,适合于两个同阶矩阵对应元素相乘

例如,[1 2 3].*[－1 1 2]=[－1 2 6]

./　点除运算,适合于两个同阶矩阵对应元素相除

例如,[1 2 3]./[－1 1 2]=[－1 2 1.5]

\　表示左除,如 X＝A\B 就表示 AX＝B 的解

^　乘幂运算,例如,x^2 表示为 x^2

pi　数学符号 π

2. 基本数学函数

函数	名称	函数	名称
sin(x)	正弦函数	asin(x)	反正弦函数
cos(x)	余弦函数	acos(x)	反余弦函数
tan(x)	正切函数	atan(x)	反正切函数
abs(x)	绝对值	max(x)	最大值
min(x)	最小值	sum(x)	元素的总和
sqrt(x)	平方根	exp(x)	以 e 为底的指数函数
log(x)	自然对数	loga(x)	以 a 为底的对数函数
sign(x)	符号函数	fix(x)	取整

例 1　计算 $\ln|\arctan\sqrt{5}+1|$.

解　在命令窗口键入命令:

```
≫ log(abs(atan(sqrt(5))+1))
```

回车后即显示如下结果:

```
ans =
  0.7656
```

例 2 画出函数 $f(x)=\sqrt{(x-20)^2+100^2}+\sqrt{(x-120)^2+120^2}$ 的图形.

解 在 M 文件编辑窗口录入下面两行：

```
function yy=f2(x)
yy=sqrt((x-20)^2+100^2)+sqrt((x-120)^2+120^2);
```

以 f2.m 将文件存盘并退出编辑状态，回到 MATLAB 命令窗口. 这时可用指令

```
≫ x=20:120;y=f2(x);
≫ plot(x,y)
```

确定并计算对应的函数值数据，最后绘出函数的图形，如图 1 所示. 其中 plot 是描点作图的指令，在下面将有叙述.

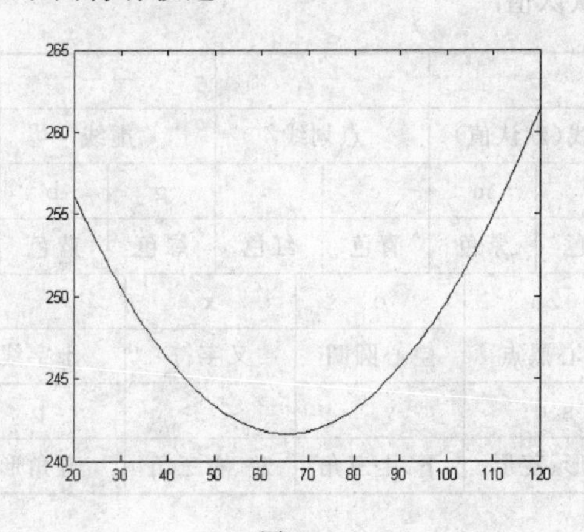

图 1

例 3 计算函数 $f(x,y)=100(y-x^2)^2+(1-x)^2$ 在(1,2)处的函数值.

解 在 M 文件编辑窗口录入下列两行：

```
function f=fun(x)
f=100*(x(2)-x(1)^2)^2+(1-x(1))^2;
```

以 fun.m 将文件存盘并退出编辑状态，在 MATLAB 命令窗口输入指令

```
≫ x=[1 2];
≫ fun(x)
```

显示计算结果为

```
ans =100
```

三、MATLAB 在高等数学中的应用举例

1. 利用 MATLAB 绘制平面曲线、空间曲线和曲面

MATLAB 作图是通过描点、连线来实现的,在画一个曲线图形之前,必须先取得该图形上的一系列点的坐标(即横坐标和纵坐标),将该点集的坐标传给 MATLAB 函数画图.

(1) 绘制平面曲线

MATLAB 软件提供的绘制二维曲线的指令是 plot,其格式为:

plot(x,y,'s') 该指令描绘了点集所表示的曲线. 其中 x,y 是向量,分别表示点集的横坐标和纵坐标. s 是可选参数,用来指定曲线的线型、颜色、数据点形状等,如下表所示. 线型、数据点和颜色可以同时选择,也可只选一部分,不选则用 MATLAB 设定的默认值.

<table>
<tr><td rowspan="2">线型</td><td colspan="2">—</td><td colspan="2">—.</td><td colspan="2">——</td><td colspan="2">:</td></tr>
<tr><td colspan="2">实线(默认值)</td><td colspan="2">点划线</td><td colspan="2">虚线</td><td colspan="2">点线</td></tr>
<tr><td rowspan="2">色彩</td><td>y</td><td>m</td><td>c</td><td>r</td><td>g</td><td>b</td><td>w</td><td>k</td></tr>
<tr><td>黄色</td><td>紫色</td><td>青色</td><td>红色</td><td>绿色</td><td>蓝色</td><td>白色</td><td>黑色</td></tr>
<tr><td rowspan="4">数据点形状</td><td>.</td><td>o</td><td>x</td><td>+</td><td>*</td></tr>
<tr><td>实心黑点</td><td>空心圆圈</td><td>叉字符</td><td>十字线</td><td>星号线</td></tr>
<tr><td>s、d</td><td>v、^</td><td><、></td><td>p</td><td>h</td></tr>
<tr><td>方形、菱形</td><td>下、上三角</td><td>左、右三角</td><td>五角形</td><td>六角形</td></tr>
</table>

例 4 在同一个坐标系下画函数在区间 $[0,2\pi]$ 上的图形:用红实线画 $y=0.2e^{0.1x}\sin 0.5x$,用黑色双划线画 $y=0.2e^{0.1x}\cos 0.5x$.

解 编写程序如下:

```
x=0:0.1:2*pi; (表示自变量的起点:间隔:终点)
y1=0.2*exp(0.1*x).*sin(0.5*x);
y2=0.2*exp(0.1*x).*cos(0.5*x);
plot(x,y1,'r—',x,y2,'k——')
```

运行后显示结果如图 2 所示.

MATLAB 提供了一些绘制二维曲线的简捷指令,如 ezplot、fplot 等. 其中 ezplot 指令的格式如下:

ezplot('f') 表示在默认区间 $-2\pi\leqslant x\leqslant 2\pi$ 上绘制函数 $f=f(x)$ 的图形.

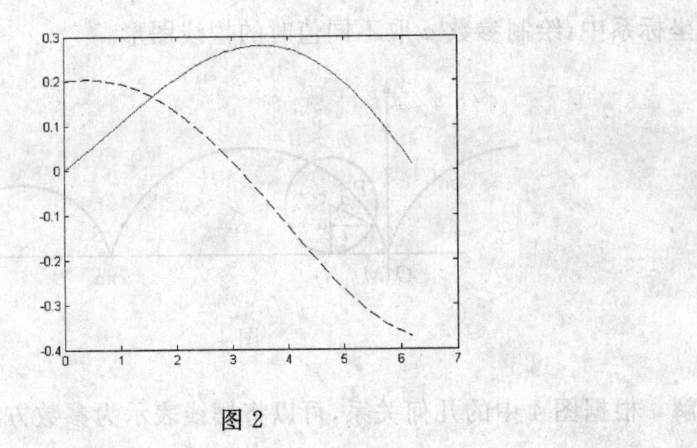

图2

ezplot('f',[a,b]) 表示在区间 $a \leqslant x \leqslant b$ 上绘制显函数 $f=f(x)$的图形.

ezplot('f',[xmin,xmax,ymin,ymax]) 表示在区间 xmin$\leqslant x \leqslant$xmax 和 ymin$\leqslant y \leqslant$ymax上绘制隐函数 $f(x,y)=0$ 的图形.

ezplot(x,y,[tmin,tmax]) 表示在区间 tmin$\leqslant t \leqslant$tmax 上绘制参数方程 $x=x(t), y=y(t)$ 的图形.

polar(theta,rho,s) 表示用角度 theta(用弧度表示)和极半径 rho 作极坐标图,s 为线型.

例如,执行命令 ezplot('sin(x) ',[0,pi]) 可画出 $y=\sin x$ 在区间$[0,\pi]$上的图形;执行命令 ezplot('cos (t)^3', 'sin (t)^3',[0,2 * pi]) 可画出 $y=\cos^3 t$, $x=\sin^3 t$ 在区间 $0 \leqslant t \leqslant 2\pi$ 上的图形;执行命令 ezplot('exp(x)+sin(x * y)', [-2,0.5,0,2])可画出隐函数 $e^x+\sin(xy)=0$ 在区间 $-2 \leqslant x \leqslant 0.5, 0 \leqslant y \leqslant 2$ 上的图形. 图 3 所示为以上三个命令执行后显示的结果.

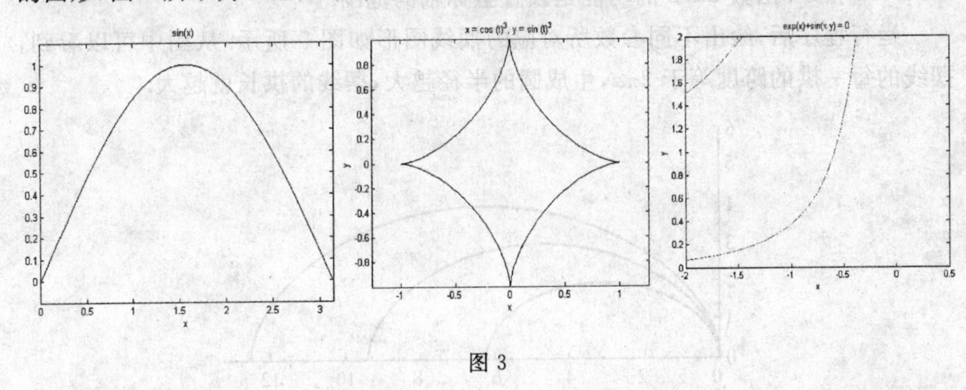

图 3

例 5 摆线的绘制. 如图 4 所示,半径为 a 的圆周沿平面内的一条直线滚动,在起始位置处圆周与直线切点的运动轨迹称为**摆线**,图中的圆称为**生成圆**. 在同一个坐标系中,绘制参数 a 取不同值时的摆线图形.

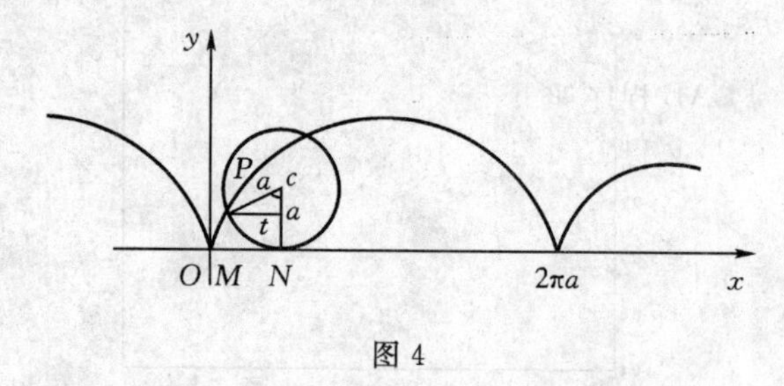

图 4

解 根据图 4 中的几何关系,可以将摆线表示为参数方程的形式:

$$\begin{cases} x = a(t - \sin t) \\ y = a(1 - \cos t) \end{cases} \quad 0 \leqslant t \leqslant 2\pi$$

分别取参数 a=1,1.5,2,编写 MATLAB 程序如下:

```
hdd on
t=0:0.01:2*pi;
for a=1:0.5:2
x=a*(t-sin(t));
y=a*(1-cos(t));
axis ([0,13,0,6]);
plot(x,y)
end
```

其中指令 hold on 的功能是在当前图形上增添新的图形,若屏蔽此功能,则用 hold off 指令. 函数 axis 的功能是设置坐标轴的范围.

运行程序后,绘出不同参数所对应的摆线图形如图 5 所示. 从图中可以看到,摆线的每一拱的跨度等于 $2\pi a$,生成圆的半径越大,摆线的拱长就越大.

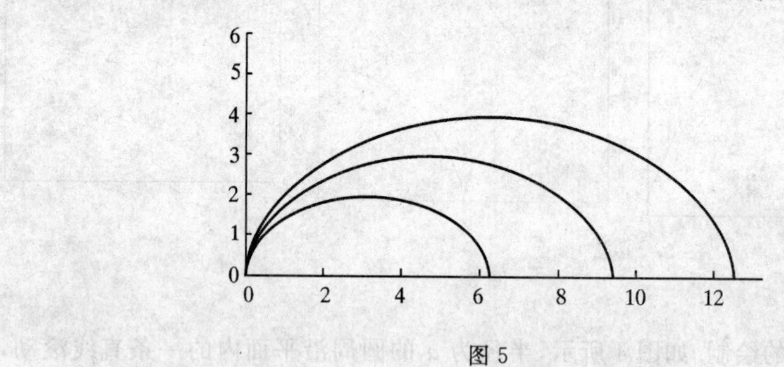

图 5

例 6　在极坐标下绘制心形线 $\rho = 4(1+\cos\theta), 0 \leqslant \theta \leqslant 2\pi$ 和对数螺线 $\rho = e^{0.1\theta}, 0 \leqslant \theta \leqslant 8\pi$ 的图形.

解　编写 MATLAB 程序如下：

```
xx_theta=0:0.1:2*pi;
xx_rho =4*(1+cos(xx_theta));
lx_theta=0:0.1:8*pi;
lx_rho =exp(0.1*lx_theta);
subplot(1,2,1);
polar(xx_theta,xx_rho);
subplot(1,2,2)
polar(lx_theta,lx_rho)
```

其中,subplot 是多子图指令,其格式为 subplot(m,n,p)是指将图形窗口分成 m×n 个小区域,指定第 p 个区域为当前图形的绘制区域.

运行程序后,绘出两个曲线的图形如图 6 所示.

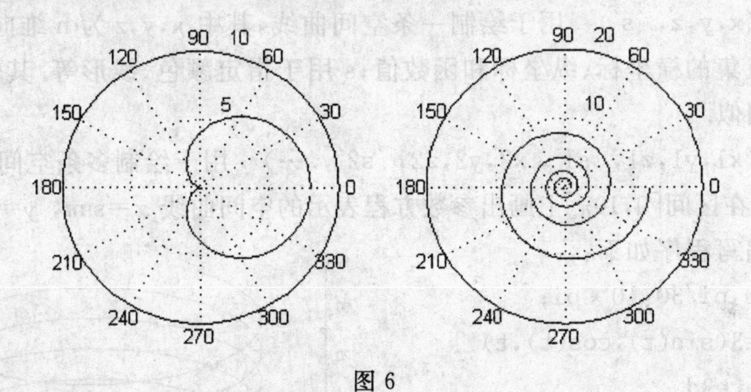

图 6

例 7　绘制极坐标系下的平面曲线 $\rho = a\cos(b+n\theta)$.

解　编写 MATLAB 程序如下：

```
theta=0: 0.1: 2*pi;
for i=1:2
a(i)=input('a=');
b(i)=input('b=');
n(i)=input('n=')
rho(i,:)=a(i)*cos(b(i)+n(i)*theta);
subplot(1,2,i)
polar(theta,rho(i,:));
end
```

运行程序并输入参数:a=2,b=pi/4,n=2,可绘出四叶玫瑰线的图形,输入a=2,b=0,n=3可绘出三叶玫瑰线的图形,如图7所示.

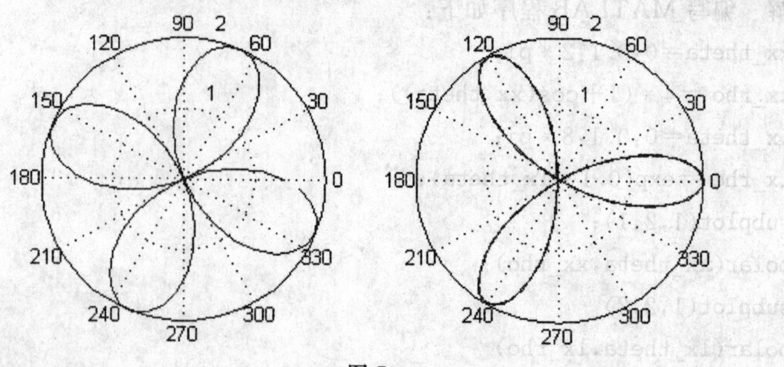

图7

(2) 绘制空间曲线

绘制空间曲线可用如下指令:

plot3(x,y,z,′s′) 用于绘制一条空间曲线,其中x,y,z为n维向量,分别表示曲线上点集的横坐标、纵坐标和函数值;s用于指定颜色、线形等.其使用格式与plot指令相似.

plot3(x1,y1,z1,′s1′, x2,y2,z2,′s2′,.…) 用于绘制多条空间曲线.

例8 在区间[0,10π]上画出参数方程表示的空间曲线 $x=\sin t$, $y=\cos t$, $z=t$.

解 编写程序如下:

```
t=0:pi/50:10*pi;
plot3(sin(t),cos(t),t)
rotate3d
```

运行后显示图形如图8所示.

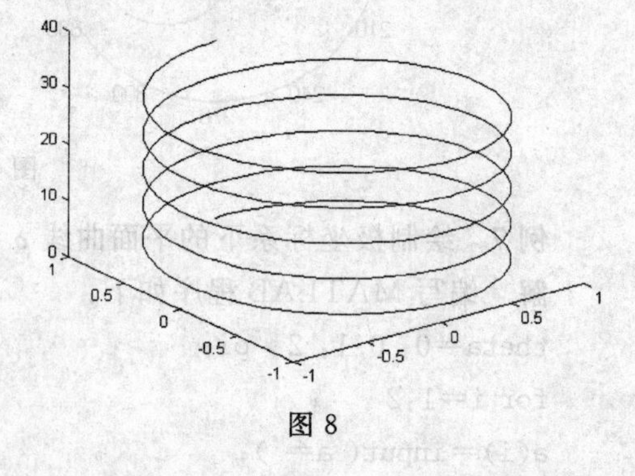

图8

例9 画多条曲线以观察函数 $z=(x+y)^2$ 所表示的曲面.

解 编写程序如下:

```
x=-3:0.1:3;y=1:0.1:5;
[X,Y]=meshgrid(x,y);
Z=(X+Y).^2;
plot3(X,Y,Z)
```

(其中,meshgrid(x,y) 表示产生一个以向量x为行、向量y为列的矩阵)

运行后显示图形如图9所示.

(3) 绘制空间曲面

绘制空间曲面可用如下指令：

surf(x,y,z)　表示画出数据点(x,y,z)的曲面.

mesh(x,y,z)　表示画网格曲面.

例 10　画函数 $z=(x+y)^2$ 的图形.

解　编写程序如下：

```
x=-3:0.1:3;
y=1:0.1:5;
[X,Y]=meshgrid(x,y);
Z=(X+Y).^2;
surf(X,Y,Z)
shading flat
rotate3d
```

运行后显示图形如图 10 所示.

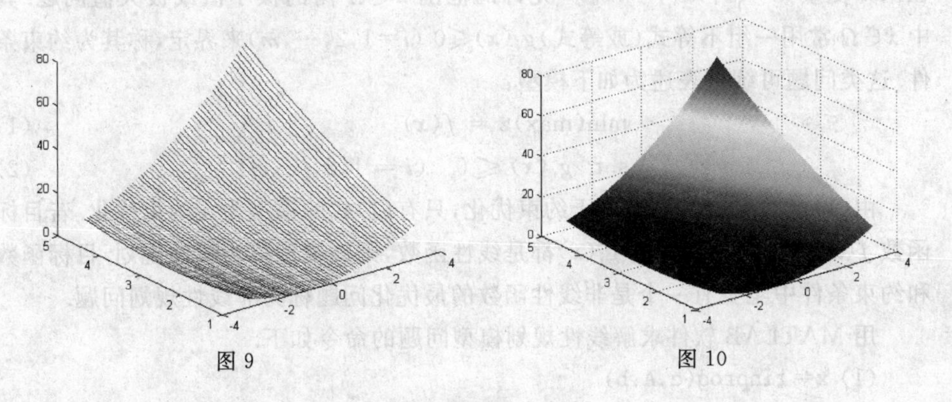

图 9　　　　　　　　　　图 10

2. 利用 MATLAB 软件求极限、导数和积分

MATLAB 软件求函数极限的命令是 limit,使用该命令之前要用 syms 命令做相关符号变量说明.具体使用格式为：

limit(F,x,a)　执行后返回函数 F 在符号变量 x 趋近于 a 时的极限；

limit(F,x,a,'left')　执行后返回函数 F 在符号变量 x 趋近于 a 时的左极限；

limit(F,x,a,'right')　执行后返回函数 F 在符号变量 x 趋近于 a 时的右极限.

MATLAB 软件求函数导数的命令是 diff,若 F 是一个已经定义过的函数表达式,则其具体使用格式为：

diff(F,x)　执行后返回函数 F 对符号变量 x 的一阶导数，若 x 缺省，则表示对由命令 syms 定义的变量求一阶导数；

diff(F,x,n)　执行后返回函数 F 对符号变量 x 的 n 阶导数.

MATLAB 软件求积分的命令是 int，其具体使用格式为：

int(f,v)　执行后返回函数 f 关于变量 v 的不定积分；

int(f,v,a,b)　执行后返回函数 f 关于变量 v 从 a 到 b 的定积分.

例如，求函数 $y=\mathrm{e}^{\frac{x}{2}}\sin 2x$ 的一阶导数所使用的语句是 diff(exp(1/2 * x) * sin(2 * x))，求不定积分 $\int \frac{\mathrm{d}x}{x\sqrt{x^2+1}}$ 可使用的语句为 int(1/(x * sqrt(x^2+1)), x)，求定积分 $\int_{\frac{\pi}{4}}^{\frac{\pi}{3}} \frac{x}{\sin^2 x}\mathrm{d}x$ 可使用的语句为 int(x/sin(x)^2,x,pi/4,pi/3).

3. 用 MATLAB 解线性规划问题(即线性函数极值求解)

线性函数的极值问题即是优化问题. 优化问题实际上就是：求目标函数 $f(\boldsymbol{x})$ 在未知变量 $\boldsymbol{x}=(x_1,x_2,\cdots,x_n)^{\mathrm{T}}$ 允许的范围 $\boldsymbol{x}\in\Omega$ 内的极小值或极大值问题. 其中 $\boldsymbol{x}\in\Omega$ 常用一组不等式(或等式) $g_i(\boldsymbol{x})\leqslant 0\ (i=1,2,\cdots,m)$ 来界定，称其为约束条件. 这类问题可统一表述为如下模型：

$$\min(\max) z = f(\boldsymbol{x}) \tag{1}$$

$$\text{s.t. } g_i(\boldsymbol{x}) \leqslant 0 \quad (i=1,2,\cdots,m) \tag{2}$$

由(1)、(2)组成的模型属于约束优化，只有(1)式的模型为无约束优化. 若目标函数 $f(\boldsymbol{x})$ 和约束条件中的 $g_i(\boldsymbol{x})$ 都是线性函数，则该模型称为线性规划. 目标函数和约束条件中至少有一个是非线性函数的最优化问题称为非线性规划问题.

用 MATLAB 软件求解线性规划模型问题的命令如下.

(1) x=linprog(c,A,b)

该命令用于求解模型：

$$\begin{cases}\min z = \boldsymbol{c}^{\mathrm{T}}\boldsymbol{x} \\ \text{s.t. } \boldsymbol{Ax} \leqslant \boldsymbol{b}\end{cases}$$

(2) x=linprog(c,A,b,Aeq,beq)

该命令用于求解模型：

$$\begin{cases}\min z = \boldsymbol{c}^{\mathrm{T}}\boldsymbol{x} \\ \text{s.t. } \begin{cases}\boldsymbol{Ax} \leqslant \boldsymbol{b} \\ \boldsymbol{Aeq}\cdot\boldsymbol{x} = \boldsymbol{beq}\end{cases}\end{cases}$$

若没有不等式约束 $\boldsymbol{Ax}\leqslant\boldsymbol{b}$，则令 $A=[\,]$，$\boldsymbol{b}=[\,]$.

(3) x=linprog(c,A,b,Aeq,beq,vlb,vub)

该命令用于求解模型：

$$\begin{cases} \min z = \boldsymbol{c}^{\mathrm{T}}\boldsymbol{x} \\ \text{s.t.} \begin{cases} \boldsymbol{Ax} \leqslant \boldsymbol{b} \\ \boldsymbol{Aeq} \cdot \boldsymbol{x} = \boldsymbol{beq} \\ \boldsymbol{vlb} \leqslant \boldsymbol{x} \leqslant \boldsymbol{vub} \end{cases} \end{cases}$$

若没有等式约束 $\boldsymbol{Aeq} \cdot \boldsymbol{x} = \boldsymbol{beq}$，则令 $\boldsymbol{Aeq}=[\,]$，$\boldsymbol{beq}=[\,]$.

例 11　最优广告投放方案.

一家公司想在电视、网络上做宣传广告，目的是争取尽可能多地影响顾客. 该公司进行了广告效果调查，下面是调查结果：

	电视		网络媒体	杂志
	白天	黄金时段		
每次广告费用(千元)	45	86	25	12
受每次广告影响顾客数(千人)	350	880	430	180
受每次广告影响女顾客数(千人)	260	450	160	100

公司希望总广告费用不超过 75 万元，同时，(1)受广告影响的女士超过 200 万；(2)电视广告费用不超过 45 万；(3)电视广告白天至少播出 4 次，黄金时段至少播出 2 次；(4)通过网络媒体和杂志做的广告要重复 5 到 8 次.

解　令 x_1、x_2、x_3、x_4 分别为白天电视、黄金时间电视、网络媒体、杂志广告的次数，于是广告费用的约束条件为

$45x_1+86x_2+25x_3+12x_4 \leqslant 750$

受广告影响的女顾客数的约束条件为

$260x_1+450x_2+160x_3+100x_4 \geqslant 2000$

电视广告的约束条件为

$45x_1+86x_2+0x_3+0x_4 \leqslant 450$

各种广告次数的约束条件为

$0x_1+0x_2+x_3+0x_4 \leqslant 8$，$0x_1+0x_2+0x_3+x_4 \leqslant 8$，$x_1 \geqslant 4$，$x_2 \geqslant 2$，$x_3 \geqslant 5$，$x_4 \geqslant 5$

潜在的顾客数为

$350x_1+880x_2+430x_3+180x_4$

故完整的线性规划为

$$\min z = -350x_1-880x_2-430x_3-180x_4$$

$$\text{s.t.}\quad 45x_1+86x_2+25x_3+12x_4 \leqslant 750$$

$$-260x_1-450x_2-160x_3-100x_4 \leqslant -2000$$

$$45x_1+86x_2+0x_3+0x_4\leqslant 450$$
$$0x_1+0x_2+x_3+0x_4\leqslant 8$$
$$0x_1+0x_2+0x_3+x_4\leqslant 8$$
$$x_1\geqslant 4,x_2\geqslant 2,x_3\geqslant 5,x_4\geqslant 5$$

利用 MATLAB 软件求解,编制程序如下:

```
c=[-350 -880 -430 -180];
A=[45 86 25 12;-260 -450 -160 -100;45 86 0 0;0 0 1 0;0 0 0 1];
b=[750;-2000;450;8;8];
vlb=[4;2;5;5];
[x,Fval]=linprog(c,A,b,[],[],vlb,[])
```

运行该程序,结果如下:

```
x =
   4.0000
   3.1395
   8.0000
   8.0000
Fval =
   -9.0428e+003
```

即白天电视、黄金时间电视、网络媒体、杂志广告的次数分别为 4 次、3 次、8 次、8 次,受广告影响最多潜在顾客数 9042800 人.

4. 用 MATLAB 解微分方程

(1) 求微分方程(组)的解析解

MATLAB 软件提供的求微分方程(组)解析解的指令是 dsolve,其完整的使用格式是:

```
dsolve('eqn1', ' eqn2' ,…)
```

其中,'eqn1', ' eqn2' ,…是方程的输入项,每一项包含三个部分:微分方程、初始条件、指定变量.若不指定变量,则默认小写字母 t 为独立变量.在表达微分方程时,用字母 D 表示求微分,D2、D3 等表示求高阶微分.若 y 是因变量,则用 Dny 表示 y 的 n 阶导数.例如,微分方程 $\frac{d^2y}{dx^2}=0$ 应表示为:D2y=0.

例 12 求 $y''=e^x$ 的通解以及满足初始条件 $y(0)=1,y'(0)=2$ 的特解.

解 在 MATLAB 软件的命令窗口执行命令

```
dsolve('D2y=exp(x)', 'x')
```

即可得到微分方程 $y''=e^x$ 的通解为

```
ans=exp(x)+C1*x+C2
```

其中,C1 和 C2 为两个独立的任意常数.

若在 MATLAB 软件的命令窗口执行命令

```
dsolve('D2y=exp(x)', 'y(0)=1', 'Dy(0)=2','x')
```

即可得到微分方程 $y''=e^x$ 满足初始条件 $y(0)=1, y'(0)=2$ 的特解为

```
ans=exp(x)+x
```

(2) 求微分方程(组)的数值解

在生产和科研中所处理的微分方程往往很复杂，且大多得不出一般解. 而实际中的初值问题,一般是要求得到解在若干个点上满足规定精确度的近似值,或者得到一个满足精确度要求的便于计算的表达式. 因此,研究常微分方程的数值解法是十分必要的.

对常微分方程 $\begin{cases} y'=f(x,y) \\ y(x_0)=y_0 \end{cases}$,其数值解是指由初始点 x_0 开始的若干个离散的 x 处的值,即对 $x_0<x_1<x_2<\cdots$,求出准确值 $y(x_1), y(x_2),\cdots$ 的相应近似值 y_1, $y_2,\cdots$. 其基本原理是,设 $x_{n+1}-x_n=h, n=0,1,2,\cdots$ 则可用离散化方法求解微分方程 $\begin{cases} y'=f(x,y) \\ y(x_0)=y_0 \end{cases}$,所采取的离散化方法主要有:

欧拉方法　若步长 h 较小,则用差商近似代替导数,即用 $\dfrac{y(x_{n+1})-y(x_n)}{h}$ 代替导数项 $y'(x)$,则有公式:$y(x_{n+1})\approx y(x_n)+hf[x_n, y(x_n)]$

用 $y(x_n)$ 的近似值 y_n 代入上式右端,记所得结果为 y_{n+1},即可导出计算公式

$y_{n+1}=y_n+hf(x_n, y_n), n=0,1,2,\cdots$

梯形方法　对方程 $y'=f(x,y)$ 两边由 x_n 到 x_{n+1} 积分,有

$$y(x_{n+1}) = y(x_n) + \int_{x_n}^{x_{n+1}} f[t, y(t)]\mathrm{d}t$$

对上式右端的积分用梯形公式,有

$$\int_{x_n}^{x_{n+1}} f[t,y(t)]\mathrm{d}t \approx \frac{h}{2}\{f[x_n, y(x_n)] + f[x_{n+1}, y(x_{n+1})]\}$$

将式中的 $y(x_n), y(x_{n+1})$ 分别用 y_n, y_{n+1} 代替,作为离散化的结果导出下列计算公式

$$y_{n+1} = y_n + \frac{h}{2}[f(x_n, y_n) + f(x_{n+1}, y_{n+1})]$$

这种方法称为梯形方法.

另一个常用的方法是龙格-库塔方法,这里不再赘述,读者可查阅有关参考资料.

用 MATLAB 软件求常微分方程数值解时所采用的函数有五个:ode45,

ode23,ode113,ode15s,ode23s,不同的函数代表不同的内部算法.其中 ode23 运用组合的$\frac{2}{3}$阶龙格-库塔-费尔贝格方法,而 ode45 运用组合的$\frac{4}{5}$阶龙格-库塔-费尔贝格方法,一般常用的函数是 ode45.

用 MATLAB 软件求常微分方程的数值解时所采用指令格式是:

```
[t,x]=solver('f',ts,x0,options)
```

其中,f 是由待解方程写成的 M 文件名;ts=[t0,tf],t0,tf 为自变量的初值和终值;x0 为函数的初值;options 用于设定误差限(缺省时设定相对误差 10^{-3},绝对误差 10^{-6}).

需要注意的是,在解含有 n 个未知数的方程组时,$\boldsymbol{x}_0$ 和 $\boldsymbol{x}$ 均为 n 维向量,M 文件中的待解方程组应以 $\boldsymbol{x}$ 的分量形式写出.另外,在使用 MATLAB 软件求微分方程的数值解时,高阶微分方程必须等价地变换成一阶微分方程组.

例 13 解微分方程$\begin{cases}\dfrac{\mathrm{d}^2x}{\mathrm{d}t^2}-1000(1-x^2)\dfrac{\mathrm{d}x}{\mathrm{d}t}-x=0\\ x(0)=2,x'(0)=0\end{cases}$.

解 首先将二阶微分方程等价地变换成一阶微分方程.通过重新定义两个新的变量来实现这种变换.

令 $y_1=x,y_2=y'_1$,则微分方程变换为以下方程组:

$$\begin{cases}y'_1=y_2\\ y'_2=1000(1-y_1^2)y_2-y_1\\ y_1(0)=2,y_2(0)=0\end{cases}$$

建立 M 文件 vdp1000.m 如下:

```
function dy=vdp1000(t,y)
dy=zeros(2,1);
dy(1)=y(2);
dy(2)=1000*(1-y(1)^2)*y(2)
-y(1);
```

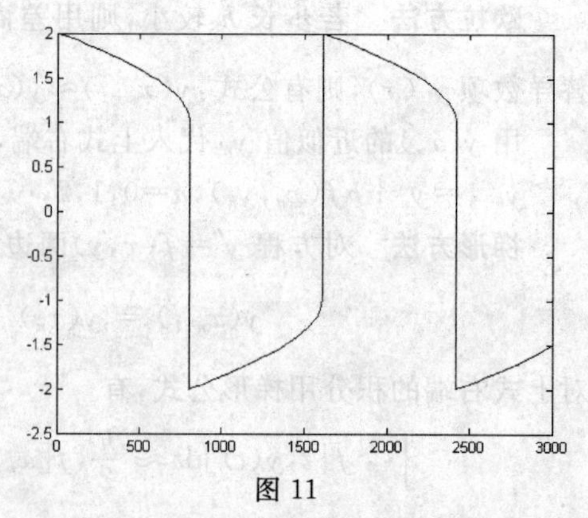

图 11

取 t0=0,tf=3000,输入命令:

```
[T,Y]=ode15s('vdp1000',[0 3000],[2 0]);
plot(T,Y(:,1),'-')
```

执行后得 x 与 t 的关系如图 11 所示.

例 14(目标跟踪问题) 设位于坐标原点的甲舰向位于 x 轴上点 $A(1,0)$处的乙舰发射导弹,导弹头始终对准乙舰.如果乙舰以最大的速度 v_0(常数)沿平行于 y 轴的直线行驶,导弹的速度是 $5v_0$,求导弹运行的曲线方程.乙舰行驶多远时,导弹将它击中?

解法 1(解析法)

如图 12 所示,假设 t 时刻导弹的位置为 $P[x(t),y(t)]$,乙舰位于 $Q(1,v_0t)$.

由于导弹头始终对准乙舰,故此时直线 PQ 就是导弹的轨迹曲线弧 OP 在点 P 处的切线,即有

$$y'=\frac{v_0t-y}{1-x}$$

即
$$v_0t=(1-x)y'+y$$

又根据题意,弧 OP 的长度为 $|AQ|$ 的 5 倍,

即
$$\int_0^x \sqrt{1+y'^2}\,\mathrm{d}x=5v_0t$$

由以上两式消去 t,整理得

$$(1-x)y''=\frac{1}{5}\sqrt{1+y'^2} \tag{3}$$

该问题的初值条件为:$y(0)=0,y'(0)=0$

解这个微分方程,其解即为导弹的运行轨迹

$$y=-\frac{5}{8}(1-x)^{\frac{4}{5}}+\frac{5}{12}(1-x)^{\frac{6}{5}}+\frac{5}{24}$$

当 $x=1$ 时 $y=\dfrac{5}{24}$,即当乙舰航行到点 $\left(1,\dfrac{5}{24}\right)$ 处时被导弹击中. 被击中时间为 $t=\dfrac{y}{v_0}=\dfrac{5}{24v_0}$. 若 $v_0=1$,则在 $t=0.21$ 时被击中.

编制 MATLAB 程序可以绘出导弹飞行的轨迹图形,如图 13 所示.

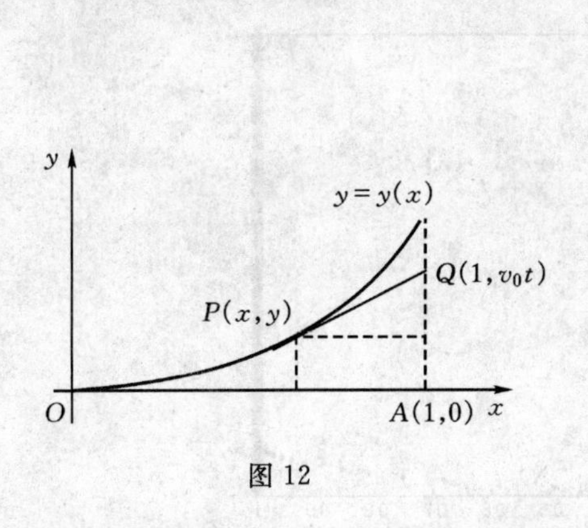

图 12

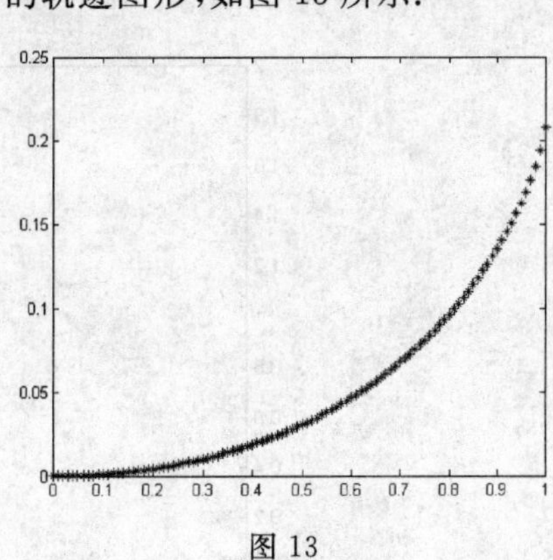

图 13

```
clear
x=0:0.01:1;
```

```
y=-5*(1-x)^(4/5)/8+5*(1-x)^(6/5)/12+5/24;
plot(x,y,'*')
```

解法 2(数值解法)

为了求得微分方程(3)的数值解，需将方程(3)化为一阶微分方程组，令 $y_1=y$, $y_2=y'_1$，则得

$$\begin{cases} y'_1 = y_2 \\ y'_2 = \dfrac{1}{5}\sqrt{1+y_1^2}/(1-x) \end{cases}$$

建立 M 文件 eq1. m

```
function dy=eq1(x,y)
dy=zeros(2,1);
dy(1)=y(2);
dy(2)=1/5*sqrt(1+y(1)^2)/(1-x);
```

取 x0=0,xf=0.9999,建立主程序 ff6. m 如下：

```
x0=0,xf=0.9999
[x,y]=ode15s('eq1',[x0 xf],[0 0]);
plot(x,y(:,1),'b.')
hold on
y=0:0.01:2;
plot(1,y,'b*')
```

运行程序可绘出导弹的轨迹如图 14 所示，从图中可得结论：导弹大致在(1,0.2)处击中乙舰.

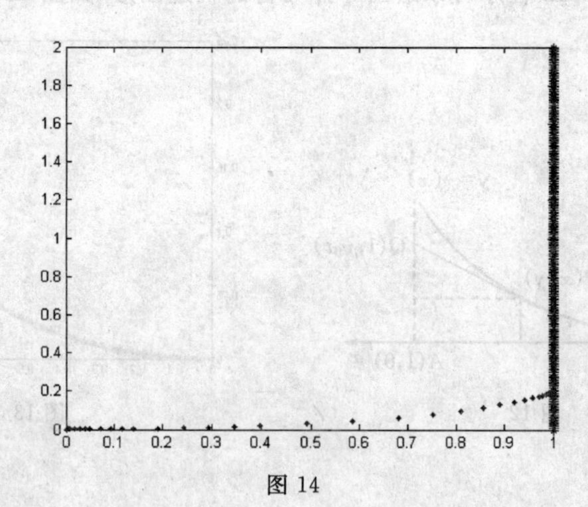

图 14

解法 3(建立参数方程求数值解)

设时刻 t 乙舰的坐标为$(X(t),Y(t))$,导弹的坐标为$(x(t),y(t))$. 设导弹速度恒为 w,则有

$$\left(\frac{\mathrm{d}x}{\mathrm{d}t}\right)^2+\left(\frac{\mathrm{d}y}{\mathrm{d}t}\right)^2=w^2$$

由于弹头始终对准乙舰,故导弹的速度平行于乙舰与导弹头位置的差向量,即

$$\begin{bmatrix}\dfrac{\mathrm{d}x}{\mathrm{d}t}\\[2ex]\dfrac{\mathrm{d}y}{\mathrm{d}t}\end{bmatrix}=\lambda\begin{bmatrix}X-x\\Y-y\end{bmatrix},\ \lambda>0$$

消去 λ 得

$$\begin{cases}\dfrac{\mathrm{d}x}{\mathrm{d}t}=\dfrac{w}{\sqrt{(X-x)^2+(Y-y)^2}}(X-x)\\[2ex]\dfrac{\mathrm{d}y}{\mathrm{d}t}=\dfrac{w}{\sqrt{(X-x)^2+(Y-y)^2}}(Y-y)\end{cases}$$

由于乙舰以速度 v_0 沿直线 $x=1$ 运动,设 $v_0=1$,则 $w=5$,$X=1$,$Y=t$. 于是

$$\begin{cases}\dfrac{\mathrm{d}x}{\mathrm{d}t}=\dfrac{5}{\sqrt{(1-x)^2+(t-y)^2}}(1-x)\\[2ex]\dfrac{\mathrm{d}y}{\mathrm{d}t}=\dfrac{5}{\sqrt{(1-x)^2+(t-y)^2}}(t-y)\\[2ex]x(0)=0,y(0)=0\end{cases}$$

用 MATLAB 软件解以上导弹运动轨迹的参数方程

首先建立 M 文件 eq2. m 如下:

```
function dy=eq2(t,y)
dy=zeros(2,1);
dy(1)=5*(1-y(1))/sqrt((1-y(1))^2+(t-y(2))^2);
dy(2)=5*(t-y(2))/sqrt((1-y(1))^2+(t-y(2))^2);
```

取 t0=0,tf=2,建立主程序 chase2. m 如下:

```
[t,y]=ode45('eq2',[0 2],[0 0]);
Y=0:0.01:2;
plot(1,Y,'-'), hold on
plot(y(:,1),y(:,2),'*')
```

程序运行结果如图 15 所示,结果显示,导弹大致在(1,0.2)处击中乙舰,与前面的结论一致.

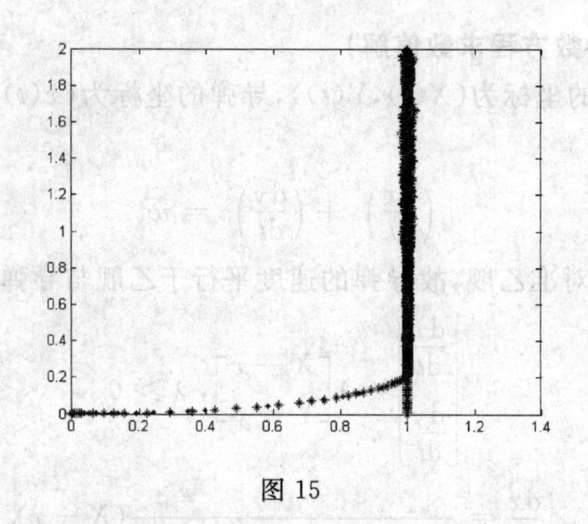

图 15

5. 用 MATLAB 作曲线拟合

曲线拟合就是计算出两组数据之间的一种函数关系,由此可描绘其变化曲线及估计非采集数据对应的变量信息. 即已知一组(二维)数据,即平面上 n 个点 (x_i,y_i),$i=1,2,\cdots,n$,寻求一个函数(曲线)$y=f(x)$,使 $f(x)$ 在某种准则下与所有数据点最为接近,即曲线拟合地最好.

曲线拟合问题最常用的解法是线性最小二乘法,其基本思路是:

先选定一组函数 $r_1(x),r_2(x),\cdots,r_m(x)$,$m<n$,令

$$f(x)=a_1r_1(x)+a_2r_2(x)+\cdots+a_mr_m(x)$$

其中 $a_1,a_2,\cdots,a_m$ 为待定系数.

确定 $a_1,a_2,\cdots,a_m$ 的准则(最小二乘准则)的基本原理:使 n 个点 (x_i,y_i) 与曲线 $y=f(x)$ 的距离 δ_i 的平方和最小.

若记 $J(a_1,a_2,\cdots,a_m)=\sum\limits_{i=1}^{n}\delta_i^2=\sum\limits_{i=1}^{n}[f(x_i)-y_i]^2=\sum\limits_{i=1}^{n}[\sum\limits_{k=1}^{m}a_kr_k(x_i)-y_i]^2$

则问题归结为,求 $a_1,a_2,\cdots,a_m$ 使 $J(a_1,a_2,\cdots,a_m)$ 最小.

曲线拟合有多种方式,下面仅简要介绍多项式曲线拟合.

用 MATLAB 作多项式 $f(x)=a_1x^m+a_2x^{m-1}+\cdots+a_m(x)+a_{m+1}$ 拟合,可利用指令

```
a=polyfit(x,y,m)
```

其中 x,y 为数据点,m 为拟合多项式的次数.

例 15 由离散数据

x	0	.1	.2	.3	.4	.5	.6	.7	.8	.9	1
y	.3	.5	1	1.4	1.6	1.9	.6	.4	.8	1.5	2

拟合出三次多项式.

解　编制 MATLAB 程序如下：

```
x=0:.1:1;
y=[.3 .5 1 1.4 1.6 1.9 .6 .4 .8 1.5 2];
n=3;
p=polyfit(x,y,n)
xi=linspace(0,1,100);
z=polyval(p,xi); % 多项式求值
plot(x,y,'o',xi,z,'k:',x,y,'b')
legend('原始数据','3 阶曲线')
```

运行结果为

```
p =
  16.7832  -25.7459  10.9802  -0.0035
```

所以,拟合的三次多项式为:$16.7832x^3-25.7459x^2+10.9802x-0.0035$.曲线拟合图形如图 16 所示.

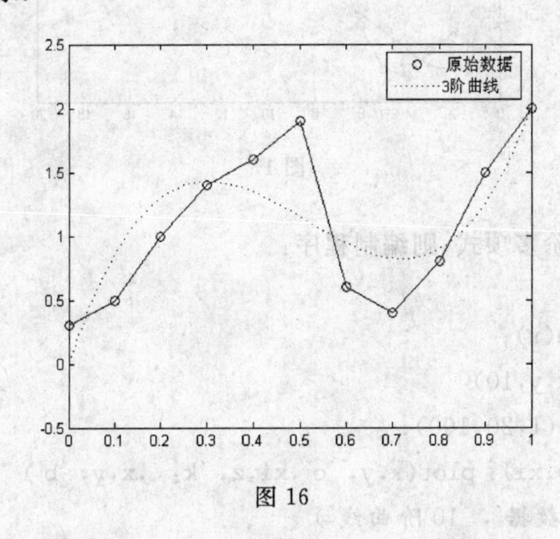

图 16

在进行拟合时,所需要的数据也可能是由已知函数给出的.

例 16　在区间[1,20]上将函数 $y=x+3\sin x$ 分别拟合为六次多项式和十次多项式.

解　编制 MATLAB 程序如下：

```
x=1:20;
y=x+3*sin(x);
p=polyfit(x,y,6)
```

```
xi=linspace(1,20,100);
z=polyval(p,xi);
plot(x,y,'o',xi,z,'k:',x,y,'b')
legend('原始数据','6次曲线')
```

程序运行结果为：

p =

0.0000　−0.0021　0.0505　−0.5971　3.6472　−9.7295　11.3304

曲线拟合图形如图 17 所示.

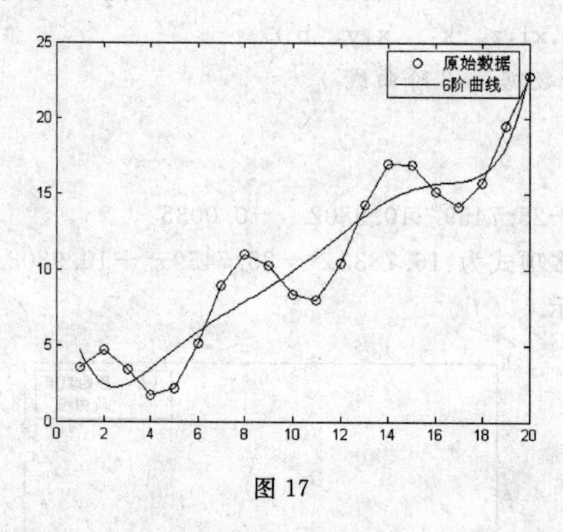

图 17

若拟合为 10 阶多项式,则编制程序：

```
x=1:20;
y=x+3*sin(x);
p=polyfit(x,y,10)
xi=linspace(1,20,100);
z=polyval(p,xi); plot(x,y,'o',xi,z,'k:',x,y,'b')
legend('原始数据','10阶曲线')
```

运行结果为

p =

0.0000　−0.0000　0.0004　−0.0114　0.1814　−1.8065　11.2360　−42.0861　88.5907　−92.8155　40.2671

曲线拟合图形如图 18 所示.

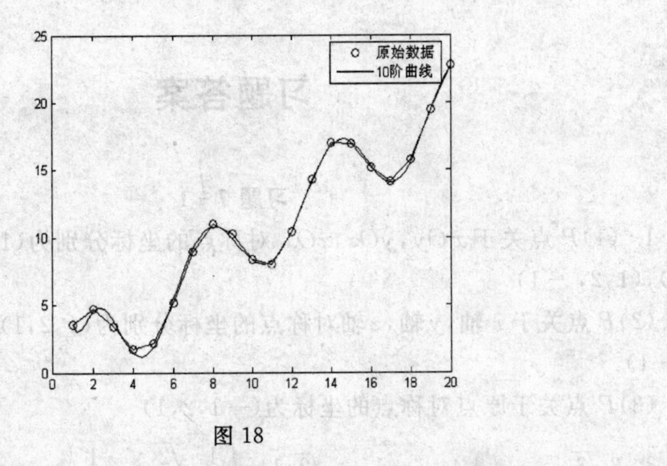

图 18

由图 17 和图 18 可知，用十次多项式拟合的效果比六次多项式要好得多. 但需要说明的是，在进行曲线拟合时，并不一定是多项式的次数越高拟合的就越好.

习题答案

习题 7－1

1. (1)P 点关于 xOy，yOz，zOx 对称点的坐标分别为$(1,-2,1)$，$(-1,-2,-1)$，$(1,2,-1)$

(2)P 点关于 x 轴，y 轴，z 轴对称点的坐标分别为$(1,2,1)$，$(-1,-2,1)$，$(-1,2,-1)$

(3)P 点关于原点对称点的坐标为$(-1,2,1)$

3. $3\sqrt{3}$　　4. $\{-1,-\sqrt{2},1\}$，$\left\{\frac{1}{2},\frac{\sqrt{2}}{2},-\frac{1}{2}\right\}$

5. -9，$-\frac{9\sqrt{35}}{70}$　　6. $-\boldsymbol{i}-4\boldsymbol{j}-2\boldsymbol{k}$，$\frac{1}{\sqrt{21}}(-\boldsymbol{i}-4\boldsymbol{j}-2\boldsymbol{k})$

7. $z=-4$，最小角$\frac{\pi}{4}$

习题 7－2

1. $2x+y-z-5=0$　2. $5x+11y+z-4=0$　3. $14x+9y-z-15=0$

4. $2x-y-3z=0$　5. $x+\sqrt{26}y+3z-3=0$ 或 $x-\sqrt{26}y+3z-3=0$

6. $k=\pm 2$　7. $5x+7y+11z-8=0$

8. 直线的对称式：$\frac{x}{-11}=\frac{y-2}{17}=\frac{z-1}{13}$，参数式：$\begin{cases}x=-11t\\ y=2+17t\\ z=1+13t\end{cases}$

10. (1) 直线与平面平行但不相交　(2) 直线在平面上.

习题 7－3

1. (1)$a=\pm 2$　(2) $x^2+y^2+z^2-2x-6y+4z=0$　(3)$z^2+y^2=5x$

2. $4x+4y+10z-63=0$

3. (1) yOz 面上曲线 $z=2y^2$ 绕 z 轴旋转；(2) xOy 面上曲线$\frac{x^2}{9}+\frac{y^2}{4}=1$绕 x 轴旋转；

5. 与 xOy 平面的交线$\begin{cases}y=\frac{x^2}{a^2}\\ z=0\end{cases}$；　与 xOz 平面的交线$\begin{cases}\frac{x^2}{a^2}-\frac{z^2}{c^2}=0\\ y=0\end{cases}$；

与 yOz 平面的交线 $\begin{cases} y = -\dfrac{z^2}{c^2} \\ x = 0 \end{cases}$

6. $\begin{cases} x = a\cos t \\ y = a\sin t \\ z = a^2\cos 2t \end{cases} \quad (0 \leqslant x \leqslant 2\pi)$ 7. $\begin{cases} x + y = a \\ (x-y)^2 + z^2 = a^2 \end{cases}$

8. $\begin{cases} (x+\dfrac{1}{2})^2 + (y+\dfrac{1}{2})^2 = \dfrac{3}{2} \\ z = 2 \end{cases}$

9. $x^2 + y^2 \leqslant ax \quad (a > 0)$； $x^2 + z^2 \leqslant ax \quad (x \geqslant 0, z \geqslant 0)$

习题 8－1

1. (1) $D(f) = \{(x,y) \mid x \geqslant 0, -\infty < y < +\infty\}$

(2) $D(f) = \{(x,y) \mid |x| \leqslant 1, |y| \geqslant 1\}$

(3) $D(f) = \{(x,y) \mid \dfrac{x^2}{a^2} + \dfrac{y^2}{b^2} \leqslant 1\}$

(4) $D(f) = \{(x,y) \mid y - x > 0, x \geqslant 0, x^2 + y^2 < 1\}$

(5) $D(f) = \{(x,y) \mid r^2 < x^2 + y^2 + z^2 \leqslant R^2\}$

2. $f(x,y) = \dfrac{x^2 - xy}{2}$ 3. $f(tx,ty) = t^2 f(x,y)$ 4. 不存在

5. (1) 1，(2) $\dfrac{1}{2}$，(3) 0，(4) 4 6. $\{(x,y) \mid y^2 - 2x = 0\}$ 7. 不连续

习题 8－2

1. (1) $\left.\dfrac{\partial z}{\partial x}\right|_{(1,2)} = -3$，$\left.\dfrac{\partial z}{\partial y}\right|_{(1,2)} = 9$ (2) $\left.\dfrac{\partial z}{\partial x}\right|_{(1,1)} = 1$，$\left.\dfrac{\partial z}{\partial y}\right|_{(1,1)} = -1$

(3) $\left.\dfrac{\partial z}{\partial x}\right|_{(0,1)} = \left.\dfrac{\partial z}{\partial y}\right|_{(1,0)} = 0$ (4) $\left.\dfrac{\partial z}{\partial x}\right|_{(-1,-1)} = -1$，$\left.\dfrac{\partial z}{\partial y}\right|_{(1,1)} = 1$

2. (1) $\dfrac{\partial z}{\partial x} = \cot(x-2y)$，$\dfrac{\partial z}{\partial y} = -2\cot(x-2y)$

(2) $\dfrac{\partial z}{\partial x} = \dfrac{e^y}{y^2}$，$\dfrac{\partial z}{\partial y} = \dfrac{xe^y(y-2)}{y^3}$

(3) $\dfrac{\partial z}{\partial x} = (xy+1)^x[\ln(xy+1) + \dfrac{xy}{xy+1}]$，$\dfrac{\partial z}{\partial y} = x^2(xy+1)^{x-1}$

3. $f_x(0,0) = 0$，$f_y(0,0) = 0$

5. (1) $\dfrac{\partial^2 z}{\partial x^2} = 12x^2 - 8y^2$，$\dfrac{\partial^2 z}{\partial y^2} = 12y^2 - 8x^2$，$\dfrac{\partial^2 z}{\partial x \partial y} = -16xy$

(2) $\frac{\partial^2 z}{\partial x^2}=2a^2\cos 2(ax+by)$, $\frac{\partial^2 z}{\partial y^2}=2b^2\cos 2(ax+by)$,

$$\frac{\partial^2 z}{\partial x\partial y}=2ab\cos 2(ax+by)=\frac{\partial^2 z}{\partial y\partial x}$$

(3) $\frac{\partial^2 z}{\partial x^2}=y^x\ln^2 y$, $\frac{\partial^2 z}{\partial y^2}=x(x-1)y^{x-2}$, $\frac{\partial^2 z}{\partial x\partial y}=y^{x-1}(1+x\ln y)$

6. $f_{xy}(0,1)=-1$ 　 8. $-2e^{-x^2y^2}$

9. $f_{xx}(0,0,1)=2$, 　$f_{xz}(1,0,2)=2$

习题 8-3

1. (1) $dz=[\ln(x+y)+\frac{x}{x+y}]dx+\frac{x}{x+y}dy$

(2) $dz=2e^{x^2+y^2}(xdx+ydy)$

(3) $dz=\frac{1}{1+x^2y^2}(ydx+xdy)$ 　 (4) $dz=\frac{1}{x^2+y^2}(xdx+ydy)$

(5) $du=(y+z)dx+(x+z)dy+(y+x)dz$

2. $dz=\frac{1}{3}dx+\frac{2}{3}dy$ 　 3. $\Delta z=-0.119$, $dz=-0.125$

4. 2.95 　 5. 55.3 cm^3

习题 8-4

1. $\frac{\partial z}{\partial x}=4x$, $\frac{\partial z}{\partial y}=4y$.

2. $\frac{\partial z}{\partial x}=\frac{2x}{y^2}\ln(3x-2y)+\frac{3x^2}{(3x-2y)y^2}$,

$$\frac{\partial z}{\partial y}=-\frac{2x}{y^3}\ln(3x-2y)-\frac{2x^2}{(3x-2y)y^2}.$$

3. $e^{\sin t-2t^2}(\cos t-6t^2)$ 　 4. $\frac{3(1-4t^2)}{\sqrt{1-(3t-4t^3)^2}}$ 　 5. $\frac{e^x(1+x)}{1+x^2e^{2x}}$

6. $e^{ax}\sin x$ 　 8. $x\frac{\partial z}{\partial x}+y\frac{\partial z}{\partial y}=z+xy$

9. $\frac{\partial^2 z}{\partial y\partial x}=3x^2f'_1+x^3yf''_{11}+f'_2-\frac{y}{x}f''_{22}$ 　 10. $-\frac{\sin y+ye^x}{x\cos y+e^x}$

11. $\frac{\partial z}{\partial x}=\frac{yz}{e^z-xy}$, $\frac{\partial z}{\partial y}=\frac{xz}{e^z-xy}$.

12. (1) $\frac{\partial^2 z}{\partial x^2}=y^2f''_{11}$, $\frac{\partial^2 z}{\partial x\partial y}=f'_1+y(xf''_{11}+f''_{12})$,

$$\frac{\partial^2 z}{\partial y^2}=x^2f''_{11}+2xf''_{12}+f''_{22}$$

(2) $\frac{\partial^2 z}{\partial x^2}=f''_{11}+\frac{2}{y}f''_{12}+\frac{1}{y^2}f''_{22}$，$\frac{\partial^2 z}{\partial x\partial y}=-\frac{x}{y^2}(f''_{12}+\frac{1}{y}f''_{22})-\frac{1}{y^2}f'_2$，

$\frac{\partial^2 z}{\partial y^2}=\frac{2x}{y^3}f'_2+\frac{x^2}{y^4}f''_{22}$

(3) $\frac{\partial^2 z}{\partial x^2}=y^4 f''_{11}+4xy^3 f''_{12}+4x^2y^2f''_{22}+2yf'_2$

$\frac{\partial^2 z}{\partial x\partial y}=2xy^3f''_{11}+5x^2y^2f''_{12}+2x^3yf''_{22}+2yf'_1+2xf'_2$

$\frac{\partial^2 z}{\partial y^2}=4x^2y^2f''_{11}+4x^3yf''_{12}+x^4f''_{22}+2xf'_1$

(4) $\frac{\partial^2 z}{\partial x^2}=\cos^2 xf''_{11}+2e^{x+y}\cos xf''_{13}+e^{2(x+y)}f''_{33}-\sin xf'_1+e^{x+y}f'_3$

$\frac{\partial^2 z}{\partial x\partial y}=-\cos x\sin yf''_{12}+e^{x+y}\cos xf''_{13}-e^{x+y}\sin yf''_{32}+e^{2(x+y)}f''_{33}+e^{x+y}f'_3$

$\frac{\partial^2 z}{\partial y^2}=\sin^2 yf''_{22}-2e^{x+y}\sin yf''_{23}+e^{2(x+y)}f''_{33}-\cos yf'_2+e^{x+y}f'_3$

习题 8-5

1. 切线方程：$\frac{x-(\frac{\pi}{2}-1)}{1}=\frac{y-1}{1}=\frac{z-2\sqrt{2}}{\sqrt{2}}$，

法平面方程：$x+y+\sqrt{2}z=\frac{\pi}{2}+4$

2. 切线方程：$\frac{x-\frac{1}{2}}{1}=\frac{y-2}{-4}=\frac{z-1}{8}$，

法平面方程：$2x-8y+16z-1=0$

3. 切线方程：$\frac{x-x_0}{1}=\frac{y-y_0}{\frac{m}{y_0}}=\frac{z-z_0}{-\frac{1}{2z_0}}$，

法平面方程：$(x-x_0)+\frac{m}{y_0}(y-y_0)-\frac{1}{2z_0}(z-z_0)=0$

4. $M_1(-1,1,-1)$ 及 $M_2\left(-\frac{1}{3},\frac{1}{9},-\frac{1}{27}\right)$

5. 切平面方程：$x+2y-4=0$，法线方程：$\begin{cases}\frac{x-2}{1}=\frac{y-1}{2}\\ z=0\end{cases}$

6. 切平面方程：$ax_0x+by_0y+cz_0z=1$，法线方程：$\frac{x-x_0}{ax_0}=\frac{y-y_0}{by_0}=\frac{z-z_0}{cz_0}$

7. 切平面方程:$x - y + 2z = \pm\sqrt{\dfrac{11}{2}}$　　8. $\cos\gamma = \dfrac{3}{\sqrt{22}}$

10. $1 + 2\sqrt{3}$　　11. $\dfrac{\sqrt{2}}{3}$　　12. $\dfrac{1}{ab}\sqrt{2(a^2 + b^2)}$　　13. $\dfrac{6\sqrt{14}}{7}$

14. $\mathrm{grad} f(0,0,0) = 3\boldsymbol{i} - 2\boldsymbol{j} - 6\boldsymbol{k}$, $\mathrm{grad} f(1,1,1) = 6\boldsymbol{i} + 3\boldsymbol{j}$

16. $\mathrm{grad} u = 2\boldsymbol{i} - 4\boldsymbol{j} + \boldsymbol{k}$ 是方向导数取最大值的方向,此方向导数的最大值为 $|\mathrm{grad} u| = \sqrt{21}$.

习题 8 - 6

1. 极大值:$f(2, -2) = 8$　　2. 极大值:$f(3,2) = 36$

3. 极小值:$f(\dfrac{1}{2}, -1) = -\dfrac{\mathrm{e}}{2}$　　4. 极大值:$z(\dfrac{1}{2}, \dfrac{1}{2}) = \dfrac{1}{4}$

5. 该直角三角形是等腰三角形,且两腰长为 $l/\sqrt{2}$ 时,周长最大.

6. 当长、宽都是 $\sqrt[3]{2k}$ 时,表面积最小.　　7. $(\dfrac{8}{5}, \dfrac{16}{5})$

8. 当矩形的边长为 $2p/3$ 及 $p/3$ 时,绕短边旋转所得圆柱体体积最大.

9. 当长、宽、高都是 $2a/\sqrt{3}$ 时,可得最大的体积.

10. 最长距离为 $\sqrt{9 + 5\sqrt{3}}$,最短距离为 $\sqrt{9 - 5\sqrt{3}}$.

习题 9 - 1

2. $Q = \iiint\limits_{\Omega} f(x,y,z)\mathrm{d}v$　　4. $I_1 = 4I_2$

5. (1) $\iint\limits_{D}(x+y)^2\mathrm{d}\sigma \geqslant \iint\limits_{D}(x+y)^3\mathrm{d}\sigma$; (2) $\iint\limits_{D}\ln(x+y)\mathrm{d}\sigma \leqslant \iint\limits_{D}[\ln(x+y)]^2\mathrm{d}\sigma$;

6. (1) $0 \leqslant I \leqslant 64$;　(2) $0 \leqslant I \leqslant \pi^2$;　(3) $36\pi \leqslant I \leqslant 52\pi$.

习题 9 - 2

1. (1) $I = \int_{-r}^{r}\mathrm{d}x\int_{0}^{\sqrt{r^2-x^2}} f(x,y)\mathrm{d}y = \int_{0}^{r}\mathrm{d}y\int_{-\sqrt{r^2-y^2}}^{\sqrt{r^2-y^2}} f(x,y)\mathrm{d}x$;

(2) $I = \int_{0}^{4}\mathrm{d}x\int_{x}^{2\sqrt{x}} f(x,y)\mathrm{d}y = \int_{0}^{4}\mathrm{d}y\int_{\frac{y^2}{4}}^{y} f(x,y)\mathrm{d}x$.

2. (1) $\dfrac{8}{3}$;　(2) $\dfrac{20}{3}$;　(3) $\dfrac{6}{55}$; (4) $\dfrac{1}{2}(1 - \cos 2)$;

(5) $I = \pi(2\ln 2 - 1)$;　(6) $\mathrm{e} - \mathrm{e}^{-1}$;　(7) $\dfrac{1}{2}$;　(8) $\dfrac{32}{3}$.

4. (1) $\int_{0}^{1}\mathrm{d}x\int_{x}^{1} f(x,y)\mathrm{d}y$;　(2) $\int_{0}^{4}\mathrm{d}x\int_{\frac{x}{2}}^{\sqrt{x}} f(x,y)\mathrm{d}y$;

(3) $\int_{-1}^{1}\mathrm{d}x\int_{0}^{\sqrt{1-x^2}}f(x,y)\mathrm{d}y$； (4) $\int_{0}^{1}\mathrm{d}y\int_{\mathrm{e}^y}^{\mathrm{e}}f(x,y)\mathrm{d}x$.

5. $\frac{4}{3}$. 6. $V=\iint\limits_{x^2+y^2\leqslant 1}|1-x-y|\,\mathrm{d}x\mathrm{d}y$. 7. $\frac{17}{6}$. 8. 6π.

9. (1) $\int_{-\frac{\pi}{2}}^{\frac{\pi}{2}}\mathrm{d}\theta\int_{0}^{2a\cos\theta}f(r\cos\theta,r\sin\theta)r\mathrm{d}r$； (2) $\int_{0}^{2\pi}\mathrm{d}\theta\int_{a}^{b}f(r\cos\theta,r\sin\theta)r\mathrm{d}r$.

10. (1) $\frac{3}{4}\pi a^4$ (2) $\frac{32}{9}a^3$

11. (1) $\pi(\mathrm{e}^4-1)$ (2) 16 (3) $\frac{3}{64}\pi^2$ (4) $\frac{45\pi}{2}$

12. (1) $\frac{9}{4}$ (2) $\frac{\pi}{8}(\pi-2)$ (3) $\frac{2}{3}\pi(b^3-a^3)$

15. $\frac{1}{40}\pi^5$ 16. $\frac{R^3}{3}\arctan k$

习题 9－3

1. $\frac{3}{2}$.

2. (1) $\int_{0}^{1}\mathrm{d}x\int_{0}^{1-x}\mathrm{d}y\int_{0}^{xy}f(x,y,z)\mathrm{d}z$； (2) $\int_{-1}^{1}\mathrm{d}x\int_{-\sqrt{1-x^2}}^{\sqrt{1-x^2}}\mathrm{d}y\int_{x^2+y^2}^{1}f(x,y,z)\mathrm{d}z$.

3. 1 4. $\frac{1}{48}$ 5. $\frac{1}{2}\left(\ln 2-\frac{5}{8}\right)$

6. (1) $\frac{1}{8}$ (2) $\frac{8}{15}\pi$ (3) $\frac{208}{15}\pi$

7. (1) $\frac{4\pi}{5}$ (2) $\frac{1}{4}\pi R^4$ 8. (1) $\frac{1}{8}$ (2) $\frac{32\pi}{15}$ 9. $\frac{32\pi}{3}$ 10. $k\pi R^4$

习题 9－4

1. $2a^2(\pi-2)$. 2. $16R^2$. 3. $\frac{1}{2}\sqrt{a^2b^2+b^2c^2+c^2a^2}$.

4. $\bar{x}=\frac{3}{5}x_0$；$\bar{y}=\frac{3}{8}y_0$. 5. $\bar{x}=\frac{2}{5}a$，$\bar{y}=\frac{2}{5}a$. 6. $(0,0,\frac{3}{4})$.

7. $(0,0,\frac{5}{4}R)$. 8. $I_x=\frac{72}{5}$，$I_y=\frac{96}{7}$. 9. $\frac{1}{12}M(3R^2+4H^2)$.

习题 10－1

1. $2\pi a^{2n+1}$ 2. $\sqrt{2}$ 3. $\frac{1}{12}(5\sqrt{5}+6\sqrt{2}-1)$

4. $\mathrm{e}^a(2+\frac{\pi}{4}a)-2$ 5. $\frac{\sqrt{3}}{2}(1-\mathrm{e}^{-2})$ 6. $2\pi^2a^3(1+2\pi^2)$

7. (1) $I_x=\int_L y^2\mu(x,y)\mathrm{d}s$, $I_y=\int_L x^2\mu(x,y)\mathrm{d}s$

(2) $\bar{x}=\dfrac{\int_L x\mu(x,y)\mathrm{d}s}{\int_L \mu(x,y)\mathrm{d}s}$, $\bar{y}=\dfrac{\int_L y\mu(x,y)\mathrm{d}s}{\int_L \mu(x,y)\mathrm{d}s}$

8. $\dfrac{13}{3}+\dfrac{25}{36}\ln 5$.　　9. 质心在扇形对称轴上且与圆心距离为$\dfrac{a\sin\varphi}{\varphi}$处.

习题 10－2

1. (1) $\dfrac{34}{3}$　(2) 11　(3) 14　(4) $\dfrac{32}{3}$　2. 0　3. $-\dfrac{56}{15}$　4. -2π

5. $\dfrac{k^3\pi^3}{3}-a^2\pi$　6. 13　7. $-\dfrac{14}{15}$　8. $\dfrac{k}{2}(a^2-b^2)$

9. $mg(z_2-z_1)$　10. $W=x_1y_1z_1$, $M\left(\dfrac{a}{\sqrt{3}},\dfrac{b}{\sqrt{3}},\dfrac{c}{\sqrt{3}}\right)$

习题 10－3

1. 12　2. $\dfrac{\pi^2}{4}$　3. $\dfrac{3\pi a^2}{8}$　4. $-\pi$　5. π　6. $\dfrac{5}{2}$　7. 5

8. (1) $\dfrac{1}{2}x^2+2xy+\dfrac{1}{2}y^2$　(2) x^2y　(3) $y^2\sin x+x^2\cos y$

习题 10－4

1. $I_x=\iint\limits_{\Sigma}(y^2+z^2)\mu(x,y,z)\mathrm{d}S$　2. (1) $\dfrac{13}{3}\pi$　(2) $\dfrac{149}{30}\pi$　(3) $\dfrac{111}{10}\pi$

3. (1) 1　(2) $-\dfrac{27}{4}$　(3) $\pi a(a^2-h^2)$

4. $\dfrac{1+\sqrt{2}}{2}\pi$　5. 9π　6. $\dfrac{2\pi}{15}(6\sqrt{3}+1)$　7. $\left(0,0,\dfrac{4a}{3\pi}\right)$

习题 10－5

2. $\dfrac{2}{105}\pi R^7$　3. $\dfrac{3}{2}\pi$　4. $\dfrac{1}{8}$　5. $\dfrac{29}{20}\pi a^5$

6. $\dfrac{12}{5}\pi a^5$　7. $\dfrac{2}{5}\pi a^5$　8. 81π

习题 11－1

1. (1) $\dfrac{n}{1+n^2}$　(2) $\dfrac{(-1)^n(n+2)}{n^2}$　(3) $\dfrac{1\times 3\times 5\times\cdots\times(2n-1)}{1\times 2\times 3\times\cdots\times(n+1)}$

(4) $\dfrac{x^{\frac{n}{2}}}{2\times 4\times \cdots \times (2n)}$

2. (1) $1,-\dfrac{2}{3},\dfrac{4}{9},-\dfrac{8}{27},\dfrac{16}{81}$ (2) $s_1=1,s_2=\dfrac{1}{3},s_3=\dfrac{7}{9},s_4=\dfrac{13}{27},s_5=\dfrac{55}{81}$

(3) $s_n=\dfrac{3}{5}\left[1-\left(-\dfrac{2}{3}\right)^n\right]$ (4) $s=\dfrac{3}{5}$

3. (1) 收敛,$s=\dfrac{1}{2}$ (2) 发散

4. (1) 发散 (2) 发散 (3) 收敛 (4) 收敛 (5) 发散 (6) 发散

5. (1) 收敛 (2) 发散 (3) 收敛 (4) 发散

6. (1) 发散 (2) 收敛 (3) 收敛 (4) 发散

7. (1) 收敛 (2) 收敛 (3) 收敛 (4) 发散

8. (1) 发散 (2) 收敛 (3) 发散 (4) 收敛 (5) 发散 (6) 发散

10. (1) 条件收敛 (2) 绝对收敛 (3) 条件收敛 (4) 条件收敛 (5) 发散 (6) 条件收敛 (7) 绝对收敛 (8) 绝对收敛

习题 11－2

1. (1) 收敛半径 $R=1$,收敛区域为$(-1,1)$ (2) 收敛半径 $R=2$,收敛区域为$[-2,2]$

(3) 收敛半径 $R=4$,收敛区域为$(-4,4)$ (4) 收敛半径 $R=+\infty$,收敛区域为$(-\infty,+\infty)$

(5) 收敛半径 $R=+\infty$,收敛区域为$(-\infty,+\infty)$

(6) 收敛半径 $R=\dfrac{1}{3}$,收敛区域为$\left[-\dfrac{4}{3},-\dfrac{1}{3}\right)$

(7) 收敛半径 $R=1$,收敛区域为$(-1,1)$

(8) 收敛半径 $R=1$,收敛区域为$[-1,1]$

2. (1) $\dfrac{1}{2}\ln\dfrac{1+x}{1-x}$ $(|x|<1)$ (2) $\dfrac{x}{(1-x)^2}$ $(|x|<1)$

(3) $\dfrac{2x}{(1-x)^3}$ $(|x|<1)$

(4) $$\sum_{n=1}^{\infty}\frac{x^n}{n(n+1)}=\begin{cases}\dfrac{1-x}{x}\ln(1-x)+1, & -1\leqslant x<1,\text{且 } x\neq 0\\ 1, & x=1\\ 0, & x=0\end{cases}$$

(5) $s(x)=\begin{cases}-\dfrac{(1-x)^2}{2x^2}\ln(1-x)-\dfrac{1}{2x}+\dfrac{3}{4}, & 0<|x|<1\\ \dfrac{1}{4}, & x=1\\ 2\ln\dfrac{1}{2}+\dfrac{5}{4}, & x=-1\\ 0, & x=0\end{cases}$

习题 11-3

1. (1) $2\ln 2+\sum\limits_{n=1}^{\infty}(-1)^{n-1}\dfrac{x^n}{n\cdot 4^n}$, $(-4<x\leqslant 4)$

(2) $\sum\limits_{n=1}^{\infty}(-1)^{n+1}\dfrac{2^{2n-1}}{(2n)!}x^{2n}$, $(-\infty<x<+\infty)$

(3) $\sum\limits_{n=0}^{\infty}\dfrac{x^n}{3^{n+1}}$, $(-3<x<3)$

(4) $\sum\limits_{n=0}^{\infty}(-1)^n\dfrac{x^{n+1}}{n!}$, $(-\infty<x<+\infty)$

(5) $\dfrac{1}{3}\sum\limits_{n=0}^{\infty}(2^n+(-1)^{n+1})x^n$, $(-\dfrac{1}{2}<x<\dfrac{1}{2})$

(6) $x+\sum\limits_{n=1}^{\infty}(-1)^n\dfrac{2(2n)!}{(n!)^2}(\dfrac{x}{2})^{2n+1}$, $(-1<x\leqslant 1)$

2. $\ln 3+\sum\limits_{n=1}^{\infty}(-1)^{n-1}\dfrac{(x-2)^n}{n\cdot 3^n}$, $(-1<x\leqslant 5)$

3. $\dfrac{1}{2}\sum\limits_{n=0}^{\infty}(-1)^n\left[\dfrac{(x+\frac{\pi}{3})^{2n}}{(2n)!}+\sqrt{3}\dfrac{(x+\frac{\pi}{3})^{2n+1}}{(2n+1)!}\right]$, $(-\infty<x<+\infty)$

4. $\sum\limits_{n=0}^{\infty}\left(1-\dfrac{1}{2^{n+1}}\right)(x+4)^n$, $(-5<x\leqslant -3)$

5. $x+\sum\limits_{n=1}^{\infty}(-1)^{n-1}\dfrac{x^{n+1}}{n(n+1)}$, $(-1<x\leqslant 1)$

6. $\sin 9^\circ\approx 0.15643$　　7. 0.5205

习题 11-4

1. (1) $f(x)=\dfrac{\pi}{2}-\dfrac{4}{\pi}\sum\limits_{n=1}^{\infty}\dfrac{\cos(2n-1)x}{(2n-1)^2}$, $(-\infty<x<+\infty)$

(2) $f(x)=\dfrac{18\sqrt{3}}{\pi}\sum\limits_{n=1}^{\infty}\dfrac{(-1)^{n+1}}{9n^2-1}\sin nx$, $(-\infty<x<+\infty, x\neq(2k-1)\pi, k\in Z)$

(3) $f(x)=\frac{\pi}{2}+\sum_{n=1}^{\infty}\frac{(-1)^n}{n}\sin nx$，$(-\infty<x<+\infty, x\neq(2k-1)\pi, k\in Z)$

(4) $f(x)=\frac{1}{\pi}+\frac{1}{2}\sin x+\frac{2}{\pi}\sum_{n=1}^{\infty}\frac{1}{1-4n^2}\cos 2nx$，$(-\infty<x<+\infty)$

2. (1) $$f(x)=\frac{\pi+2}{4}-\frac{2}{\pi}\sum_{n=1}^{\infty}\frac{1}{(2n-1)^2}\cos(2n-1)x$$

$$+\frac{1}{\pi}\sum_{n=1}^{\infty}\frac{1-(\pi+1)(-1)^n}{n}\sin nx,\ (0<|x|<\pi)$$

(2) $\cos\frac{x}{2}=\frac{2}{\pi}+\frac{4}{\pi}\sum_{n=1}^{\infty}\frac{(-1)^{n-1}}{4n^2-1}\cos nx$，$(-\pi\leqslant x\leqslant\pi)$

3. (1) $\frac{\pi-x}{2}=\sum_{n=1}^{\infty}\frac{1}{n}\sin nx$，$(0<x\leqslant\pi)$

(2) $2x+3=\pi+3-\frac{8}{\pi}\sum_{n=1}^{\infty}\frac{1}{(2n-1)^2}\cos(2n-1)x$，$(0\leqslant x\leqslant\pi)$